5G移动网络共建共享
从原理到实践

黄伟程　廖尚金　李虓江　王建斌　王贞凯　蒋　勇◎编著

人民邮电出版社

北京

图书在版编目（CIP）数据

5G移动网络共建共享从原理到实践 / 黄伟程等编著
. — 北京：人民邮电出版社，2024.3
（5G网络规划设计技术丛书）
ISBN 978-7-115-62780-3

Ⅰ．①5… Ⅱ．①黄… Ⅲ．①第五代移动通信系统
Ⅳ．①TN929.538

中国国家版本馆CIP数据核字(2023)第185088号

内 容 提 要

随着移动网络发展进入 5G 阶段，电信运营商共建共享 5G 网络成为大势所趋。本书以中国电信与中国联通、中国移动与中国广电 5G 网络共建共享为切入点，围绕产业政策、机制原理、建设实践和前景展望，结合实际案例，深入浅出地解析了共建共享 5G 网络的概念及原理、频谱划分及应用、共建共享原则和应用场景，详细描述了频段资源共享、共建共享结算和科创成果，同时列举了大量行业运用中典型的应用场景和解决方案，使读者能够系统性地了解移动网络共建共享的技术优势和产业发展方向。

本书适合从事移动网络共建共享的管理人员，5G 无线网、核心网、承载网规划设计和运营维护人员，市场规划的工程技术人员和管理人员参考使用。本书也可以作为高等院校通信工程相关专业的教材；同时，也适合对移动网络共建共享领域感兴趣的相关人员阅读。

◆ 编　　著　黄伟程　廖尚金　李虓江
　　　　　　　王建斌　王贞凯　蒋　勇
　　责任编辑　刘亚珍
　　责任印制　马振武
◆ 人民邮电出版社出版发行　　北京市丰台区成寿寺路 11 号
　　邮编　100164　　电子邮件　315@ptpress.com.cn
　　网址　https://www.ptpress.com.cn
　　固安县铭成印刷有限公司印刷
◆ 开本：775×1092　1/16
　　印张：21.75　　　　　　　2024 年 3 月第 1 版
　　字数：454 千字　　　　　　2024 年 3 月河北第 1 次印刷
　　　　　　　　　定价：149.80 元

读者服务热线：**(010)81055493**　印装质量热线：**(010)81055316**
反盗版热线：**(010)81055315**
广告经营许可证：京东市监广登字 20170147 号

编委会

当前，第五代移动通信技术（5th Generation Mobile Communication Technology，5G）已日臻成熟，国内外各大主流电信运营商积极准备 5G 网络的演进升级。促进 5G 产业发展已经成为国家战略，我国政府连续出台相关文件，加快推进 5G 商用，加速 5G 网络建设进程。5G 和人工智能、大数据、物联网及云计算等的协同融合成为信息化新时代的引擎，为消费互联网向纵深发展注入后劲，为工业互联网的兴起提供新动能。

作为信息社会通用基础设施，当前国内 5G 产业建设和发展如火如荼。在网络建设方面，5G 带来的新变化、新问题需要不断探索和实践，尽快找出解决办法。在此背景下，在工程技术应用领域，亟须加强针对 5G 网络技术、网络规划和设计等方面的研究，为 5G 大规模建设做好技术支持。"九层之台，起于累土"，规划建设是网络发展之本。为抓住机遇，迎接挑战，做好 5G 建设工作，华信咨询设计研究院有限公司组织编写了系列丛书，为 5G 网络规划建设提供参考和借鉴。

作者团队长期跟踪移动通信技术的发展和演进，多年从事移动通信网络规划设计工作，已出版有关 3G、4G 网络规划、设计和优化的图书，也见证了 5G 移动通信标准诞生、萌芽、发展、应用的历程，参与了 5G 试验网的规划设计，积累了 5G 技术和工程建设方面的丰富经验。本丛书有助于工程设计人员更深入地了解 5G 网络，更好地进行 5G 网络规划和工程建设。

中国工程院院士

郭发能

前言 FOREWORD

党的十八大以来,中国信息通信业取得了历史性成就,从 3G 跟随、4G 并进,全面迈进了 5G 领先。信息通信业实现了跨越式发展,在经济社会发展大局中的战略性、基础性、先导性作用日益凸显,为制造强国、网络强国和数字中国建设提供了坚实基础和有力支撑。

当前,5G 作为新一代信息通信技术的先锋代表和数字化转型的重要引擎,已成为全球大国科技竞争的制高点和构筑国家竞争优势的驱动力,在加快构建新发展格局、推动实现高质量发展中起到了重要作用。

全球已经逐步进入 5G 时代,5G 网络的高投资压力及电信运营商增量不增收的局面,必将带来全球电信运营商对于网络共建共享的进一步关注。国内电信运营商共建共享网络的规模部署不仅有效引导网络共享技术及产业链的发展,发挥网络共享技术的国际影响力,同时也为其他国家电信运营商的共享网络部署提供了一个很好的参考视角和借鉴案例。此外,随着国内电信运营商间共建共享网络的不断深化,可信共享及持续推进行业共享必将成为共建共享网络发展的重要方向,电信运营商有必要依托自身优势,持续开展技术攻关,从而保证 5G 共建共享网络,乃至未来 6G 共建共享网络的高质量、可持续发展。

我国在 5G 网络共建共享领域,最显著的举措是推进中国电信与中国联通、中国移动与中国广电的共建共享。2019 年 9 月,随着中国电信与中国联通签署了《5G 网络共建共享框架合作协议书》,双方共同宣布,将在全国范围内合作共建一张 5G 接入网络,双方划定区域,分区建设。2021 年 1 月,中国移动与中国广电签署了一系列具体合作协议，包括《5G 网络共建共享合作协议》《5G 网络维护合作协议》《市场合作协议》《网络使用费结算协议》等。

国内 4 家电信运营商在工业和信息化部的统筹推进下，开展共建共享的试点验证，标志着 5G 共建共享迈出实质性一步。此举有助于电信运营商降低未来 5G 网络建设和运维成本，提高 5G 竞争力，实现双方互利共赢。这不仅对我国社会发展、经济推动以及通信行业具有深远影响，纵观全球通信行业发展史，此举也堪称史无前例的"大动作"。

本书以中国电信与中国联通、中国移动与中国广电 5G 网络共建共享为切入点，围绕行业发展、机制原理、建设实践和前景展望，结合实际具体案例，全面阐述国内移动网络共建共享的技术优势和实践经验。

本书第 1 篇是概述篇，主要介绍了国内移动网络共建共享发展历程和国内电信运营商共建共享组织体系；第 2 篇是原理篇，深入浅出地解析了网络共建共享的概念及原理，国内电信运营商频率划分及应用，共建共享原则和应用场景；第 3 篇是实践篇，详细描述了频段资源共享，中国电信与中国联通、中国移动与中国广电共建共享实践，共建共享结算和科创成果，同时列举了大量行业运用中典型应用场景和解决方案；第 4 篇是展望篇，提出了从移动网络共建共享探索共维共优管理，以及共建共享的未来技术演进和产业发展方向。

最后，感谢邬贺铨院士在百忙之中审阅书稿，并为本书作序。感谢编委会各位同事的辛勤工作。

在本书的编写过程中，得到了华信咨询设计研究院有限公司朱东照、万俊青、于江涛、沈梁、彭宇等领导的殷切关怀和鼎力支持，在此特别感谢。

衷心感谢北京通信传媒有限责任公司的编辑对本书出版工作的大力支持！

由于作者水平有限，书中难免存在疏漏之处，敬请各位读者和专家批评指正。

黄伟程

2023 年 11 月

于杭州

目录 CONTENTS

第1篇　概述篇

第1章　国内移动网络共建共享发展概述

1.1　电信运营商面临的新环境 / 4

1.2　移动网络建设走向共建共享 / 5

1.3　共建共享面临的挑战 / 6

1.4　中国引领5G网络共建共享新模式 / 6

1.4.1　"通信塔"与"社会塔"双向融合 / 8

1.4.2　从各自为营到互促互建 / 9

1.4.3　网络建设新模式 / 10

第2章　国内电信运营商共建共享组织体系

2.1　共建共享工作机构的设立 / 14

2.1.1　总体原则 / 14

2.1.2　机构设置和人员编制 / 15

2.2　工作组界面 / 15

2.3　工作组职责 / 16

2.4　工作组机制 / 17

2.5　共建共享合作范围 / 17

第2篇　原理篇

第3章　网络共建共享的概念及原理

3.1　网络共建共享概念 / 22

3.2　网络共享的模式 / 23

3.3　网络共享关键技术 / 25

第4章　国内电信运营商频率划分及应用

4.1　无线电频段的概念 / 30

4.2　无线电频率的划分 / 30

4.3　帧结构 / 31

4.4　信道带宽与资源块配置 / 33

4.5　5G频谱范围与工作频谱 / 34

　　4.5.1　5G频谱范围 / 34

4.5.2　5G工作频谱 / 35

4.6　5G频率分配与使用 / 38

　　4.6.1　5G频率分配历程回顾 / 38

　　4.6.2　5G频率分配和使用 / 38

　　4.6.3　频段共建共享的融合与
　　　　　竞争 / 41

第5章　国内移动网络共建共享原则

5.1　5G网络共建共享原则 / 44

　　5.1.1　toB建设原则 / 45

　　5.1.2　toC共建共享原则 / 47

　　5.1.3　5G共建共享策略 / 49

　　5.1.4　5G共建共享结算模式 / 49

5.2　4G网络共建共享原则 / 50

　　5.2.1　4G共建共享基本原则 / 50

　　5.2.2　4G共建共享策略 / 52

　　5.2.3　4G共建共享结算模式 / 52

第6章　国内移动网络共建共享场景

6.1　5G共建共享场景 / 58

　　6.1.1　5G共建共享模式 / 58

　　6.1.2　5G无线接入网共享技术 / 63

　　6.1.3　通信基础资源共建共享 / 74

　　6.1.4　社会资源共建共享 / 79

　　6.1.5　4G/5G协同 / 81

6.2　4G共建共享场景 / 81

　　6.2.1　无线接入网共享模式 / 81

　　6.2.2　室内分布资源共享 / 83

　　6.2.3　配套设施共享 / 84

　　6.2.4　分场景共建共享 / 85

第3篇　实践篇

第7章　国内频段资源共享的实践

7.1　中国电信和中国联通频率
　　　资源的部署思路 / 94

7.2　中国移动和中国广电频率
　　　资源的部署思路 / 95

第8章　中国电信与中国联通共建共享实践

8.1　5G网络共建共享实践 / 100

　　8.1.1　toC网络全面共建共享建设

　　　　　概述 / 100

　　8.1.2　toB业务的建设实践 / 102

　　8.1.3　5G网络共建共享成效

　　　　　总结 / 126

8.2　4G网络共建共享的实践 / 132

　　8.2.1　4G共建共享的挑战 / 132

8.2.2　4G共建共享实施要求 / 132

8.2.3　4G共建共享工作流程 / 134

8.2.4　4G共建共享场景分析 / 135

8.2.5　推进中国电信与中国联通

　　　　4G一张网 / 155

8.2.6　4G网络共建共享成效

　　　　总结 / 159

第9章　中国移动与中国广电共建共享实践

9.1　概述 / 164

　　9.1.1　共建共享工作历程及

　　　　　开展情况 / 164

　　9.1.2　前期达成的相关共识 / 165

　　9.1.3　中国移动与中国广电

　　　　　共建共享前景 / 165

9.2　4G/5G网络共建共享的

　　　实践 / 166

9.2.1　建设原则 / 166

9.2.2　网络架构 / 167

9.2.3　参数配置策略 / 170

9.2.4　共建共享场景 / 179

9.2.5　建设方案 / 180

9.2.6　700MHz实践及其意义 / 184

9.2.7　4G/5G网络共建共享

　　　　成效总结 / 191

第10章　其他共建共享建网方式探讨

10.1　分区域共建共享模式 / 200

　　10.1.1　对等分区域开启移动网络

　　　　　 共建共享 / 200

　　10.1.2　有选择性地开启移动网络

　　　　　　共建共享 / 201

10.2　All In One（大一统）共建共享

　　　模式 / 201

10.3　混合组网共建共享模式 / 201

第11章　共建共享结算

11.1　概述 / 204

11.2　中国电信与中国联通共建共享

结算 / 204

　　11.2.1　结算范围 / 204

11.2.2 结算标准 / 205

11.2.3 其他约定 / 208

11.3 中国移动与中国广电共建共享
结算 / 208

　11.3.1 结算范围 / 208

　11.3.2 结算标准 / 209

11.4 其他共建共享结算模式
探讨 / 210

　11.4.1 共建一张网的结算 / 210

　11.4.2 基础设施共建共享
结算 / 211

11.5 结算模式分析 / 211

第12章　基于共建共享的科技创新及成果转化

12.1 5G应用发展回顾和展望 / 214

　12.1.1 5G应用发展回顾 / 214

　12.1.2 5G应用面临的挑战 / 215

　12.1.3 5G应用发展展望 / 216

12.2 数字化管理提升5G产业
发展 / 218

12.3 5G共建共享区块链平台 / 226

　12.3.1 5G共建共享区块链应用
场景需求 / 226

　12.3.2 5G共建共享区块链平台
建设要求 / 227

　12.3.3 底层链选型及建设规范 / 229

　12.3.4 BaaS平台建设规范 / 229

　12.3.5 小结与展望 / 233

12.4 节能减排"双碳"应用 / 233

　12.4.1 行业背景 / 233

　12.4.2 基站级节能降碳 / 235

　12.4.3 网络级节能降碳 / 238

　12.4.4 机房配套级节能降碳 / 242

　12.4.5 绿色节能5G共享基站应用
举例 / 250

12.5 5G融合组网应用 / 252

　12.5.1 5G小基站 / 252

　12.5.2 Wi-Fi6 / 257

　12.5.3 5G融合应用落地 / 265

12.6 新技术促进资源高效利用 / 269

　12.6.1 超级时频折叠 / 269

　12.6.2 "超级频率聚变" / 272

第4篇　展望篇

第13章　国外频率资源共享发展分析

13.1 业务场景与频谱框架 / 278

13.2 全球5G频谱动态 / 279

13.2.1 ITU开展5G新增频谱
研究 / 279

13.2.2 3GPP已加速5G新无线系统
频段研究 / 281

13.2.3 国外5G频谱政策 / 281

13.3 全球主流市场5G频谱规划与
拍卖进展 / 283

第14章 国内低频段共建共享可行性探讨

14.1 中国电信和中国联通的
Sub-1GHz共建共享 / 288

14.2 中国移动与中国广电的
Sub-1GHz共建共享 / 289

第15章 国内共建共享网络运营的探索

15.1 中国电信与中国联通
共维共优管理 / 296

15.1.1 无线维护要求 / 296

15.1.2 核心网维护要求 / 303

15.1.3 承载网维护要求 / 304

15.1.4 共优管理 / 308

15.2 中国移动与中国广电
共维共优管理 / 312

第16章 共建共享未来发展

16.1 推进行业共享是持续深化5G
共建共享的重要方向 / 318

16.1.1 可信共享是共建共享网络
可持续发展的关键要求 / 319

16.1.2 网络共享是未来移动通信
系统的基本特征 / 321

16.2 网络共建共享的未来技术
演进 / 321

16.2.1 毫米波 / 321

16.2.2 边缘计算 / 322

16.2.3 6G技术 / 322

16.3 小结 / 323

缩略语

参考文献

第 1 篇　概述篇

国内移动网络共建共享发展概述

chapter 1

第1章

我国移动通信网络开始规模化共建共享，起始于 4G 时代，有两大标志性事件。

一是 2013 年年末至 2014 年，工业和信息化部先后向 40 余家企业颁发了虚拟电信运营商牌照。这些企业与基础电信运营商共享各层级网络资源，在号卡等业务层面实现相对独立的经营，这一共建共享的方式可称为"虚拟电信运营商模式"。

二是 2014 年中国铁塔股份有限公司（简称"中国铁塔"）的诞生。它集中了各电信运营商的站址资源，负责为电信运营商基站建设提供物理设施基础保障。通俗地说，原来中国电信、中国联通、中国移动在同一个地方建基站，可能要树立 3 座铁塔、建设 3 个机房，但有了中国铁塔之后，只要共用同一个铁塔、同一个机房就可以。因此，目前，在户外我们常见的场景就是一座铁塔上挂着三大电信运营商多个基站设备，这一共建共享的方式可称为"铁塔模式"。

4G 时代中国移动通信的共建共享尚处在相对基础的试点阶段。"铁塔模式"仅实现了物理设施的共建共享，还未深入网络本身的共建与互通当中。"虚拟电信运营商模式"的本质是网络资源的转售，充其量可以认为其是共享，尚未实现共建。

尽管如此，这两种模式仍然带来了显著的价值。第一，基站建设与运营的成本下降，原来由一家电信运营商承担的基站建设与运营的成本，现在由多家电信运营商平摊。第二，基站建设的速度加快，原来寻找站址是最费力的事情，现在寻找站址由专业的中国铁塔负责承担。第三，环境保护成效显著，重点体现在土地成本的节约及能耗总成本的下降。第四，集中采用先进技术，例如，中国铁塔使用物联网设备，统一对各个站址进行监管，实现了可视化管理。

●●1.1 电信运营商面临的新环境

1. 2020 年 5G 建网初期网络概况

截至 2019 年 12 月底，全国 4G 基站达到 544 万个，其中，中国移动 244 万个、中国电信 159 万个、中国联通 141 万个；全国已建成 5G 基站约为 10 万个。5G 网络主要分布在全国 50 个重点城市。其中，中国移动 5G 基站总数达 5 万个，中国电信和中国联通共建 5G 基站 5 万个（中国电信 2.3 万个，中国联通 2.7 万个）。全国基站数量增长示意如图 1-1 所示。

图1-1 全国基站数量增长示意

2. 4G 发展遇到的问题

投资方面，随着 5G 牌照发放，各家电信运营商投资重点转移至 5G 建设，4G 投资下降，三大电信运营商大幅度减少了新购 4G 设备的规模。

运营方面，4G 网络多频段、多制式网络并存。随着 5G 网络运营成本快速增长，4G 网络运营成本压力巨大，无法支撑企业高质量发展，提升网络效率、降低运营成本成为电信运营商重点关注的内容。

网络负荷方面，随着 5G 网络的规模部署，4G 网络流量即将达到峰值，未来随着 5G 分流比的持续提升，4G 流量将进一步向 5G 迁移，4G 网络逐渐进入轻载状态，4G 网络利用率将大幅下降。

●●1.2 移动网络建设走向共建共享

我国在 5G 网络共建共享领域，最显著的举措是推进中国电信和中国联通、中国移动和中国广电的共建共享。

具体而言，对于中国电信和中国联通，双方划定区域，在各自区域中承担 5G 基站的建设和后期的维护、运营等工作，相关基站共享。

对于中国移动和中国广电，双方按一定比例共同投资建设 700MHz 的 5G 网络，中国移动承担运维；中国移动向中国广电提供低频段基站到省市节点的传输承载网，开放共享中频段 5G 网络。

由此可见，移动通信的共建共享，从铁塔模式、虚拟电信运营商模式，向两大规模对等主体间平等合作方向发展，并且共建共享也到了无线接入网的层级，其原因如下。

首先，对于移动通信市场，我国计划打造均衡的竞争格局，进而释放基础设施红利，但是中国移动一家独大的局面比较明显。2019 年，中国电信和中国联通 5G 网络计划投资合计 170 亿元，而中国移动 5G 网络计划投资 240 亿元。如果不联合共建共享，电信运营商之间基础设施规模差距将扩大，业务经营差距也无法弥补。

其次，5G 时代，中国广电加入 5G 阵营，作为仅拥有优质频率资源的一家全新电信运营商，如果不与其他电信运营商合作，在完成网络覆盖之前，很难为用户提供有效的服务。

最后，在新基建的背景下，5G 网络需要加速建设，同时"提速降费"工作也需要深入推进，从而向社会经济释放更多的产业红利。因此，需要通过共建共享的方式实现快速推进。以中国电信与中国联通的合作为例，经过一年的共建共享合作，双方建设的 5G 基站数量与中国移动差不多，节约投资额高达数百亿元。

●●1.3 共建共享面临的挑战

对于体量比较大的电信运营商（中国电信和中国联通、中国移动和中国广电）来说，尽管双方资源有很强的互补性，但面对无现成经验可循、无标准技术方案、无成功案例可鉴的困难和挑战，都是在"摸着石头过河"。要想取得 5G 网络共建共享的成功，必须得面对和解决一系列问题。

首先，网络管理的复杂性。作为全球用户体量在亿级以上的电信运营商，在幅员辽阔的中国，开展 5G 网络共建共享，面对双方网络在资源现状、规划目标、建设流程、维护标准、优化策略等方面的差异，需要首先考虑如何高效地组织重构流程，协同管理等问题。

其次，网络技术的不确定性。5G 网络要同时满足电信运营商之间的建网需求和用户感知，必须在技术标准、网络演进、用户策略等方面协调一致，这在全球没有成熟的案例可以借鉴，需要通过技术攻关和创新来解决。

最后，网络运营的挑战性。以中国电信和中国联通为例，双方已经开通运营超过数十万个 5G 共建共享基站。如何在共建共享网络下解决双方网络数据的可视可管、资源的高效公平调度、确保互信等问题，这些都是共建共享网络运营过程中的难题。

●●1.4 中国引领 5G 网络共建共享新模式

中国作为 5G 网络发展的引领者，先行先试了 5G 网络共建共享的方式。2019 年 9 月，中国电信和中国联通正式宣布开展 5G 网络共建共享，并达成协议在整个 5G 生命周期内共建共享一张 5G 网络，希望通过 5G 网络的共建共享降低电信运营商网络建设、运维等总体投入成本，快速实现 5G 连续广域覆盖的服务能力，从而提高行业整体竞争力，促进企业的高质量发展。2020 年 5 月，中国移动和中国广电也宣布了 5G 网络的共建共享，并开始探索 5G 网络共建共享的模式，努力实现互利共赢的发展。

另外，从 2021 年开始，国内 4 家电信运营商在工业和信息化部的统筹推进下，开展共建共享的试点验证，标志着 5G 网络共建共享的模式迈出实质性一步。此举有助于电信运营商降低未来 5G 网络建设和运维成本，提高 5G 竞争力，实现双方互利共赢。这不仅对我国社会发展、经济推动以及通信行业具有深远影响，纵观全球通信行业发展史，此举也堪称史无前例的"大动作"。

2022 年年初，中国电信和中国联通已经通过共建共享的模式建成了全球首个、规模最大的 5G 共建共享网络。

截至 2022 年 7 月底，我国已建成 5G 基站超过 170 万个，覆盖全国所有地市、县城城区和 87% 的乡镇镇区，建设 5G 行业虚拟专网 5325 个，5G 中国移动电话用户总数超过 4.13 亿户，中国已建成全球最大 5G 网络，服务全球最多的 5G 用户。

💡 **5G 共建共享是落实党中央、国务院重大决策部署，落实网络强国战略的重要举措。**

5G 自 2018 年起已成为全球通信业界争夺的新焦点，发达国家积极布局争夺 5G 发展主导权，借助 5G 来推动经济新发展和行业数字化转型升级。我国党中央、国务院高度重视 5G 建设，5G 成为拉动投资、扩大内需、引领创新、产业升级，推动高质量发展的核心引擎。

💡 **5G 共建共享是实现资源共享、优势互补、推进企业高质量发展的重要途径。**

中国电信和中国联通、中国移动和中国广电开展共建共享，可实现南北区域的资源共享、优势互补。依托 5G 共建共享，可以更好地推动多领域的行业协同与健康发展。

💡 **5G 共建共享是落实供给侧结构性改革、实现降本增效、提升国有资产运营效率的具体体现。**

相对 4G，5G 的带宽大、功耗高，网络投资和运营成本明显高于 4G。以中国电信和中国联通 5G 网络共建共享为例，按照各自独立建网测算，如达到 4G 同等覆盖水平，5G 投资将超过 4000 亿元，建设高峰期每年投资将超过 500 亿元，这一数据远超过双方历年来移动网络的投资水平。通过共建共享，可大幅降低资本支出（CAPital EXpenditure，CAPEX）和运营成本（OPerating EXpense，OPEX）。

经过近几年 5G 网络共建共享的部署建设，国内电信运营商不仅积累了丰富的经验，更以实践证明 5G 网络共建共享是节约社会资源和企业投资、降低成本、加快建设速度的有效途径，有助于电信运营商之间实现其资源的优势互补，最大化地提升频率资源的利用率，实现降本增效，为网络提速降费提供更大空间。

成绩背后，离不开通信行业所有人的持续奋进，而共建共享成为通信行业"多快好省"发展的重要"法宝"，也创造了中国通信行业绿色发展的新模式。

1.4.1 "通信塔"与"社会塔"双向融合

应用要发展，基础网络要先行。通信业是支撑国民经济发展的战略性、基础性和先导性行业，是推动传统产业转型升级、促进经济结构战略性调整、提升国家信息化水平的重要力量。

早在"十一五"时期，通信行业就按照国家节能减排总体部署，全面推行节能低碳创新战略，深入开展中国电信基础设施共建共享，开启了共建共享的探索之路。

然而，从 2G 到 4G，电信运营商独立建站，重复投资问题突出，网络资源利用率普遍较低，"双塔并立""三塔林立"的现象屡见不鲜。对于拥有更高频段却覆盖能力较弱的 5G，要想实现 4G 的广覆盖，任何一家电信运营商都承受着巨大的投资压力。

因此，2014 年 7 月 18 日，在国务院的推动下，在工业和信息化部、国务院国有资产监督管理委员会（简称国资委）的指导下，中国电信、中国移动、中国联通联合出资设立国有大型通信基础设施服务企业——中国铁塔股份有限公司，一举打开了我国通信市场共建共享的大门。而作为信息通信基础设施建设的国家队、5G 新基建的主力军，中国铁塔立足资源统筹优势，助力我国建成全球规模最大、质量最好的移动通信网络。

从最初的 138.8 万座通信塔，到目前的 210 万座通信塔，汇聚在祖国大地上，撑起的是"满格"中国。中国铁塔贯彻以共享为核心的新发展理念，始终坚持能共享不新建的原则，不仅最大限度地共享存量的铁塔资源，还充分利用路灯杆、监控杆等社会资源，变"社会塔"为"通信塔"，实现通信基础网络设施的经济高效部署。

截至 2022 年 7 月底，中国铁塔累计承建 5G 基站超过 122.6 万座，97% 通过共享存量资源实现，新建铁塔共享率从 14.3% 提升至 81%，这一比例相当于少建 92 万座新通信塔，节省行业投资达 1650 亿元，减少碳排放 2492 万吨，节约土地 34 平方千米。

与此同时，共建共享作为网络建设的全新模式，还在有力推动政府将通信基础设施纳入水电气暖等工程建设项目许可审批流程，从而进一步提高资源统筹的科学性，大幅降低基站选址的难度及运营成本，进一步加快 5G 网络的建设。

总体来看，中国铁塔共建共享的建网模式，高效率、低成本地驱动了移动通信行业在全球率先建成规模最大、质量最好的 5G 网络，不仅为网络强国、数字中国建设夯实了网络底座，也为后续电信运营商在网络层面更深度地共建共享夯实了基础。

1.4.2　从各自为营到互促互建

经过 20 余年的通信市场改革，在当前建设 5G 网络成本高、中国广电以第四大电信运营商新入局的大背景下，共建共享理念的持续深化下，电信运营商从传统的各自为营走向互促互建，迈向全新的竞合时代。

作为"新基建"的重要代表，5G 网络部署是一项庞大的建设工程。在频率、布站、新技术运用、能耗等诸多条件制约下，5G 的投资和运营成本均显著高于 4G。全国 4G/5G 基站概况如图 1-2 所示。

然而，移动通信新网络的迭代，没有适度超前的网络覆盖，就无法形成用户和产品，无法加速产业链的跟进，亦无法形成商业"反哺"。对电信运营商来说，围绕建设成本、技术挑战、时间周期等维度，

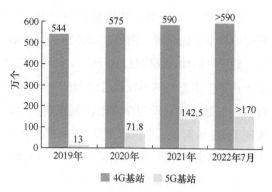

图1-2　全国4G/5G基站概况

如何在短时间内低成本、高效率的"适度超前"覆盖一张无死角的 5G 网络至关重要。因此，从配套设施到网络建设，电信运营商在共建共享的道路上又开启了更深层次的探索。

我国为各家电信运营商分配了相关 5G 频段，中国电信与中国联通均拿到的是 n78 频段，这也为两家合建 5G 网络提供了基础，2019 年 9 月，中国电信与中国联通签署《5G 网络共建共享框架合作协议书》，约定在 5G 全生命周期、全网范围内共建一张 5G 接入网，共享 5G 频率资源，划片建设、分区负责，独立经营、精简结算。电信运营商 5G 基站共建共享数量对比如图 1-3 所示。

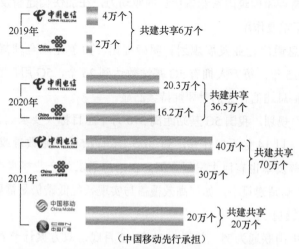

图1-3　电信运营商5G基站共建共享数量对比

截至 2022 年 1 月底,中国电信与中国联通部署共建共享 5G 基站 70 万个,占全球已建 5G 基站数 40% 以上,建成了全球首个规模最大的 5G 独立组网(Stand Alone,SA)共建共享网络。

如果说中国电信与中国联通是因为频率高度重合而开启的共建共享 1.0 时代,那么中国移动与中国广电的共建共享则是开启了 5G 共建共享的 2.0 时代。

2021 年 1 月 26 日,中国移动和中国广电签署《5G 网络共建共享合作协议》,双方共同建设和享有低频段(例如,700MHz)的 5G 无线网络资产,并且中国移动向中国广电开放中频段(例如,2.6GHz)5G 网络,共同打造"网络 + 内容"生态。这不仅促进中国广电的快速 5G 覆盖,促进中国移动对 700MHz 频率的共享,更实现了 5G 运营市场电信运营商"1 + 1"的格局重构,也把中国广电与中国电信行业的三网融合推向新境界。电信运营商 5G 基站布局示意如图 1-4 所示。

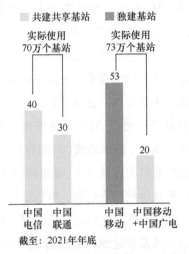

图1-4 电信运营商5G基站布局示意

共建共享不仅让中国移动、中国广电拥有一张全国范围覆盖的 5G 基础网络,而且双方也将共同打造"网络 + 内容"生态,推动 5G 融入千行百业、服务大众,真正让共建共享催生更多的社会价值。

1.4.3 网络建设新模式

当前,5G 作为新一代信息通信技术的先锋代表和数字化转型的重要引擎,已成为全球大国科技竞争的制高点和构筑国家竞争优势的驱动力,在加快构建新发展格局、推动实现高质量发展中起到了重要作用。

《"十四五"信息通信行业发展规划》明确提出,力争建成全球规模最大的 5G 独立组网网络,力争 2025 年,每万人拥有 5G 基站数达到 26 个,5G 用户普及率从 2020 年的 15% 提高到 56%。信息通信行业的重要性持续凸显。

而据"十四五"规划,我国 5G 基站距离 370 万个总目标(要求到 2025 年实现每万人拥有 5G 基站 26 个,以 14 亿人口计算,到 2025 年国内 5G 基站数量或将达到 370 万)仍有一定差距,用户普及率也有巨大发展空间。在用户需求与产业需求持续走高的背景下,在电信运营商的 5G 基站建设中,如何高效覆盖与实现绿色低碳仍是需要持续解决的问题,而共建共享则成为关键抓手。

以中国电信和中国联通为例,截至 2021 年 12 月底,双方累计节省 5G 网络投资超过 2100 亿元,每年节约网络运营成本达到 200 亿元,节省电量超过 100 亿度,降低碳排放量超过 600 万吨，推动了 5G 产业高质、健康、绿色发展。

共建共享不仅是中国的重大创新，也为全球提供了重要建设经验。不论建设规模，还是技术选择，中国共建共享网络建设的经验都能够对全球后续的网络建设提供重要的指导依据。

可以预见在不远的未来，随着新网络和数字化的迭代，融入中国通信发展血液的共建共享，还会在深度和广度上不断演进、升级，助推通信行业在数字经济领域的高质量发展。

国内电信运营商共建共享组织体系

Chapter 2

第2章

2019 年 9 月，中国电信与中国联通签署了《5G 网络共建共享框架合作协议书》，双方共同宣布，将在全国范围内合作共建一张 5G 接入网络，双方划定区域，分区建设。

2021 年 1 月，中国移动与中国广电签署了一系列具体合作协议，包括《5G 网络共建共享合作协议》《5G 网络维护合作协议》《市场合作协议》《网络使用费结算协议》等。

本章以中国电信和中国联通共建共享为例，具体说明共建共享工作机构的设立、职责、工作界面、工作机制和共建共享合作范围等内容。

●● 2.1 共建共享工作机构的设立

2019 年 11 月，中国电信和中国联通为了确保实现 5G 高质量发展和双方的互利共赢，经研究决定由双方公司共同组建 5G 共建共享组织机构——5G 共建共享工作组。

2.1.1 总体原则

中国电信和中国联通成立的 5G 共建共享工作组紧紧围绕建设一张有竞争力的、高质量的 5G 网络的目标，建立从集团、省到地市公司的 5G 共建共享工作机构和协同运作机制，共同推进 5G 网络共建共享合作的持续落实和开展，实现双方的互利共赢。

在该总原则下，电信运营商之间要求实现组织上的清晰定位、业务上的优化流程和层级间的协调信任等。

其中，电信运营商之间要求实现组织上的清晰定位，即 5G 共建共享工作组作为独立的专职机构，应配置专职人员。专职人员能够持续投入共建共享工作中去，并辅以一定的兼职人员提供各专业流程的业务支持。5G 共建共享工作组在集团、省、市形成同步对接。

电信运营商之间要求业务上的优化流程，即 5G 共建共享工作组在现有联合团队协调职责的基础上，扩展到规划、技术、规则和流程等层面，并进行分阶段评估、持续优化，通过业务流程的持续改进优化，共同规划、共同建设、共同维护、共同优化，实现从建设到运维全流程一体化整合。

电信运营商之间要求层级间的协调信任，即加强双方集团、省、市各层级协调，相互信任，协同高效，快速推进。

2.1.2 机构设置和人员编制

5G 共建共享工作组（以下简称"工作组"）正式成立后，主要从机构设置和人员编制方面，确定人员，形成工作机制。

一般来说，工作组设立集团级、省级、地市级三级机构，有利于各项工作的开展。集团级、省级、地市级工作组配置专职人员，设置了固定场所双方合作办公。

在集团级，由双方电信运营商分别选派工作组领导，集团工作组领导分工明确，工作组人员固定，双方专职人员人数相等。工作组的日常工作包括日常综合与协调、牵头组织、统一规划、明确统一的技术标准和技术体制、协调推进网络建设和运行。

在省级、地市级分公司共同设立 5G 共建共享工作组。省级 5G 共建共享工作组主要负责协调属地双方合作工作，组织统一规划，制定有关制度、规则、程序、流程等，落实上级工作组部署的相关工作等。地市级 5G 共建共享工作组主要负责协调属地双方网络建设运营合作，落实上级工作组部署的相关工作等。

省级、重点地市级 5G 共建共享工作组分别由双方属地公司相关人员组成，人员编制由双方属地公司自行确定，领导职务原则上由具体承建单位担任。其他地市级 5G 共建共享工作组以承建地市为主，非承建地市安排相应人员参与，了解掌握建设运营情况。

工作组成员的人事关系归属于各自公司，工作组可以对所属专职人员进行统一考核并反馈结果。

●●2.2 工作组界面

从 5G 共建共享全局来看，工作组是一个独立、中立的工作机构，发挥统筹、桥梁和纽带作用。省级分公司工作组按照总部工作组要求落实相关工作，地市级分公司工作组按照省级分公司工作组要求落实相关工作，上级工作组对下级工作组的具体工作情况进行评价。

从双方集团各自角度来看，工作组是一个二级部门，各级工作组组织、调度双方各级公司相关部门共同开展 5G 共建共享工作，对双方参与 5G 共建共享工作进行评价；属地工作组协调属地双方工作事宜。如果出现无法通过属地协调的具有争议的事宜，则可提请上一级工作组协调解决；重大争议事宜由集团公司总部工作组提出建议并向领导小组汇报。工作界面示意如图 2-1 所示。

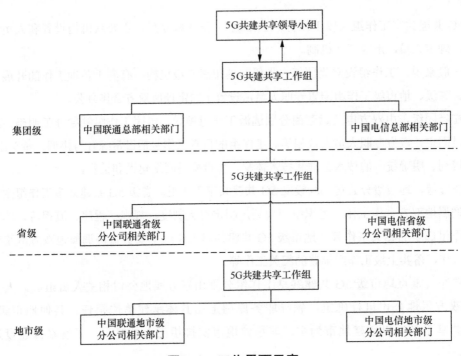

图2-1　工作界面示意

●●2.3　工作组职责

在集团级设立5G共建共享领导小组，由双方董事长、公司分管领导构成，作为5G共建共享最高统筹协调机构。在5G共建共享领导小组下，设立独立专职的5G共建共享工作组。5G共建共享工作组负责落实双方关于共建共享的各项决议，对规划、技术、协调、机制、监督等方面提出了具体的职责要求，牵头组织5G网络统一规划，统一技术标准、技术机制，协调推进5G网络建设，协调推进5G网络维护、运行和协调5G网络优化，协调市场、政企业务需求及相关专业工作，应按需准时参加工作组会议，对流程问题积极响应，充分发挥桥梁纽带作用。

具体规划方面，5G共建共享工作组牵头组织、统一规划；技术方面，5G共建共享工作组明确统一的技术标准和技术体制；协调方面，5G共建共享工作组侧重向下协调，避免小问题扩大化，以化解矛盾为导向；机制方面，5G共建共享工作组针对协调中的实际情况和相关问题，从制度、规则、程序、流程等方面提出具体建议；监督方面，5G共建共享工作组监督评估实施效果，定期汇总项目运行情况，向领导小组汇报，提出建议。

●●2.4 工作组机制

为了加强工作组内部管理，提高工作效率，维护组织内部正常运转，提升工作组流程中上下联动和各相关部门分工协作，集团级、省级、地市级三级机构从日常制度、制度流程、工作效率 3 个方面，正确引导工作组规范运作。

1. 日常例会制度

① 定期召开周例会：例会内容为交流、汇报工作开展状况，总结前期工作，传达上级下达的工作任务，安排后期工作等。

② 专题会议：根据会议议题，邀请相关部门人员参加。

③ 地市现场会议：包括现场联合办公、现场联合调研等，根据业务需要，召集工作组成员和相关部门人员共同参与。

2. 制度流程

为了规范内部管理，工作组完善了共建共享工作制度，建议双方集团级、省级、地市级工作组制定工作组工作管理办法，确保工作能够持续化、常态化进行。

3. 工作效率

工作组联合各专业人员，专项协调，取得较好的效果。另外，定期召开周例会、专题会议、地市现场会议等常态沟通，提高工作效率。

总之，各级工作组紧密协同，做好 5G 站点实施计划对接、承载网互通、网管数据全面互通、SA 升级进度计划等对接，共同推进 5G 网络共建共享的贯彻实施。同时，开展 5G 网络共建共享相关的流程优化和制度完善，打通关键生产流程与环节，确保双方生产顺畅。

●●2.5 共建共享合作范围

中国电信与中国联通在全国范围内合作共建一张 5G 无线接入网络，双方划定区域，分区建设，各自负责在划定区域内的 5G 网络建设相关工作。

5G 网络共建共享采用接入网共享、核心网各自建设、5G 频率资源共享的方式。双方联合确保 5G 网络共建共享区域的网络规划、建设、维护及服务标准统一，保证同等服务水平。双方各自与第三方的网络共建共享合作不能损害另一方的利益。双方用户归属不变，品牌和业务运营保持独立。

中国电信与中国联通共建共享分区建设区域见表 2-1。

表2-1　中国电信与中国联通共建共享分区建设区域

建设方式	区域
中国电信与中国联通共同建设	北京、天津等北方 5 个城市；上海、重庆等南方 10 个城市
中国电信独立建设	广东省、浙江省的部分地市以及南方 17 省（市、区）
中国联通独立建设	广东省、浙江省部分地市以及北方 8 省（区）

网络建设区域上，双方将在 15 个城市分区承建 5G 网络，以双方 4G 基站（含室内分布）总规模为参考，北京、天津等北方 5 个城市，中国电信与中国联通的建设区域比例为 4 : 6；上海、重庆等南方 10 个城市，中国电信与中国联通建设区域的比例为 6 : 4。

中国电信将独立承建广东省、浙江省的部分地市以及南方 17 省（市、区）；中国联通将独立承建广东省、浙江省的部分地市以及北方 8 省（区）。工作组的成立进一步疏通了双方内部流程，加强资源互补，提升了移动网络共建共享的效率。

第 2 篇　原理篇

网络共建共享的概念及原理

Chapter 3

第3章

2011 年前后，电信运营商已经开始在互联互通、共建共享方面做出积极的探索与实践。为了减少和避免电信基础设施重复建设，合理配置电信资源，电信运营商之间通过共建共享电信基础设施，包括通信铁塔、杆路、管道、基站机房、市电设施等，以成本为基础，附加其他综合收益，进行租赁费用结算。

网络共建共享虽然并非在 5G 阶段才出现的新技术，但是在 5G 时代大力发展，成为网络建设的一种趋势。例如，中国电信和中国联通的共建共享（中国电信和中国联通拥有中频 3.5GHz 200M 带宽，加上 2.1GHz 45M 带宽），中国移动和中国广电的共建共享（中国移动和中国广电拥有 700MHz 中的 30M 带宽，以及 2.6GHz 中的 160M 带宽和 4.9GHz 中的 160M 带宽，高中低频配齐）。

5G 网络的建设难度众所周知，不论从基站密度、单基站耗电量和单基站建设成本的角度来看，相对于 4G 网络，都是数倍增长。5G 网络的引入，给电信运营商带来了巨大的投资压力。为了破解 5G 网络巨大投资带来的难题，5G 网络共建共享被提上日程，希望能通过 5G 网络共建共享，降低电信运营商 5G 网络建设的投资和运维成本，并且快速实现 5G 网络大规模覆盖。

●● 3.1 网络共建共享概念

通常来说，考虑到通信设备软硬件价格、基站的建设施工、后续的运营维护，电信运营商面临 5G 网络建设大笔金额支出的压力。因此，越来越多的电信运营商考虑使用网络共享的方式来建网，几家电信运营商通过共享网络基础设施，分摊成本，快速提供网络服务，互惠互利。网络共享是怎么做到共享基站的呢？要知道网络共享只是共享网络，不是共享用户，必须要做到用户无感知。那么，手机是如何区分各个电信运营商的网络呢？

这一切都要从公共陆地移动网（Public Land Mobile Network，PLMN）说起，PLMN 由移动国家代码（Mobile Country Code，MCC）和移动网络代码（Mobile Network Code，MNC）这两个部分组成。一组"MCC + MNC"就唯一标识了一张网络。中国的移动国家码是 460，移动网络码为两位数字，从 00 开始。举例来说，中国移动的移动网络码有两个：00 和 02，中国联通的移动网络码是 01，中国电信的移动网络码是 03。例如，用 46001 这 5 位数字就能在全球唯一标识中国联通的网络了。

由此可见，手机要识别电信运营商网络，最关键的就是识别 PLMN。要提供持续的网络服务，每个小区都必须不断地广播 PLMN 号，让手机接入正确的无线网络，再连接到对应的核心网提供服务。假如没有漫游，中国移动用户如果试图接入中国电信的网络，唯一的结果就是鉴权不通过，拒绝接入。

●●3.2 网络共享的模式

第三代合作伙伴项目（3rd Generation Partnership Project，3GPP）在5G标准制定之初即考虑到了网络共享，明确要求终端、无线接入网（Radio Access Network，RAN）和核心网侧都支持5G网络共享功能。根据共享程度的不同，网络共享分为5种模式：漫游、站址共享、多运营商无线网（Multi-Operator Radio Access Network，MORAN）共享、多运营商核心网（Multi-Operator Core Network，MOCN）共享和网关核心网（Gate Way Core Network，GWCN）。

1. 漫游

在这种方式下，其中一个电信运营商完全没有实体网络，无线接入网、承载网、核心网都是租用其他电信运营商的，自己只需建设用户管理和业务平台。这种方式虽然不用花费时间和精力去建网，还可以借助别人的成熟网络迅速开展业务，但是资源的使用优先级必然靠后，没有任何网络自主权。因此，通常来说，漫游只是权宜之计，只有建设自己的网络才能掌握网络主动权。

2. 站址共享

在这种方式下，两家电信运营商只共享物理站址，包括机房、铁塔、电源、天馈系统等。这部分基础设施可以由其中一家电信运营商负责，也可以由第三方企业负责，然后提供给各家电信运营商。通俗地说，站址共享是默认支持的，这种方式可以实现资源共享、减少重复投资的目标。

3. MORAN

这种方式的共享比站址共享更近一步，把无线接入网的主设备——基站也共享了。虽然共享了基站，但是程度还不够彻底，只共享基站内部和无线接入资源无关的模块，而最关键的小区和频点仍然是独立的。

对手机来说，MORAN的表现和是否网络共享没有太大区别。由于各家电信运营商的小区独立，它们在各自的小区广播中发送自身的PLMN编码，手机按自己的网络进行接入即可。因此，MORAN的实现比较简单，也不需要3GPP对其制定额外的标准。

23

4. MOCN

3GPP R15 版本推荐了 MOCN 和 GWCN 两种模式的共享网络架构。MOCN 是指一个 RAN 可以连接到多个电信运营商核心网节点，可以由多个电信运营商合作共建 RAN，也可以是其中一个电信运营商单独建设 RAN，而其他电信运营商租用该电信运营商的 RAN。

MOCN 共享网络架构下，共享载波和独立载波共享模式如图 3-1 所示。独立载波共享时，基带处理单元（Base Band Unit，BBU）共享对接同厂家射频拉远单元（Remote Radio Unit，RRU）/有源天线单元（Active Antenna Unit，AAU），各电信运营商 RRU/AAU 独立，各载波独立配置和管理。无线测 gNodeB 内部，使用逻辑上独立的不同小区提供给多个电信运营商独立使用。共享载波共享模式中的 BBU、RRU/AAU 均共享，站点侧 RAN 设备全共享，共享不同电信运营商的某段或某几段载波，形成一个连续大带宽的共享载波，进一步降低基础设施和设备费用。

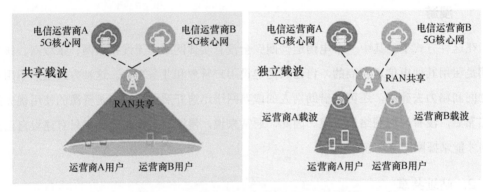

图3-1 共享载波和独立载波共享模式

5. GWCN

GWCN 是指在共享 RAN 的基础上再进行部分核心网共享。但是目前，5G 系统只有 5G MOCN 共享模式，除了规定用户体验（User Experience，UE）、RAN、接入和移动性管理功能（Access and Mobility Management Function，AMF）应支持电信运营商使用多个 PLMN ID（用来识别电信运营商）的能力，没有针对 GWCN 给出相应的说明和要求。

这种方式的共享又比 MOCN 更近了一步，不但共享了无线接入网的主设备——基站硬件和无线接入资源相关最关键的小区和频点，而且共享了核心网的部分网元。

对于无线侧来说，GWCN 和 MOCN 一样，都需要考虑基站内部的资源分配和管理问题。对于核心网来说，共享的网元也需要考虑容量的分配。另外，作为用户管理的归属用户服务器（Home Subscriber Server，HSS）是 5G 核心网中的关键网元，它不共享。各家电信运营商的高层业务平台具有差异性，也不共享。

●● 3.3　网络共享关键技术

网络共享关键技术涉及 UE 注册到对应核心网、移动性管理、无线资源共享方式、网管模式、5G 新特性与网络共享等。

1. UE 注册到对应核心网

无论是独立载波共享模式还是共享载波共享模式，都涉及共享网元如何将不同电信运营商的用户信令正确路由到相应电信运营商的核心网元，即多个电信运营商的用户信令路由问题。共享网元与核心网建立连接时会保存各个核心网支持的各个 PLMN，用来指示接入的 UE 连接到正确的核心网。独立载波共享时每个小区广播唯一的 PLMN ID，对于 UE 来说，由于每个小区只有一个 PLMN ID，所以其动作行为与非共享网络是一样的。对于共享载波共享模式，每个小区将会广播至少 2 个 PLMN，各家电信运营商终端选择合适的 PLMN，将选择结果通知给 gNodeB（the next Generation NodeB，下一代基站），gNodeB 根据该值进行 5G 核心网（5G Core，5GC）的选择。具体 PLMN 的选择由终端实现，参考 PLMN（重新）选择过程中如何在所有接收到的广播 PLMN ID 中选择合适的 PLMN，基站侧只需正确地将相应的 PLMN ID 传递给相应的网元即可。

2. 移动性管理

目前，3GPP R15 版本支持 5G 系统内和 5G 到 4G 系统之间的移动性。网络共享情况下的移动性管理首先根据协议所支持的范围去支持不同制式间的移动性，同时需要支持共享非共享区域之间用户的移动性。不管是 MORAN 共享方式，还是 MOCN 共享方式，从 gNodeB 的角度来看，基站侧的功能是合理选择目标基站，同时将相应的 PLMN ID 通知给相应的网元。协议中规定要求只要所选择的 PLMN 可用于服务 UE 的位置，UE 就不应该改变到另一个 PLMN，gNodeB 应优先为当前 UE 选择服务 PLMN 的基站，如果当前服务 PLMN 的基站都无法提供服务时，则从移动限制列表中的 PLMN 进行选择。

3. 无线资源共享方式

独立载频共享方式是不同电信运营商使用各自的载频，空口资源完全隔离，不需要专门管理。共享载频共享方式是共享载波需要明确空口资源分配、过载控制、参数协调等多项内容。根据电信运营商的需求，在共享载频共享方式下，gNodeB 提供 4 种无线资源划分方式，需要根据实际情况选定一种配置方式。共享载波下的资源分配方式如图 3-2 所示（以两个电信运营商为例）。

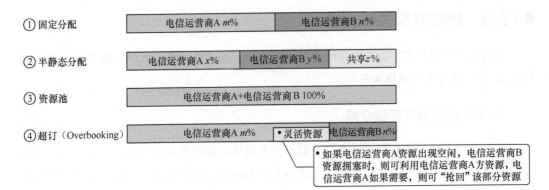

图3-2　共享载波下的资源分配方式

（1）固定分配

在图 3-2 中，电信运营商 A 和电信运营商 B 固定分配所有资源。

（2）半静态分配

在图 3-2 中，电信运营商 A 和电信运营商 B 各固定分配部分无线资源，剩余部分的无线资源作为电信运营商 A 与电信运营商 B 的公共资源，可以在电信运营商 A 与电信运营商 B 之间根据负载情况灵活分配。

（3）资源池

在图 3-2 中，两家电信运营商 A 和电信运营商 B 之间无固定的资源分配，两家电信运营商的用户共用所有的无线资源。

（4）超订（Overbooking）

在图 3-2 中，两家电信运营商 A 和电信运营商 B 之间固定分配，在特定的策略及条件下，电信运营商 B 可以占用电信运营商 A 的部分资源。但是在电信运营商 A 需要占用的时候又可以"抢回"该部分资源。

灵活的资源分配策略满足电信运营商实际的资源分配需求，实现电信运营商之间业务量的动态均衡，提高频谱利用效率，同时接纳 gNodeB 提供共享载频的无线资源控制（Radio Resource Control，RRC）用户比例划分功能，一方面保障电信运营商之间基本的 RRC 资源，另一方面提升系统整体的 RRC 资源利用率。

4. 网管模式

网络共享下网管的管理包括租赁模式和合资模式两种。其中，租赁模式是指主电信运营商管理所有资源，由主电信运营商将共享资源租赁给其他电信运营商（辅电信运营商），辅电信运营商仅可以读取共享资源，通过采用"角色鉴权 + 电信运营商过滤"来区分电信运营商权限。网管系统中的数据分为两种：一种带 PLMN 信息的数据是关联电信运营商专有的数据，另一种不带 PLMN 信息的数据认为是公共数据。对于电信运营商共享网元，主电信运营商有完全的读取 / 写入的权限，辅电信运营商有受限部分的读取权限。由于租赁模式简化了授权和管理，所以推荐使用该模式。当然，也可以采用合资模式，即实力相当或差距不大的两家（甚至多家）电信运营商为了提高网络共享模式下的运维效率，联合成立一家合资运维公司，负责共享网络的规划、部署、运营和维护。

5. 5G 新特性与网络共享

5G 新空口技术的引进给 5G 带来了更多组网方式和网络架构的选择，新增了许多新特性。而针对在各种场景下的网络共享，应该注意的是，在网络共享场景，分布式单元（Distributed Unit，DU）应该支持配置多电信运营商 PLMN，同时集中式单元（Centralized Unit，CU）也应该要支持 CU 连接的所有 DU 下的 PLMN，多个电信运营商共享 CU 容量，各 PLMN 提供的能力不能超过 CU 部署架构下能够达到的能力；同时，5G 网络共享支持网络切片，在 PLMN 内定义网络切片，在不同 PLMN 之间执行网络共享。在网络共享的情况下，每个 PLMN 都定义和支持共享网络下的 PLMN 特定级别的切片。一个网络切片可以是在整个 PLMN 下可用的，也可以是在一个 PLMN 下的某个 / 几个跟踪区下可用的。在电信运营商的一个 PLMN 网络中，不一定整张网络都支持相同的网络切片集合，也就是说，电信运营商可以根据不同的区域，甚至单点 gNodeB 划分不同的网络切片集合。

国内电信运营商频率划分及应用

Chapter 4

第4章

●● 4.1 无线电频段的概念

移动网络通过无线电波进行信息的传输，而无线电波具有不同的频率，不同频率范围可划分成不同频段。无线电频谱资源是指不用人工波导而在空间传播的 3000GHz 以下的一种可以被利用来为社会创造财富的无线电磁波。一般来说，300MHz ～ 30GHz 的频段适用于无线通信网络。

在移动通信领域，频段扮演着非常关键的角色。没有合适的频段，通话和数据下载就无从谈起，且频段资源是否足够好，都会直接影响手机通话和网络传输的质量。

频谱资源并不是取之不尽用之不竭的，它是有限的，同时也是国家重要的战略性资源。人类对无线电频谱资源的需求急剧膨胀，无线电技术与应用的竞争愈加激烈。因此，我们要对频率进行管理和分配，节约使用，避免出现混乱及浪费现象。

●● 4.2 无线电频率的划分

通常来说，无线电波是指从极低频 10kHz 到极超高频 30GHz，因为超出这个范围的无线电频率，其特性便有很大不同了。例如，可见光、X 射线等。而上述 10kHz ～ 30GHz 通常划分成 7 个区域，无线电频率划分见表 4-1。

表4-1　无线电频率划分

波段名称	波长范围 /m	频带名称	频率范围
甚长波	10000 ～ 1000000	甚低频	3 ～ 30kHz
长波	1000 ～ 10000	低频	30 ～ 300kHz
中波	100 ～ 1000	中频	300 ～ 3000kHz
短波	10 ～ 100	高频	3 ～ 30MHz
米波	1 ～ 10	甚高频	30 ～ 300MHz
分米波	0.1 ～ 1	特高频	300 ～ 3000MHz
厘米波	0.01 ～ 0.1	超高频	3 ～ 30GHz
毫米波	0.001 ～ 0.01	极高频	30 ～ 300GHz

注：该表摘自《中华人民共和国无线电频率划分规定》（2018 年 2 月 7 日中华人民共和国工业和信息化部令第 46 号公布）。

目前，铁路、电力等行业已占据大多数低频谱资源，而移动通信的发展却需要大量的频谱资源，使电信运营商不得不采用高频段频谱。

无线电频谱资源是所有无线电技术应用的基础，对其进行管理是现代国家的重要职责。

第一，有限性。无线电频谱是全人类共享的有限自然资源，尤其是经济与社会高速发展所带来对无线电业务与应用的海量需求，更加突出了有限的无线电频谱资源的供求矛盾。尽管无线电频谱可以根据空间、时间和频率的三维要素进行复用，但就某一频段或频率而言，在一定区域、一定时间和一定条件下利用也是有限的。

第二，非耗竭性。无线电频谱不同于土地、水、矿产、森林、能源等再生资源或非再生，这种自然资源能被利用，但并不会耗竭。

第三，不可替代性。无线电频谱所承载的许多应用，例如，移动通信、广播电视、航空导航、空间探测等，这些是其他资源无法替代的。

第四，可复用性。无线电频谱在一定的时间、地区、频域和编码条件下，是可以重复使用和利用的，即不同无线电业务和设备可以频率复用和共用。

第五，固有的传播特性。无线电频谱的传播按照自己固有的客观规律进行，不受行政区域限制，传播既无省界又无国界。

第六，易受污染性。无线电频谱容易受到自然噪声和人为噪声的干扰，使之无法准确、有效地传送信息。电磁环境的污染不但使无线电频谱的有效利用受到影响，而且对无线电的应用造成严重危害。因此，需要对它科学规划、合理利用、有效管理，才能使之发挥巨大的资源价值。

●● 4.3 帧结构

5G 新空口（New Radio，NR）定义了灵活的帧结构，满足大带宽、低时延、高可靠等不同需求。灵活配置主要体现在子载波间隔、系统带宽、帧时隙配比、时隙长短等。5G NR 支持多种子载波间隔，包括 15kHz、30kHz、60kHz、120kHz。对于不同的业务可以配置不同的子载波间隔，例如，要求超短时延的业务，可以通过配置大子载波间隔，结合超短时隙，降低空口时延。对于低功耗大连接的物联网，可以配置小子载波间隔，集中能量传输，提高覆盖能力。

1. 帧结构基本要求

上下行链路无线帧长为 10ms，包含 10 个子帧，每个子帧为 1ms，每个无线帧被分为两个长度相同的半帧，每个半帧包含 5 个子帧。每个子帧正交频分复用（Orthogonal Frequency Division Multiplexing，OFDM）符号数见表 4-2。

表4-2　每个子帧正交频分复用符号数

μ	每个时隙中的符号数 (N_{symb}^{slot}) / 个	每个子帧中的时隙数目 ($N_{slot}^{subframe,\mu}$) / 个	每个帧中的时隙数目 ($N_{slot}^{frame,\mu}$) / 个	注释 (CP[1]/子载波间隔)
0		1	10	常规 CP/15kHz
1		2	20	常规 CP/30kHz
2	14	4	40	常规 CP/60kHz
3		8	80	常规 CP/60kHz
4		16	160	

注：1. CP（Cylic Prefix，循环前缀）。

2. 典型帧结构

面向增强型移动宽带（enhanced Mobile BroadBand，eMBB），按照 30kHz 子载波间隔，子载波间隔 30kHz 的帧结构示意如图 4-1 所示，2.5ms 双周期帧结构，每 5ms 里面包含 5 个全下行时隙，3 个全上行时隙和 2 个特殊时隙。其中，Slot4 和 Slot8 为特殊时隙，包含 14 个符号，符号配比为 10:2:2（可调整）。

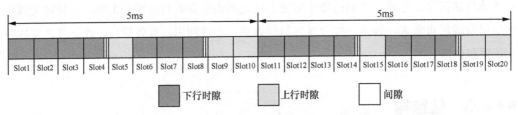

图4-1　子载波间隔30kHz的帧结构示意

3.5GHz NR 的时隙结构采用 5ms 周期的配置，其中，子帧配置为"DDDSUDDSUU"，上下行比例为 3:7。其中，D 为全下行时隙，U 为全上行时隙，S 为特殊时隙。3.5GHz NR 帧结构示意如图 4-2 所示。

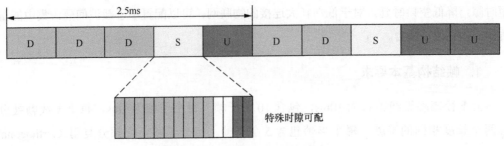

图4-2　3.5GHz NR 帧结构示意

目前，S 时隙中的下行、间隙（GAP）和上行符号的比例关系可设置为 10:2:2，下行符号上可用于发送物理下行控制信道（Physical Downlink Control CHannel，PDCCH）、物理下行共享信道（Physical Downlink Shared CHannel，PDSCH）等下行信号，GAP 符号上不发送任何上下行信号，上行符号可用于发送探测参考信号（Sounding Reference Signal，SRS）等上行信号。后续根据基站间系统内干扰情况及电信运营商的设置建议等因素，合理设置 GAP 大小。

为了支持垂直行业对业务速率和时延的要求，可通过配置不同的帧结构满足垂直行业用户的需求。本小节将介绍不同场景中所支持的帧结构类型，在部署这些帧结构时，需要保证 2.5ms 双周期与其存在一定的空间隔离度，保证应用帧结构不对公网业务产生干扰和造成负面影响。

（1）更大上行带宽

可以采用 "DSUUU" 的方式，周期为 2.5ms。其中，特殊时隙中下行、GAP 和上行符号的比例关系可以设置为 10:2:2，下行符号可用于发送 PDCCH、PDSCH 等下行信号，GAP 符号不发送任何上下行信号，上行符号可用于发送 SRS 等上行信号。支持上行大带宽的 "DSUUU" 示意如图 4-3 所示。

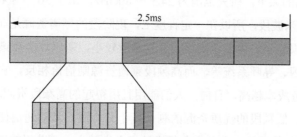

图4-3 支持上行大带宽的 "DSUUU" 示意

（2）支持更短时延

采用 1ms 帧结构上下行转换，周期为 1ms 单周期，2 个时隙典型配置为数字段（Digital Section，DS）。S 符号级为 "GGUUUUUUUUUUUU"，其中，G 为保护间隙，U 为上行符号，D 为下行符号。1ms 帧结构示意如图 4-4 所示。

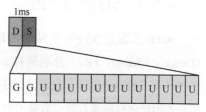

图4-4 1ms帧结构示意

●●4.4 信道带宽与资源块配置

5G 系统不同信道带宽、子载波间隔配置中，资源块（Resource Block，RB）配置见表 4-3。

表4-3　资源块配置

子载波间隔＼信道带宽	5 MHz	10 MHz	15 MHz	20 MHz	25 MHz	30 MHz	40 MHz	50 MHz	60 MHz	70 MHz	80 MHz	90 MHz	100 MHz
15kHz	25 个	52 个	79 个	106 个	133 个	160 个	216 个	270 个	—	—	—	—	—
30kHz	11 个	24 个	38 个	51 个	65 个	78 个	106 个	133 个	162 个	189 个	217 个	245 个	273 个
60kHz	—	11 个	18 个	24 个	31 个	38 个	51 个	65 个	79 个	93 个	107 个	121 个	135 个

●●4.5　5G 频谱范围与工作频谱

5G 高频段是指 6GHz 以上的频段，其连续大宽带可满足热点区域极高的用户体验速率和系统容量需求，但其覆盖能力弱，难以实现全网覆盖，因此，需要与 6GHz 以下的中低频段联合组网作为补充。

国际电信联盟（International Telecommunications Union，ITU）在 2015 年明确了 5G 高频段的范围。在 6GHz 以上频段为国际移动通信系统（International Mobile Telecommunications，IMT）系统寻找可用的频率，研究范围为 24.5 ～ 86GHz。由于 30 ～ 300GHz 的无线电波为 5G 高频段，也是毫米波段，所以在一定程度上，现阶段的频谱资源是非常稀缺的。由于低频段的电磁波传播损耗小、覆盖距离远、开发难度较小，所以这类频谱资源主要应用于很早起步的广播、电视、寻呼系统等，而高频段频谱资源则恰恰相反，它的频率越高，开发技术难度越大、服务成本越高，目前，人们能用且用得起的高频段资源就非常少了。

目前，高频段、低频段的优质资源的剩余量十分有限。移动通信使用的频率越高，频段就越"纯净"，与其他无线电业务竞争频谱的机会也越大，可获得的连续频段越宽，速度越快。因此，5G 频谱以高频为主，低频为辅。

4.5.1　5G 频谱范围

3GPP 已指定 5G NR 支持的频段列表，频谱范围可达 100GHz，定义了两大频率范围（Frequency Range，FR），分别是 FR1 和 FR2。FR1 主要用于实现 5G 网络连续广覆盖、高速移动性场景下的用户体验和海量设备连接。FR2 主要用于满足城市热点、郊区热线与室内场景等极高的用户体验速率和峰值容量需求。FR 的定义见表 4-4。

表4-4　FR的定义

FR	对应的频率范围
FR1	410 ～ 7125MHz
FR2	24.25 ～ 52.6GHz

1. FR1

- 频率范围：410 ～ 7125MHz。
- 最大信道带宽：100MHz。

FR1 就是我们通常讲的 sub6G 频段，也就是我们说的低频频段，是 5G 的主用频段。其中，3GHz 以下的频率我们称之为 sub3G，其余频段称为 C-band（C 频段）。FR1 的优点是频率低，绕射能力强，覆盖效果好，是当前 5G 的主用频率。

2. FR2

- 频率范围：24.25 ～ 52.6GHz。
- 最大信道带宽：400MHz。

FR2 就是我们说的高频频段，为 5G 的扩展频段，频谱资源丰富。当前版本毫米波定义的频段只有 4 个，全部为时分双工（Time Division Duplex，TDD）模式，最大小区带宽支持 400MHz。FR2 的优点是超大带宽，频谱干净，干扰较小，可作为 5G 后续的扩展频段。

4.5.2　5G 工作频谱

5G NR 定义了灵活的子载波间隔，子载波间隔与频率范围对应见表 4-5。

表4-5　子载波间隔与频率范围对应

子载波间隔	频率范围	信道带宽
15kHz（和 LTE[1] 一样）	FR1	50MHz
30kHz	FR1	100MHz
60kHz	FR1，FR2	200MHz
120kHz	FR2	400MHz

注：1. LTE（Long Term Evolution，长期演进技术）。

众所周知，TDD 和频分双工（Frequency Division Duplex，FDD）是移动通信系统中的两大双工制式。在 4G 中，针对 FDD 和 TDD 分别划分了不同的频段。5G NR 除了为 FDD 和 TDD 划分了不同的频段，还新增了辅助下行（Supplementary DownLink，SDL）频段和辅助上行（Supplementary UpLink，SUL）频段。FR1 中的 NR 工作频段见表 4-6，FR2 中的 NR 工作频段见表 4-7。

表4-6　FR1中的NR工作频段

5G NR 操作频段	上行链路工作频段（BS[1] 接收 /UE 发送）$F_{UL\_low} \sim F_{UL\_high}$	下行链路工作频段（BS 发送 / UE 接收）$F_{DL\_low} \sim F_{DL\_high}$	双工模式
n1	1920 ～ 1980MHz	2110 ～ 2170MHz	FDD
n2	1850 ～ 1910MHz	1930 ～ 1990MHz	
n3	1710 ～ 1785MHz	1805 ～ 1880MHz	
n5	824 ～ 849MHz	869 ～ 894MHz	
n7	2500 ～ 2570MHz	2620 ～ 2690MHz	
n8	880 ～ 915MHz	925 ～ 960MHz	
n12	699 ～ 716MHz	729 ～ 746MHz	
n20	832 ～ 862MHz	791 ～ 821MHz	
n25	1850 ～ 1915MHz	1930 ～ 1995MHz	
n28	703 ～ 748MHz	758 ～ 803MHz	
n34	2010 ～ 2025MHz	2010 ～ 2025MHz	TDD
n38	2570 ～ 2620MHz	2570 ～ 2620MHz	
n39	1880 ～ 1920MHz	1880 ～ 1920MHz	
n40	2300 ～ 2400MHz	2300 ～ 2400MHz	
n41	2496 ～ 2690MHz	2496 ～ 2690MHz	
n50	1432 ～ 1517MHz	1432 ～ 1517MHz	
n51	1427 ～ 1432MHz	1427 ～ 1432MHz	
n66	1710 ～ 1780MHz	2110 ～ 2200MHz	FDD
n70	1695 ～ 1710MHz	1995 ～ 2020MHz	
n71	663 ～ 698MHz	617 ～ 652MHz	
n75	N/A[2]	1432 ～ 1517MHz	SDL
n76		1427 ～ 1432MHz	
n77	3300 ～ 4200MHz	3300 ～ 4200MHz	TDD
n78	3300 ～ 3800MHz	3300 ～ 3800MHz	
n79	4400 ～ 5000MHz	4400 ～ 5000MHz	
n80	1710 ～ 1785 MHz	N/A	SUL
n81	880 ～ 915 MHz		
n82	832 ～ 862MHz		
n83	703 ～ 748MHz		
n84	1920 ～ 1980MHz		
n86	1710 ～ 1780MHz		

注：1. BS（Base Station，基站）。

2. N/A（Not Applicable，不适用）。

表4-7　FR2中的NR工作频段

5G NR 操作频段	上行和下行的工作频段（BS 接收/UE 发送）$F_{UL\_low} \sim F_{UL\_high}$	双工模式
n257	26500 ～ 29500MHz	TDD
n258	24250 ～ 27500MHz	
n260	37000 ～ 40000MHz	
n261	27500 ～ 28350MHz	

通过对比发现，5G NR 带宽较 4G 明显增加，不仅包含了部分 LTE 频段，而且新增了一些频段（n50、n51、n70 及以上）。其中，NR 的频段 n1 ～ n41、n50、n51、n65、n66、n70、n71、n74 与 LTE 对应的频段号和频率范围完全相同。只不过 5G NR 的频段号以"n"开头，与 LTE 的频段号以"B"开头不同。例如，LTE 的 B20（Band 20），5G NR 称其为 n20。另外，除了 TDD/FDD，5G NR 增加了 n75 ～ n86 的频段，包含了 SDL 和 SUL。

目前，全球最有可能优先部署的 5G 频段为 n77、n78、n79、n257、n258 和 n260。

需要说明的是，我国仅对 FR1 中的频段进行了分配，中国移动自 2020 年 1 月 1 日起，5G 终端要支持 SA/ 非独立组网（Non-Stand Alone，NSA）双模，支持 n41、n78、n79 频段。中国电信则明确要求 5G 终端必须支持 n1、n78。中国联通要求 5G 终端必须支持 n1、n78。这几个频段都是 TDD 频段。5G 优先部署在 TDD 频段的主要原因包括以下 3 个方面。

一是 TDD 具有信道互易性，能快速而准确地获得下行链路的信道状态信息。TDD 的信道互易性有利于部署多输入多输出（Multiple-Input Multiple-Output，MIMO），增强了下行链路的容量，同时最小化干扰，可以提升数倍的传输效率。

二是移动应用业务中视频下载占整体数据传输业务的很大部分，下行链路到上行链路的严重不对称成为新的矛盾，而 TDD 恰好可以通过灵活配置下行链路（Down Link，DL）/上行链路（Up Link，UL）时隙配比，从而有效满足 DL/UL 业务传输的不对称性。

三是 FDD 频率已经在 2G、3G、4G 网络中广泛部署，没有可供 5G 使用的大带宽 FDD 频率。

5G NR 增加了低频的 SUL，例如，n80 ～ n84、n86，通过低频的 SUL 和高频相结合，充分利用低频的上行覆盖优势和高频的大带宽优势，从而降低建网成本；而新增的 SDL 则为了与其他频段进行下行载波聚合，例如，欧洲国家采用 n75、n76 与 n20 进行下行载波聚合。另外，为了避免对卫星地球探测业务（Earth Exploration Satellite Service，EESS）造成干扰，同时使信道带宽最大化，1427 ～ 1517MHz 被划分成两个频段，即 n75（1432 ～ 1517MHz）和 n76（1427 ～ 1432MHz）。其中，n75 只允许以较低的功率发射信号，而 n76 允许按照宏基站功率进行发射以获得良好的性能。

•• 4.6 5G 频率分配与使用

4.6.1 5G 频率分配历程回顾

按照时间顺序，我们接下来对 5G 频率的分配历程进行简单回顾。

2018 年，中国移动除了 2.6GHz 频段，还获得了 4.9GHz 频段进行实验建设部署，即 n79 频段。

2020 年 1 月，工业和信息化部宣布批准中国广电申请的 4.9GHz 频段 5G 试验频率使用许可，同意其在北京等 16 个城市部署 5G 网络。

2020 年 2 月，工业和信息化部确认中国电信、中国联通、中国广电 3 家电信运营商共同在全国范围使用 3300 ～ 3400MHz 频段用于 5G 室内覆盖。

2020 年 3 月，工业和信息化部发布了《关于调整 700MHz 频段频率使用规划的通知》，并明确将 700MHz 频段调整用于 FDD 方式的移动通信系统，已准许了中国广电使用 703 ～ 733/758 ～ 788MHz 频段。

2020 年 4 月，中国广电与中国移动签订《5G 共建共享合作框架协议》，该协议约定，双方共建共享 700MHz、共享 2.6GHz 频段 5G 无线网络，在保持各自品牌和运营独立的基础上，共同探索产品、运营等方面的模式创新，开展内容、平台、渠道、客户服务等方面的深入合作。

2021 年 1 月，中国广电和中国移动签署了《5G 战略合作协议》，正式启动共建共享 5G 700MHz 网络。

4.6.2 5G 频率分配和使用

国内四大电信运营商，5G 频率分配示意如图 4-5 所示。

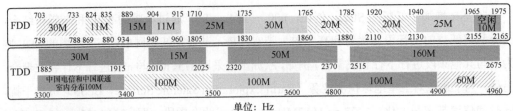

单位：Hz

图4-5　5G频率分配示意

1. 700MHz（n28）——中国广电

700MHz 作为数字红利频段，其优势除了频率低，还有频段宽，传播损耗小，覆盖性能好，被称为"黄金频段"。在上行边缘速率 1Mbit/s 下，700MHz 4T4R（4 发 4 收）的小区半径超过了 4500m，是 3.5GHz 64T64R（64 发 64 收）小区的 2.4 倍。

中国移动和中国广电达成了共建共享协议，意图借用 700MHz 频段来低成本地实现 5G 在偏远地区的连续覆盖。中国广电可以得到中国移动在技术上的支持，同时也缓解了其 5G 网络从零开始建设的资金压力。

2. 850MHz（B5）——中国电信

850MHz 频段带宽仅有 11MHz，其带宽虽然窄，但是覆盖面较广。该频段作为码分多路访问（Code Division Multiple Access，CDMA）网的一部分，曾经承载了中国电信的 2G 和 3G 覆盖。目前，中国电信通过 800MHz 重耕，计划建成低频 5G 网络。

3. 900MHz（B8）——中国移动（15MHz）/ 中国联通（11MHz）

900MHz 频段的可用带宽也不大，但是其覆盖面较广。作为全球最早使用、业务最为繁忙的无线频谱，被中国移动用作 2G 和 4G 的基础覆盖，同时也是物联网制式窄带物联网（Narrow Band Internet of Things，NB-IoT）的主力频段之一。中国联通更是在狭窄的 11MHz 带宽内同时承载了 2G、3G 和 4G，作为这些制式共同的基础覆盖层。

基于 900MHz 目前错综复杂的使用情况，可以预期其重耕 5G 的时间将相对靠后，适用于承载海量机器类通信（massive Machine Type Communications，mMTC）和超高可靠和超低时延通信（ultra-Reliable and Low Latency Communication，uRLLC）业务。

4. 1800MHz（B3）——中国移动（25MHz）/ 中国联通（30MHz）/ 中国电信（20MHz）

1800MHz 频段的带宽资源比较好，目前，三大电信运营商都将其作为 4G 的主力频段使用。5G 建网初期，中国电信和中国联通将其作为 NSA 锚点。

5. 2100MHz（B1）——中国联通（25MHz）/ 中国电信（20MHz）/ 未分配（15MHz）

2100MHz 频段曾经是 3G 的核心频段，现在已全面转型到 4G。中国电信拥有的 20MHz 带宽全部用作 4G，中国联通拥有 25MHz 带宽，其中，5MHz 用于 3G，剩余的 20MHz 用于 4G。另外，该频段还有 15MHz 带宽尚未分配。

5G 建网初期，中国电信和中国联通把 4G 2100MHz 和 1800MHz 用于 5G NSA 锚点。

另外还有 2155～2165MHz 尚未分配的 10MHz 带宽，可申请共计 55MHz 带宽，采用共建共享的方式部署 5G，可作为郊区和农村地区的覆盖主力。

6. 1900MHz（B39）——中国移动

1900MHz 频段是在 1800MHz 上下行之间的一段 TDD 频谱，和 1800MHz 相邻的左右两端各有 5MHz 隔离，剩余的 30MHz 带宽全部被中国移动用作 TD-LTE。但考虑到干扰间隔、小灵通的退频（该部分原来是小灵通的频率），实际 TD-LTE 主要使用 1885～1915MHz（30MHz）部分。B39 是中国移动 4G 网络主力频段，其覆盖较广，尤其在农村地区。

7. 2000MHz（B34）——中国移动

2000MHz 频段是在 2100MHz 上下行之间的一段 TDD 频谱，共有 15MHz 带宽，全部用作 TD-LTE。中国移动的用户较多，频谱需求较大，适合采用 TDD 双工方式来灵活利用这些零散频谱。

8. 2300MHz（B40）——中国移动

2300MHz 标准频谱共有 100MHz 带宽，目前，70MHz 被中国移动用作 4G，但考虑到存在雷达的干扰，仅能用于室内。现在仍然用于 TD-LTE，是中国移动 4G 网络室内覆盖的主要频段。

9. 2600MHz（n41）——中国移动

2600MHz 是中国移动的 5G 主流频段，带宽可达 160MHz，频率也不算太高，可提供高速数据业务，覆盖较好。5G 建网初期，中国移动把其中的 60MHz 用作专用的 TD-LTE，另外的 100MHz 用作 5G，同时把其中的 40MHz 和 4G 动态共享。也就是说，在这 160MHz 带宽上，5G 和 4G 最多都能使用 100MHz 带宽。

10. 3500MHz（n78, C-band）——中国联通（100MHz）/中国电信（100MHz）/中国广电

国际上使用最多的其实也是 3.5GHz 频段的频率，这也是大家公认的最优质 5G 频谱资源。n78 可以分为 3 段，即 3300～3400MHz、3400～3500MHz、3500～3600MHz，n78 是中国电信和中国联通的 5G 主力频段。其中，3300～3400MHz 由中国电信、中国联通、中国广电共同用于 5G 室内覆盖。3400～3500MHz 归属于中国电信，3500～3600MHz 归属于中国联通，这两家电信运营商是在这 200MHz 带宽的基础上共建共享的。

11. 4900MHz（n79）——中国移动（100MHz）/中国广电（60MHz）

中国移动在 4900MHz 频谱上有 100MHz 宽，但该频段频率高，传播损耗大，因此，中国移动并未将其作为 5G 的主力频段，主要规划用于物联网、垂直行业应用，以及 5G 的热点补充频段和行业专网频段。中国广电在该频段拥有 60MHz 带宽，可作为补充，将和中国移动共建共享。

从上述频率使用情况来看，中国移动共拥有 700MHz、2600MHz，4900MHz 3 段频谱，其优势是容量大、带宽大（5G NR 最终带宽可达 160MHz），可兼顾 4G/5G 覆盖需求，同时可以利用存量 4G 网络的站址优势，5G 建网速度较快；其劣势是频谱较为分散，建设难度较大。中国广电拥有 700MHz、3500MHz 两段频谱用于室内覆盖，还有 4900MHz 的频谱，与中国移动共建共享。

中国电信和中国联通获得的 3500MHz 附近的频段最优，且频率比较集中，相对而言，资源最好，但带宽不大，容量较小。相比中国移动的 2600MHz 频段，覆盖范围小，因此，需要的站点数较多，投资较大。

4.6.3 频段共建共享的融合与竞争

2021 年 3 月，工业和信息化部发布《2100MHz 频段 5G 中国移动通信系统基站射频技术要求（试行）》公告，该公告的发布意味着过去用于 3G/4G 网络的 2100MHz 频段可用于 5G 网络，中国电信和中国联通可采用 "3500MHz + 2100MHz 中低频组网" 的方式来部署广覆盖、大带宽的 5G 网络。中国电信在 2100MHz 频段上拥有 20MHz 带宽，中国联通拥有 25MHz 带宽，两家电信运营商在 2100MHz 频段上拥有连续的 45MHz 带宽，可以在 2100MHz 频段上采用单载波共建 5G 网络。中国电信和中国联通的 5G 频段是连续的，两家电信运营商已将基于 3400 ～ 3600MHz 连续的 200MHz 带宽共建共享 5G 无线接入网。

中国移动和中国广电也已经宣布共享 2600MHz 频段 5G 网络，并按照一定比例共同投资建设 700MHz 5G 无线网络。

"中国电信 + 中国联通""中国移动 + 中国广电"，二者的频段相比，各有什么优势呢？

其中，中国电信和中国联通的 3500MHz 频段与中国移动的 2600MHz 相比，频段更高，覆盖能力更弱；2100MHz 与 3500MHz、2600MHz 相比，覆盖能力更强。因此，中国电信和中国联通通过 3500MHz + 2100MHz 中低频组网，无论是容量方面还是覆盖能力都比中国移动的 2600MHz 频段组网更加灵活。

而中国移动和中国广电需通过共建共享，以 2600MHz + 700MHz 组网的方式，充分利用 700MHz 来补充网络覆盖和容量，与中国电信和中国联通的 3500MHz + 2100MHz 组网形成相互竞争的格局。

其实，700MHz 频段与 2100MHz 频段的带宽相差不大，在网络带宽能力方面双方持平，但是 700MHz 的覆盖能力和穿墙能力要优于 2100MHz，因此，中国移动和中国广电在 700MHz 频段覆盖方面的优势比较突出。

综上所述，电信运营商之间通过频段的共建共享，融合与竞争，取长补短，既突出各自的优势，弥补相应的不足，又增强了电信运营商在网络上的竞争力，为电信运营商之间进一步在更大范围内的合作，奠定了坚实的基础。

国内移动网络共建共享原则

Chapter 5

第5章

●● 5.1　5G 网络共建共享原则

在 5G 全生命周期内，中国电信和中国联通、中国移动和中国广电分别将在全国范围内共建一张 5G 接入网，充分利用双方网络和配套等资源，合力打造技术先进、覆盖广、网速快、体验好、效能高的全球领先 5G 精品网络。

关于 5G 网络的共建共享，我们通常分成面向企业（to Business，toB）和面向消费者（to Customer，toC）网络，二者最大的区别在于面向的用户不同，既包括用户规模的不同，也包括用户身份的不同。一般而言，toB 网络是指面向行业、组织、企业、工业等以非个人应用为主的网络，toC 网络是指面向大众用户、以个人应用为主的网络。在移动通信网络中，由于 toB 与 toC 应用的场景不同，导致 toB 网络与 toC 网络有很大的不同。

我们首先明确一下共建、共享、承建方、共享方的相关概念。

共建是指电信运营商 A 及其下属单位和电信运营商 B 及其下属单位对新建的机房、传输、基站设备、室内分布系统等通信设施的共同建设，可以由一方承建，双方使用。共享是指电信运营商 A 及其下属单位和电信运营商 B 及其下属单位开放各自的存量机房、传输、基站设备、室内分布系统等通信设施，租赁给另一方使用。共建共享设施的产权归属于投资方。

承建方是指拥有移动网络所有权并提供移动网络及配套服务的一方，共享方是指通过移动网络共享获得移动网络及配套服务使用权的一方。双方作为承建方和共享方的角色根据共享角色变化而相互转换。

在双方共建共享期间，承建方和共享方应当承担什么权利和义务呢？

作为承建方，承建方提供的共享服务须达到一定的质量标准和技术要求，依规维护共享资源，处理发生的故障，及时反馈共享方提出的共建共享申请。

作为共享方，在共享期间内，共享资源属于承建方。共享方对共享的资源只有使用权，并且按约定时间和方式向承建方结算共享服务费。共享方和承建方需约定配合服务时的工作流程，并提前通知承建方。

5.1.1 toB 建设原则

1. 总体原则

对于 toB 业务需求,共建共享期间,需双方(承建方和共享方)遵循共建共享的区域划分原则,由所在区域承建方进行网络建设,双方严格遵守合作共赢、高度互信、敏捷响应、服务统一的总体原则。

首先,双方对外遵循合作共赢,同一张网保证双方利益相关,资源共享,宣传效果形成合力。其次,双方对内高度互信,围绕需求,紧密协同,明确时限,高效推进网络建设实施。需求方保证建网需求的真实性,共建共享协调机构对双方相关商机事宜严格保密。最后,双方统一服务标准,无差别对待,双方客户享有相同的网络服务标准。

2. toB 业务部署

5G 定制专网初期,综合考虑竞争、效率、成本、收益、资源利用率、运维、管控等因素,一般以用户需求和业务要求为导向,综合考虑投资成本、网络与终端能力、配套条件、运维难度、平滑演进等多维度因素,重点关注投资效益,制定快速高效、经济可行的 toB 业务端到端部署方案。

根据客户和业务要求,灵活选取共享用户端口功能(User Port Function,UPF)或独享UPF,确保服务质量。

在满足用户需求和业务要求的前提下,尽量复用现有资源,提高资源利用率,节省运营维护成本,同时有助于实现网络能力平滑升级与演进。

针对同一客户提出的多种业务需求,对网络访问要求可能不同,可选择不同的路由策略提供服务。针对物联类等有明确集约管理要求的业务,建议在 5G 定制专网集约节点采取开户管理的方式,具体业务由省级 5GC 部署承载。针对访问公网需求,统一基于省级UPF 接入提供服务。针对明确 4G/5G 互操作需求、跨多地市业务需求和跨省业务需求,建议基于省级 UPF 部署承载。针对明确数据管控要求的客户,可考虑基于独享 UPF 部署承载,同时建议综合评估客户要求、部署成本、运维难度、配套条件、终端成本等多重因素,细化并明确下沉 UPF 关键性能指标。

3. toB 业务需求响应闭环流程

toB 业务需求响应闭环流程一般由业务响应、业务实施和项目后评价组成。

根据 toB 客户和业务的调研结果，与 toC 业务不同，toB 客户需求和业务要求呈现多样性和差异化特性，单一客户的 toB 业务需求通常为多类业务和具体要求的组合，而同一类业务在不同行业领域的具体要求也不尽相同。因此，为了精准高效地把握 toB 客户需求，有必要对 toB 客户需求、业务要求、关键性能指标进行梳理与归类，提出合理的 5G 定制专网业务模型，进而有效指导网络设备选型和网络规划部署，为客户提供快速有效、经济可行的 toB 端到端解决方案。

实施 toB 业务时，首先应从需求端提前规划，预留少量资源应急。toB 客户覆盖需求尽量预先纳入电信运营商年度网络规划，并按标准流程开展工程立项、工程建设等工作。另外，在省级、地市级共建共享协调机构牵头规划 toB 建设时，需预留一定比例的资源用于满足双方突发 toB 业务需求。需求方和承建方应明确责任界面的划分。需求方负责客户需求沟通、物业入场协调等工作。

toB 项目应结合政企和业务规划按名单制管理，聚焦重点行业及关键核心客户，如果有明确需求的行业及客户，则纳入当期建设项目实施、全量满足。

在具体实施 toB 业务过程中，应细分 toB 基站需求，各方应进行合理分工。需求方政企部门负责对业务需求进行提前评估，需求方网络部门负责制定建设方案。共建共享协调机构负责组织双方网络部门、需求方政企部门对 toB 方案进行审核，并依据需求单顺序、需求响应等级和开通时限要求协调承建方建设实施，优先保证 toB 建设部署。

原则上 toB 业务建设遵循共建共享主体职责，由共享方或承建方提出明确需求，由承建方实施建设。承建方应按照建设质量及时限要求，保质保量按时交付，及时满足业务需求。对于承建方不能及时满足或不涉及 toC 业务的 toB 专网建设，可在一定比例的投资限额内由共享方组织建设（可考虑采取双向预留投资的方式，例如，一部分投资用于满足双方重要突发 toB 业务需求，一部分投资用于满足共享方 toB 自建需求，由共享方协调承建方的主设备厂家及施工单位开展建设）。各级电信运营商要发挥积极性和主动性，先行对接，因地制宜，提出适合本地的解决办法。toB 客户突发需求实施流程建议如图 5-1 所示。

针对 toB 项目，建成投产后由联合工作组与市场相关部门等共同对承建方和需求方开展项目后的评价工作，包括但不限于对承建方和需求方的后评估。承建方的后评估工作主要评估承建方对于双方重点 toB 业务需求的满足程度、响应速度、建设进度、客户对于网络质量的满意度等。需求方的后评估主要评估项目投产后的业务收入、客户增长、网络负荷等，后评价结果将用于后续项目优先级排序和预留资源的调整。

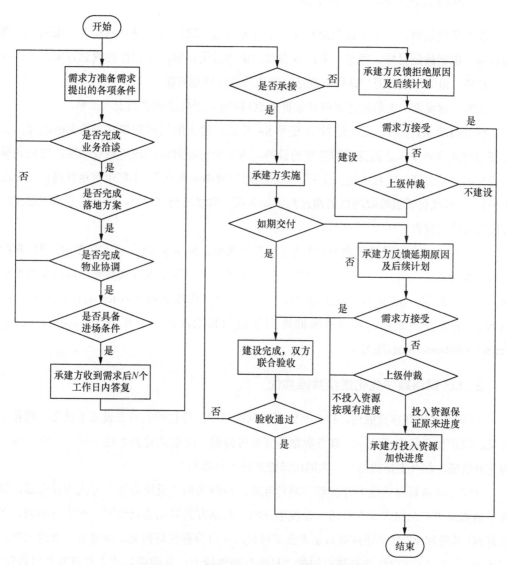

图5-1　toB客户突发需求实施流程建议

5.1.2　toC 共建共享原则

　　5G 建网初期,电信运营商根据自身网络的特点,提出了 toC 共建共享建设的设想,例如,面向公众市场,全国共建一张 5G 网络,NSA 阶段快速过渡。双方坚持独立原则,接入网共享,承载网互通,核心网独立,仍然保持各自网络的独立性和完整性。双方坚持对等原则,用户体验对等,需求响应对等,维护保障对等。

　　我们提出以下 toC 共建共享原则,供电信运营商参考。

1. 5G 网络规划建设实现全面共建共享

在网络规划期，电信运营商应相互共享对方网络基础数据，确立共建"一张网"的规划目标。根据规划目标，经过专家组双方部门集体讨论，提出可行性的规划方案，并经过充分论证，最终形成双方均认可并能予以实施的最终规划方案。

在网络建设期，电信运营商应充分贯彻 5G 网络全面共建共享的宏观战略。

新开通的 5G 基站，无论是 NSA 还是 SA 模式，建设的同时完成共享数据的配置，实现开通与共享同步，达到开通即共享的目的。双方电信运营商应统一建设标准，交付共享前应完成单站验证、工程优化。工程优化标准应"就高不就低"（不同电信运营商优化标准不一）。工程优化质量验收测试需通过共建共享双方网络的测试项目，网络质量测试通过后方能提交验收报告。

共建共享双方现网已开通 5G 基站必须全量共享。NSA 阶段，对于双方 4G 同厂家的区域，采用双锚点方式共享。双方 4G 异厂家区域，采用单锚点方式共享，锚点基站由承建方建设、配置。SA 阶段，仅共享 5G 基站。新空口承载语音（Voice over New Radio，VoNR）成熟商用之前，语音业务回落到各自的长期演进语音承载（Voice over Long Term Evolution，VoLTE）。

2. 5G 网络维护优化逐步共维共优

5G 网络共建共享完成后，作为网络优化维护部门，往往面临双方设备不熟悉、网管不可见、维护优化标准不统一、双方数据不互通等问题。随着共建共享逐步深入，双方应本着充分信任，相互支持的态度，共同运营维护好"一张网"。

承建方应负责向共享方开放双方网管互通，初期采用"反拉终端"方式实现互通，加快推动实现"双北向方式"互通。分权不分域，共享方的网元访问范围与承建方相同，即所有 5G 基站和 4G 共享锚点对共享方全部可见，不可屏蔽任何网元。承建方负责向共享方开放 5G 全量基站和 4G 共享锚点站的"只读"网管能力、北向接口能力和双方全量数据，以及提供共享方用户产生的用户级信令跟踪数据、无线呼叫记录等数据，并保证数据共享及时有效。

随着共建共享的深入，双方应逐步建立统一的维护和优化标准，形成同一张网规建维优一体化的战略构想。

3. SA 目标网架构演进

在网络共建共享初期，双方以 SA 为目标，面向公众市场，全国共建一张 5G 网络，过渡期控制性部署 NSA，引领推动 SA 快速发展与走向成熟，构建竞争优势。

双方端到端协同，综合考虑 SA 产业成熟度、国际漫游用户规模、NSA 开通规模、5GC 商用时间、4G/5G 同异厂家、终端及市场策略等因素共同制定 NSA 到 SA 升级演进策略及 SA 商用工作计划。SA 商用确保现网 5G 用户感知。

双方 SA 要同步演进，同一城市内 NSA/SA 方案和节奏必须一致，避免一方是 SA 方案，而另一方是 NSA 方案；确保网络互通、共享。在 SA 不具备条件的情况下，为了满足当前竞争和业务需求，可开通 NSA，且应同步开通共建共享。

5.1.3　5G 共建共享策略

在网络共建共享初期，双方电信运营商在考虑 5G 网络共建共享时，在全面共建共享的基础上，根据电信运营商现网实际情况，制定不同的策略，相关建设策略应重点考虑以下 4 个方面。

一是在组网架构上，5G 网络共建共享采用接入网共享方式，核心网各自建设，5G 频率资源共享。双方应充分考虑网络演进能力，过渡期为 NSA 组网共建共享，而后演进为 SA 组网共建共享。在 5G NSA 阶段，电信运营商应重点聚焦 5G 基站共建共享，双方划定区域，分区建设，加快进度，多快好省，共同打造覆盖广、速率高、体验好的 5G 精品网络。另外，电信运营商应按照"急用先行、先易后难、先粗后细"的基本原则，秉持共建共享效益最大化，开展可持续合作。

二是在网络建设和服务标准上，双方联合确保 5G 网络共建共享区域的网络规划、建设、维护及服务标准统一，保证同等服务水平。尽量避免对现有用户体验影响，语音业务回本网，保障语音基础业务的体验。双方应充分发挥频率资源合力优势，通过高低频协同规划，合理布局 5G 目标网基础覆盖层和容量层，具备一定竞争力。

三是在用户归属上，双方用户归属跟随网络归属，品牌和业务运营保持独立。5G 用户共享，4G 用户不共享，5G 用户共享网络，4G 用户仍由归属网络提供服务。

四是双方各自与第三方的网络共建共享合作不能损害另一方的利益。

5.1.4　5G 共建共享结算模式

中国电信与中国联通、中国移动与中国广电分别在全国范围内合作共建一张 5G 无线接入网，双方划定区域，分区建设，各自负责在划定区域内的 5G 网络建设相关工作，秉持"谁建设、谁投资、谁维护、谁运维"的原则。

1. 无线接入网共建共享

在无线接入网方面，共建共享的电信运营商采用无线设备（基站）双方全面共建共享的方式。

在网络建设区域方面，电信运营商双方将在不同的城市分区承建 5G 网络，具体的划分一般以双方 4G 基站（含室内分布）总规模为主要参考。一方的承建区，相对于另一方，则为非承建区。双方承建区的无线设备（基站）将向对方全面共享。

共建共享的电信运营商之间秉持共建共享效益最大化、有利于可持续合作、不以结算作为盈利手段的原则，坚持公允、公平市场化结算，制定合理、精简的结算办法。

2. 通信基础资源共建共享

由于其中一方电信运营商在承建区或非承建区共享另一方电信运营商的相应通信基础资源，所以在 5G 共享传输、配套方面，例如，成本类的塔租和电费，特别是与第三方中国铁塔之间将产生费用结算。结算具体内容是通信杆塔、杆路、管道、基站机房、市电设施等。

3. 社会资源共建共享

5G 无线网建设除了常规宏基站，还需要建设大量的微基站、微微基站，尤其是将来毫米波基站的建设，信号覆盖范围小且易被阻挡（实测毫米波的覆盖范围为 100～300m 左右），电信运营商必须大量的使用社会资源，主要包括杆塔资源和建筑物资源两类。这部分费用将被纳入结算。

●● 5.2　4G 网络共建共享原则

5.2.1　4G 共建共享基本原则

电信运营商进行 5G 网络共建共享后，逐步提出在不影响 4G 用户业务感知、不影响 4G 网络质量、不影响业务发展、不影响口碑宣传的基础上，考虑逐步建设 4G 网络共建共享。

1. 建设初期共建共享原则——提升覆盖、提升效率

4G 网络共建共享建设初期，电信运营商确立以节约投资、降低成本为目标，聚焦于提升网络覆盖、网络感知，通过先易后难、区域试点等有效方式，"摸着石头过河"，逐步开展符合双方利益的 4G 网络共建共享。

双方基于"公平对等、互惠互利、积极合作"的原则，以节省建设投资、降低运维成本、提升网络竞争力、合作共赢、提升用户感知和网络质量不下降为目标，分步推进共建共享工作。

一是双方在不影响 4G 网络质量、不影响业务发展、不影响口碑宣传的前提下，通过共建共享、拆闲补忙、盘活双方现有 4G 低负荷资源，提升 4G 网络覆盖范围，提升网络效率。

二是频段方面双方优先考虑 4G 的主流频段先行，低业务、低负荷区域[自忙时物理资源块（Physical Resource Block，PRB）利用率，例如，低于 10%]优先，农村、室内分布优先，共享载波优先。后期，可根据共享效果和双方共享意愿，鼓励相对独立的连片共享，扩大共享范围，优先考虑低业务负荷区域（提高忙时 PRB 利用率的门槛，例如，小于 20%）。

2. 建设中期共建共享原则——4G 一张网

在建设中期，双方 4G 网络共建共享，盘活挖潜双方现有 4G 资源，提升 4G 网络覆盖，提升网络效率，保障双方网络质量，用户感受明显提高，取得了良好的效果。

（1）4G 一张网的条件

双方通过 4G 共享能实现资源共享、优势互补和降本增效，大幅提高 4G 网络能力。随着 5G 网络共建共享的不断深入，双方电信运营商 4G 网络逐步具备整合成一张网的条件。

4G 网络流量已到达峰值，目前已有所下降，随着双方网络逐步出现轻载的情况，5G 网络分流比快速增长，4G 流量进一步向 5G 迁转，直至 4G 全网出现轻载情况，具备整合条件。

目前，双方多频段、多制式网络并存，5G 网络运营成本快速增长，运营成本压力大，需加快双方冗余基站的拆除和 4G 一张网推进进度，提升网络效率，进一步降低运营成本。

4G 频率资源整合，发挥双方优势。通过 4G 一张网，双方将腾退合适的频率资源用于 5G 重耕，保障 5G 的竞争优势。

总之，通过 4G 一张网，能够有效降低双方的网络成本、提高运营效率、提升用户感知。

（2）4G 一张网的建设原则

① 分步实施推进

双方应加大共建共享场景共享，加大 4G 关电和拆站力度，在确保网络质量不下降的前提下，能关尽关，能拆尽拆。从节约建设投资出发，4G 共享以共享载波为主，独立载波优先内部调配。

双方优先在低业务区开展 4G 共建共享，坚持业务独立，现有业务正常使用，用户感知不下降，4G 共建共享需考虑语音和 VoLTE 承载，满足语音业务需求。

② 业务保障

考虑到双方各自已有网络的复杂情况，在确保网络质量和用户感知的前提下，4G 一张网的建设建议由易到难，有序稳妥推进。

5.2.2　4G 共建共享策略

由于室外宏基站和室内分布系统覆盖范围及目标不同，所以双方电信运营商在扩大 4G 网络建设时，应该分场景共建共享，制定不同的策略。

1. 室外宏基站建设策略

选取覆盖好、租费低的一方作为开放方，尽量达到站址归并后减少一方的配套需求的目的。分场景根据不同的站距进行共建共享，采用新建共享和新建共建方式开放合作。

在双方业务量不高的区域优先选择共享载波进行共享。针对双方业务量较高的区域可考虑进行二载波扩容，或开通独立载波。对于城区天面平台资源紧张的站点，采用天线整合方式选择优质天面资源来建设 5G。

2. 室内分布系统建设策略

对高业务量分布式天线系统（Distributed Antenna System，DAS）采用独立信源或独立载波方式共建共享时，应核实功分器、耦合器等无源器件对不同频率的支持情况。对于低业务量 DAS 采用共享载波方式共建共享，并充分核实覆盖目标业务情况，选择适合的载波共享方案。

对于低业务量数字化室内分布场景优先采用共享载波方式共建共享，针对异厂家区域可评估对现网影响后再进行具体合作。

3. 特殊场景地铁和高铁场景建设策略

特殊场景地铁和高铁场景建设策略原则上由一方建设，开放给共享方。双方在需求阶段应充分对接，综合考虑资源投入、覆盖效果、后续成本等因素形成双方认可的覆盖方案，由承建方实施建设。

5.2.3　4G 共建共享结算模式

2020 年开始，市场资本投资转向 5G 建设，4G 投资大幅减少，随着双方 5G 网络共建共享的加速实施，4G 已进入资源盘活、优化调整阶段。

共建共享双方应本着互惠互利、公平对等、先易后难、资产清晰的原则，在网络共建共享、资源开放和合作维护等方面展开友好合作。双方向对方提供 4G 网络接入服务，尽最大努力满足对方共享需求，充分发挥双方网络资源互补优势，实现节省建设投资、降低运维成本、提升网络竞争力、合作共赢的目标。

1．定价问题

我们主要考虑以下 3 种场景下的双方定价问题。

（1）电信运营商之间使用对方的自有产权配套的定价问题

对于电信运营商之间共建共享站点，使用对方的自有产权配套，涉及市电设施费、传输设备费、配套租赁费、分布系统设备费等。

市电设施费包括一次性电力接入费、市电增容费、电费等。一次性电力接入费由承租方付费；市电增容费由产权方付费；电费则双方按适当比例分摊。

传输设备费包括管道费和杆路费。传输设备可考虑由承租方自建，产权方配合。因此，可由承租方共享产权方设备，传输设备费则由双方协商分摊计费。

配套租赁费包括塔桅费、机房内设施费等。配套租赁费由承租方分摊。

分布系统设备费包含建设成本和租金。其中建设成本可由双方按适当比例分摊。租金以场地租费的形式一次性收取。

（2）电信运营商使用铁塔、第三方产权配套的定价问题

对于新增的铁塔、第三方产权配套需求，双方应按总拥有成本（Total Cost of Ownership，TCO）最优的原则由优惠方向铁塔建设方、第三方建设方提交建设需求，进行需求对接并落实后续建设工作。

该场景下的市电设施费中的一次性电力接入费由承租方付费；市电增容费由产权方付费；电费则可考虑双方按适当比例分摊。

该场景下的传输设备费可以采取与第一种场景一样的方式。

该场景下的配套租赁费包括塔桅、机房内设施等，铁塔、第三方租金可考虑按实际配套费支付。

该场景下的分布系统设备费包含建设成本和租金。建设成本和租金均由铁塔、第三方按实际配套费支付。

（3）除对等置换外的 4G 存量站点配套的定价问题

电信运营商应优先考虑双方移动网络存量站点的对等置换，在有差额的情况进行差额结算，包括但不限于以上所述资源。

共建共享配套场景对应结算方式见表 5-1。以某电信运营商共建共享为例，应针对不同的共建共享配套场景，因地制宜，制定可行的结算方式。

表5-1 共建共享配套场景对应结算方式

共建共享配套场景	产权方	承租方	市电设施费		电费	传输费		配套租赁费	分布系统	
			一次性电力接入费	市电增容费		管道费	杆路费	塔桅费、机房内设施费等	建设成本	租金
中国电信	自建产权	电信运营商A	电信运营商B						共享产权方配套费用由承租方分摊	双方分摊	以场地租费的形式一次性收取
	第三方产权	第三方	电信运营商A	承租方付费	产权方付费	双方分摊	承租方自建,产权方配合。如承租方共享产权方设备,则双方协商分摊计费		第三方租金费用透传	第三方建设成本透传	第三方租金费用透传
			电信运营商B								
	电信运营商B产权	电信运营商B	电信运营商A						共享产权方配套费用由承租方分摊	双方分摊	以场地租费的形式一次性收取

2. 结算流程注意事项

（1）双方确认共建共享服务内容

一般来说，发生共建共享结算的电信运营商先进行共享资源数量及金额的核对、确认，形成4G共享资源结算汇总表和共享内容明细表。双方核对无误且签字盖章确认的4G共享资源结算确认表提交上一级工作组及网络主管部门。

网络主管部门对分公司上报的4G共享资源结算汇总表和共享内容明细表审核无误后反馈至公司财务部。

双方按4G共享资源结算汇总表所列结果进行一次性结算。

（2）财务结算

关于共建共享账单入账，双方约定日期，完成当月共享资源账单核对工作，提交本单位财务部门完成相关账务处理，全额确认共建共享收入和成本。

双方结算由双方省一级公司工作组于每季度第一个月汇总上季度共建共享收入和成本，财务部门依据工作组提交的双方核对后的共建共享账单，开展相关支付工作。

支付租金周期由双方协商决定，可按季度、月来支付。如果超过双方约定的期限未支付租金，则承建方有权停止共享，并按退租处理。

对已完成财务处理的共享服务费用有异议，需双方共同核对确认，如果有需要调整的部分，则按照财务处理规则在下一期进行调整。

国内移动网络共建共享场景

Chapter 6

第6章

●● 6.1 5G 共建共享场景

6.1.1 5G 共建共享模式

1. toC 共建共享模式

基于电信运营商的深度合作和网络共享技术涉及的技术手段，网络共享模式包括站点基础设施的共享、漫游、MOCN（又可分为载波是否共享两种方式）和 GWCN（又可分为载波是否共享两种方式）。网络共享方式如图 6-1 所示。

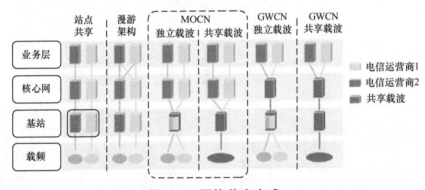

图6-1 网络共享方式

除了基础设施的共享不涉及物理设备的共享，其他几种都可以共享接入网的物理设备。随着共享资源比例的提高，CAPEX 逐渐降低，但同时部署的可控性变得更复杂、电信运营商之间协调的复杂度也在上升。

2. toB 定制网模式

在 5G 时代，5G 真正应用场景的 80% 是在工业互联网领域。据咨询机构 OMDIA 根据 2020 年 3 月数据测算，全球 5G 行业应用发布情况如图 6-2 所示，其中，对制造业的贡献最为明显。

在 5G 网络建设和运营方面，企业希望探索出与电信运营商合作构建 5G 网络的模式，从而在获得网络可管可控能力的前提下，进一步降低 5G 网络的使用成本，同时希望 5G 网络的运营维护能够和企业现有管理体系融合。电信运营商 5G 专网建网模式见表 6-1。电信运营商在为行业客户提供 5G 服务时有 3 种网络建设模式：一是基于公网提供服务（公网）；

二是复用部分公网资源，并根据行业需求将部分网络资源由行业用户独享（混合组网）；三是采用行业专用频率为行业建设与公网提供完全物理隔离的行业专网。

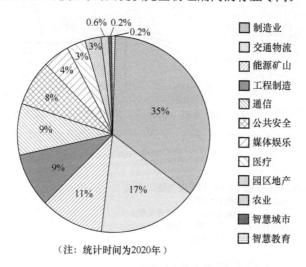

（注：统计时间为2020年）

图6-2　全球5G行业应用发布情况

表6-1　电信运营商5G专网建网模式

电信运营商	5G 专网建设模式		
	完全基于公网	部分共享公网	完全隔离
中国移动	优享	专享	尊享
中国电信	致远	比邻	如翼
中国联通	虚拟专网	混合专网	独立专网

（1）中国移动

中国移动 5G 专网建设布局较早，推出了专网平台，且网络定制化能力较强。2019 年 11 月 18 日，中国移动发布《5G 行业专网研究报告》，根据无线建网方式的差异提出了以下 3 类面向行业客户的 5G 混合虚拟物理（Mixed Virtual Physics，MVP）无线专网方案。其中，混合（M）专网提供高性能和高隔离的解决方案；虚拟（V）专网提供低成本和增强性能的解决方案；物理（P）专网提供极致性能和极致隔离的解决方案。

2020 年 7 月，中国移动正式发布 5G 专网产品、技术以及运营三大体系与 5G 专网运营平台，明确了 5G 专网的组网需求、网络架构及网络端到端的主要技术需求，从而帮助行业客户快速构建安全可靠、性能稳定以及服务可视的定制化专属网络。中国移动 5G 专网可分为优享、专享和尊享 3 种模式。中国移动的这 3 种模式的 5G 专网采用"核心网独立部署，无线共用为主、按需专用，共用传输资源、按需隔离"的方式来建设。中国移动 5G 专网模式如图 6-3 所示。

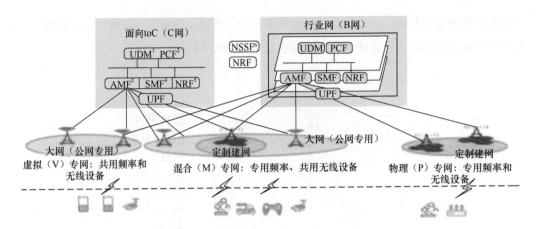

注：1. UDM（Unified Data Management，统一数据管理功能）。
　　2. PCF（Policy Control Function，策略控制功能）。
　　3. AMF（Authentication Management Function，认证管理功能）。
　　4. SMF（Session Management Function，会话管理功能）。
　　5. NRF（Network Repository Function，网络存储功能）。
　　6. NSSF（Network Slice Selection Function，网络切片选择功能）。
该图引用自《中国移动5G行业专网技术白皮书V1.0（2020年）》。

图6-3　中国移动5G专网模式

基于这3种模式的5G专网，中国移动构建了人工智能、物联网、云计算、大数据和边缘计算能力体系和平台，从而支撑多种行业应用。

（2）中国电信

中国电信发布了"网定制、边智能、云协同、X随选"融合协同的5G定制网综合解决方案，目标是为行业客户打造一体化定制融合服务，并实现"云网一体、按需定制"。

针对不同行业的需求和场景，中国电信5G定制网面向广域优先性行业客户，分别提供了致远、比邻和如翼3种服务模式。中国电信5G定制网服务模式如图6-4所示，以满足不同行业客户数字化转型升级过程中对网络、边缘、云以及应用等的差异化需求。

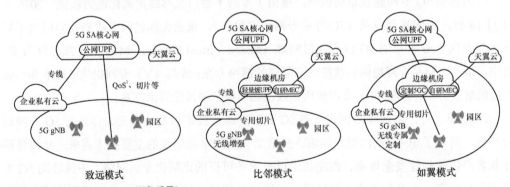

注：1. QoS（Quality of Service，服务质量）。
　　2. MEC（Mobile Edge Computing，移动边缘计算）。
该图引用自《中国电信5G定制网产品手册（2020年）》。

图6-4　中国电信5G定制网服务模式

① 致远模式

致远模式是中国电信面向广域优先型行业客户提供的一种定制网服务。该模式基于中国电信 5G 网络资源，通过 QoS、数据网络名称（Data Network Name，DNN）定制和切片等技术，为行业客户提供端到端差异化保障的网络连接、行业应用等服务。致远模式是中国电信基于对行业的理解，提前将 5G 专网原子能力进行了行业属性的封装预置，适用于为行业客户提供行业专属化服务的场景。致远模式以行业客户为维度，提供的服务具有广域跨省、业务加速、公专协同、业务隔离的差异化特征。致远模式产品能力要素见表 6-2。

表6-2　致远模式产品能力要素

5G 网络	业务加速、业务隔离、定制号卡、入云专线、切片专线等
服务要素	差异化的维护、优化、保障服务

② 比邻模式

比邻模式是中国电信面向时延敏感型政企客户提供的一种定制网服务。该模式通过多频协同、载波聚合、超级上行、边缘节点、QoS 增强、无线资源预留、DNN、切片等技术的灵活定制，为企业客户提供一张带宽增强、低时延、数据本地卸载的专有网络，配合移动 MEC、天翼云，最大化发挥云边协同优势，为企业客户的数字化应用赋能。比邻模式主要应用于对网络性能尤其是时延要求高，同时对本企业数据管控有较高要求的客户，例如，工业视觉检测、工业数据采集、云化可编程逻辑控制器（Programmable Logic Controller，PLC）、设备远程控制、移动诊疗车、自动导引车（Automated Guided Vehicle，AGV）调度与导航、机器人巡检等。比邻模式以企业客户为维度，提供的服务具有业务隔离、大带宽、业务加速、低时延、数据不出场等特征。比邻模式的园区 UPF 及 MEC 平台可以部署于临近企业园区的电信运营商机房内，根据客户需求和业务特征，可以选择独享或与其他企业共享 UPF，或者直接部署于企业园区的机房内，达到私有化部署，数据不出园区的业务要求。比邻模式产品能力要素见表 6-3。

表6-3　比邻模式产品能力要素

5G 网络	无线资源预留、无线带宽增强、本地业务保障、业务加速、业务隔离、切片专线、定制号卡、入云专线
定制边缘	边缘 IaaS[1]、边缘 PaaS[2]、边缘 SaaS[3]、云边协同
服务要素	差异化的建设、维护、优化、保障服务

注：1. IaaS（Infrastructure ure as a Service，基础即服务）。
　　2. PaaS（Platform as a Service，平台即服务）。
　　3. SaaS（Software as a Service，软件即服务）。

③ 如翼模式

如翼模式是中国电信面向安全敏感型政企客户提供的一种定制网服务。该模式充分利用超级上行、干扰规避、5G 网络切片和边缘计算等技术，按需定制专用基站、专用频率和专用园区级 UPF 等专用网络设备，为企业客户提供一张隔离的、端到端高性能的专用接入网络，同时可以按需定制 MEC 与行业应用，为专网提供专属运维支撑服务。如翼模式主要应用于有传统无线专网应用经验，对安全、性能、自管理要求苛刻的行业客户，例如，矿山（矿山井下采矿、矿车无人驾驶）、港口（吊机远控、自动集卡）大型工厂、电网等。如翼模式以企业客户为维度，提供的服务具有低时延、大带宽、数据不出场、高隔离、高安全等特征，可提供端到端全方位精细规划、建设、维护、优化及保障服务。如翼模式产品能力要素见表6-4。

表6-4　如翼模式产品能力要素

5G 网络	无线专用、无线资源预留、无线带宽增强、本地业务保障、业务加速、业务隔离、定制号卡、入云专线
定制边缘	边缘 IaaS、边缘 PaaS、边缘 SaaS，云边协同
固移协同	切片专线
服务要素	差异化的规划、建设、维护、优化、保障服务

（3）中国联通

中国联通 5G 专网包括 5G 虚拟专网、5G 混合专网以及 5G 独立专网，中国联通 5G 专网模式如图 6-5 所示。中国联通 5G 专网利用电信运营商网络频谱资源及网络运营优势，针对各种场景，为行业用户打造"专建专维，专用专享"的专用网络，同时提供以 5G 为核心技术的综合性专网、融合切片和 MEC 等技术，为行业用户提供具有定制化资源、服务质量保障以及业务隔离的精品安全网络。

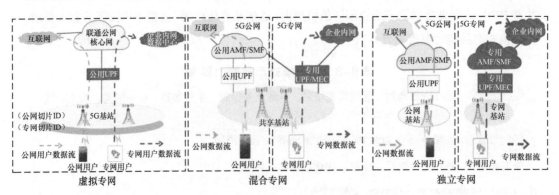

该图引用自《中国联通 5G 行业专网白皮书（2020 年）》。

图6-5　中国联通5G专网模式

① 5G 虚拟专网

5G 基站、核心网（含用户面网元 UPF 及其他网元）都是和公网用户共用的。端到端网络切片用于区分公网和专网用户，并提供差异化的服务保障。通过 5G 切片技术，可以实现多个逻辑隔离的专属管道，实现专网用户与公共用户的业务隔离，互不影响，保障用户业务安全。5G 虚拟专网，具有服务范围广、灵活性高、成本低、建设周期短的特点，用于各种覆盖范围广、接入终端在时间和空间上不固定，同时又有一定的业务质量要求和一定程度的数据隔离要求的应用，例如，智慧城市、智慧景区、新媒体、高端小区及办公、智能交通等场景。

② 5G 混合专网

5G 基站的公网用户和专网用户是共享的，但核心网的 UPF 是专用的，并且还可以下沉部署在企业园区内部的 MEC 节点上。与虚拟专网不同，企业的内部数据不再需要从公网 UPF 转一圈，而是通过企业园区内部的专用 UPF 直接传输到企业内网，传输路径更短，数据不出园区，安全性更高。由于传输路径短，所以网络的端到端时延可以有效降低到小于 15ms，部分场景的时延可以小于 10ms。超低的时延可以让 5G 应用深入企业生产控制的核心环节。另外，由于 MEC 和 UPF 部署在园区内部，企业对网络的控制程度也有所增强，可以进行各种灵活的自服务，例如，自主管理、自主配置、告警提醒等，所以 5G 混合专网适用于各种局域开放园区，包括交通物流、港口码头、高端景区、城市安防、工业制造等。

③ 5G 独立专网

完全的 5G 独立专网，是终端专用、基站专用、核心网专用、精细化点对点规划设计的。这种高度定制化的网络，可最大程度地发挥 5G 网络性能，实现覆盖无死角、数据不出园区、生产不中断、上下行带宽优化、超低时延和超高可靠性。因此，5G 独立专网适用于局部封闭区域，包括矿井、油田、核电、高精制造等场景。例如，矿井、油田区域的无人调度、远程作业、系统控制与通信；高精制造厂区的智能制造、监控等应用。

综上所述，三大电信运营的 5G 专网架构基本一致，都已建成了功能完善、服务精准的无线通信基础设施，可以灵活地满足行业客户的差异化诉求。

6.1.2 5G 无线接入网共享技术

移动通信网络架构大致可以分为接入网、承载网、核心网等部分。接入网共享，或者基站共享，两家电信运营商共享同一个物理基站。同时，双方的承载网通过技术手段进行共享互通。

5G 接入网共建共享分为 NSA 共建共享和 SA 共建共享两个阶段，每个阶段都有各自的技术方案。

在接入网共享方案中，核心网设备、计费等都是独立的。但在实际应用中，不同地方甚至同一地方的不同区域，网络环境千差万别。电信运营商在充分考虑双方 4G 现网频率策略、网络负荷、现网厂商等差异，综合考虑用户体验、实施速度、建设投资、维护难度等因素，创新性地采用了双锚点、单锚点共享载波、单锚点独立载波等技术措施，因地制宜，共建共享 5G 网络满足不同业务场景的需求。

1. 5G 共享组网架构

电信运营商之间 5G 网络共建共享采用接入网共享方式，5G 基站共享，5G 频率资源协商共享，核心网各自建设并升级开启核心网 MOCN 功能。5G 共享基站采用不同逻辑子接口，分别配置承建方和共享方的业务 IP 地址以区分不同的电信运营商业务，并通过基站回传网络接入各自的核心网，网络总体架构如图 6-6 所示。

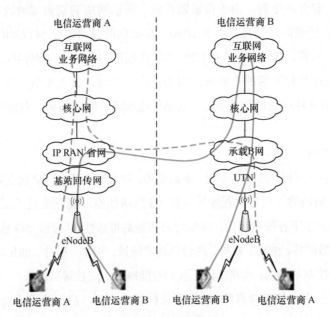

1. IP RAN（Internet Protocol Radio Access Network，无线接入网互联网协议）。

图6-6　网络总体架构

2. NSA 和 SA 特征分析

5G 网络中的 NSA 和 SA 架构分别以 NSA Option3x 和 SA Option2 为主。这两种网络架构主要具有以下 3 个方面特征。

（1）移动性体验

随着人们对数据传输要求的提高，网络架构的移动性体验（用户感知）逐渐成为网络建设工作的重点之一。NSA 和 SA 在移动性体验方面略有差异。其中，NSA 用户的承载范围限定于 LTE 网络内，由移动性管理复用当前 LTE 既有的移动性管理。随着网络的运行，当 UE 超出 NR 覆盖范围时，用户数据维持正常 LTE 连接状态，直至 UE 再次回到覆盖范围内，数据恢复正常传输。而 SA 由于初期 NR 覆盖较少，所以当出现不同无线接入技术之间的互操作性（Inter-Radio Access Technology，Inter-RAT）覆盖的切换时，用户的数据面可产生 300ms 时延。

（2）快速部署能力

5G 网络的部署是一个长期过程。在网络部署过程中，所选网络架构的快速部署能力直接影响 5G 网络的部署效率。相对于 SA 而言，NSA 的快速部署能力较强。对于电信运营商而言，运用 NSA 部署 5G 网络，可降低部署风险并可降低短期高投入的压力。以 NSA 语音方案为例，2G/3G 网络电路域回落（Circuit Switched Fallback，CSFB）即可满足 NSA 的基本语音要求。而在以 SA 部署 5G 网络时，如果 VoLTE 网络尚未达到全面覆盖标准，那么用户在使用网络期间的语音接入时长可达 8s 左右，而且通信过程中容易出现回落状况，回落次数为 2 次。

（3）全业务接入支持状况

与 4G 相比，5G 的应用范围更广。5G 丰富的业务类型，对网络架构的全业务接入支持度提出了较高的要求。以 NSA Option3x 组网时，5G 网络在移动通信技术方面的应用效果可得到良好保障，但这种网络架构难以为 5G 在大规模物联网和增强型移动宽带等物联网场景中的应用提供必要支持。相比之下，配置 5G 核心网核心架构的 SA Option2 对全业务接入的支持度较高。SA 的 R16 和 R17 版本完成后，该网络架构基本可满足网络的多样化业务接入要求。

3. 5G NSA 共享技术方案

在 5G NSA 阶段进行 4G 和 5G 融合组网，5G 基站控制面信令都经由 eNB，即 4G 锚点站转发，进而获取 5G 业务流，要求 5G NSA 共享基站采用不同的逻辑子接口分别配置双方电信运营商的业务互联网协议（Internet Protocol，IP）为其提供服务。现阶段电信运营商采用已有的 4G 网络互通链路满足 5G 互联互通的需求，并按需进行扩容，确保链路利用率控制在 50% 以下。原有的 4G 共享虚拟专用网（Virtual Private Network，VPN）保持不变，新增的 5G 基站 NSA 业务接入双方现有的 4G LTE RAN VPN 当中。

对于 5G NSA 共建共享，一般可分为以下 3 种技术方案。

（1）双锚点方案

5G NSA 共享基站同时连接双方 4G 核心网演进型分组核心网（Evolved Packet Core，

EPC），以各自双方原有的 4G 站点作为锚点基站，仅共享 5G 基站，不共享 4G 基站。

所谓双锚点，就是双方的 4G 基站都作为锚点，锚定同一个 5G 基站。两家电信运营商分别管理自己的锚点，锚点之间不共享，只共享 5G 基站。这样做的好处是，在对 4G 基站改造较小的情况下，快速实现 5G 网络共建共享；不足之处在于"要求太高"，需要两家电信运营商使用的 4G 基站都是同一个厂商。双锚点方案如图 6-7 所示。

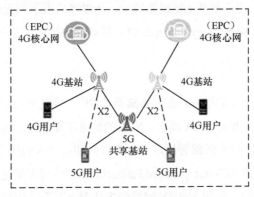

图6-7　双锚点方案

（2）单锚点共享载波技术方案

5G NSA 共享基站同时连接双方 4G 的 EPC，承建方 4G 基站开通 2 个载波，作为承建方与共享方的锚点。

NSA 单锚点方案则适用合作双方 4G 基站不同厂家的区域，适用的范围更广泛，通过对现有 4G 改造或者新建 4G 锚点，实现 4G 和 5G 基站均可共享。单锚点共享载波方案如图 6-8 所示。

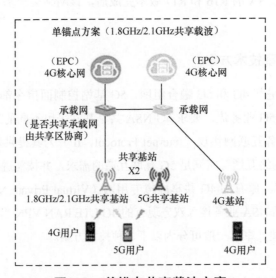

图6-8　单锚点共享载波方案

（3）单锚点独立载波技术方案

5G NSA 共享基站同时连接双方 4G 的 EPC，双方共享承建方 4G 基站，现网的 1.8GHz/2.1GHz 载波作为承建方与共享方的锚点。5G NSA 共建共享技术方案如图 6-9 所示。

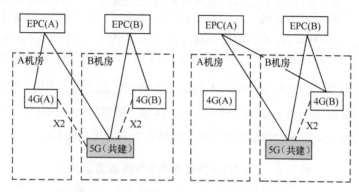

图6-9　5G NSA共建共享技术方案

单锚点独立载波方案如图 6-10 所示。

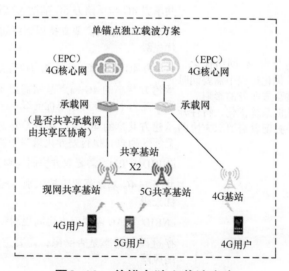

图6-10　单锚点独立载波方案

从网络结构上看，这 3 种共建共享方案的共同点是 5G NSA 基站是共享的。而 4G 锚点站可以共享，也可以不共享，但 4G 锚点站需要连接到双方的 4G 核心网，同时，5G NSA 基站也需要都连接到双方的 4G 核心网。5G NSA 共建共享 3 种技术方案特点见表 6-5。

表6-5　5G NSA共建共享3种技术方案特点

方案分类	方案特点	应用场景选择标准
双锚点	成本低、体验好、部署快，但区域受限	承建方 4G、共享方 4G 与承建方 5G 需要同厂家
单锚点共享载波	成本低，但资源受限时用户体验受影响	当现网 4G 锚点轻载时，即 TOP30% 小区忙时，平均资源利用率小于高负荷门限（建议门限值为 50%）
单锚点独立载波	用户体验优，但新建锚点导致成本增加	当现网 4G 锚点重载时，即 TOP30% 小区忙时，平均资源利用率大于高负荷门限（建议门限值为 50%）

在 5G 共建共享网络后期优化中，不同锚点方案优化的关注点不同，建议在同一区域内使用一种合适的部署方案，避免多种方案在片区内"插花"（特指不同厂家的设备在同一区域内交错使用）使用。5G NSA 共建共享 3 种技术方案对比见表 6-6。

表6-6　5G NSA共建共享3种技术方案对比

分类	共同点	差异点
双锚点	1. 承建方负责 5G 网络优化，在 RF[1] 优化过程中需要同时考虑共享方业务的影响 2. 共享载波系统优化、特性开通即参数配置需要双方协同	站点开通和数据配置需要两家电信运营商共同配合
		由于 4G 不共享，4G 需要单独优化
		共享方可能存在 4G 锚点与共享 5G 覆盖不匹配场景，影响 5G 业务使用
		共享方 4G 与承建方 5G 基站 X2 链路手动添加及维护
单锚点共享载波		共享方 4G 基站需要支持识别终端能力并下发专有频率优先级
		共享方 4G 基站基于终端能力执行差异化测量和切换策略
		承建方共享的 4G 锚点基站需要支持基于 "PLMN + 终端" 能力下发专有频率优先级
		承建方共享的 4G 锚点基站需要支持基于不同 PLMS 配置邻区列表，执行差异化策略和切换策略
		eNBID[2]、TAC[3] 需要双方协同规划和调整
单锚点独立载波		共享方 4G 基站需要支持识别终端能力并下发专有频率优先级
		eNBID、TAC 需要双方协同规划和调整
		存量设备功率是否受限，需要重点关注，存在覆盖收缩风险

注：1. RF（Radio Frequency，无线电频率）。
　　2. eNBID（evolved NodeB Identification，演进型基站身份）。
　　3. TAC（Tracking Area Code，跟踪区域码）。

根据测试情况，选取适合的方案。同厂家区域优选双锚点方案；异厂家区域双方根据 4G 现网网络配置、网络负荷结合投资情况双方共同决策。如果选用单锚点共享载波方案，不建议双方"插花"共享，单向共享从技术层面问题不大，但需和电信运营商合作，做好参数配置。

需要注意的是，5G NSA 共建共享在现网中遇到的问题较多。例如，单锚点独立载波、共享载波方案中，双方 4G 共享锚点基站编号冲突引起计费混淆；单锚点共享载波方案中，双方 4G 终端用户占用对方 4G 共享锚点基站资源；单锚点共享载波方案中，双方 4G 用户的标度值（QoS Class Identifier，QCI）签约策略不一致；单锚点独立载波、共享载波、双锚点方案中，NSA 共建共享需双方无线网联合运营等。这些问题都将在 5G SA 应用中得以进一步解决。

4. 5G SA 共享技术方案

相对于 5G NSA 共享，5G SA 共享网络结构相对简单，仅需 5G 基站连接到双方的 5G 核心网即可，5G SA 共建共享技术方案如图 6-11 所示。5G 网络建设与 4G 网络解耦，不需要各种复杂的锚点协同方案，5G 网络优化简单，减少 30% 的锚点优化工作量，4G/5G 相互不影响对方体验。

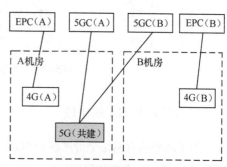

图6-11　5G SA共建共享技术方案

在 SA 模式下，用户（5G 终端）接入 5G 基站和 5G 核心网，能更好地发挥 5G 的优势特性，例如，超低时延等。相较于使用现有的 4G 基础设施 NSA 进行 5G 网络的部署，SA 则是新建一个现有的网络，包括新基站、回程链路以及核心网。5G 典型业务通信需求参考见表 6-7。

表6-7　5G典型业务通信需求参考

5G 场景	分类	通信要求			
		带宽 /（Mbit/s）	时延 /ms	可靠性	连接数 /（个 / 平方千米）
uRLLC	无人机	> 200	毫秒级	99.99%	2 ～ 100
	车联网（自动驾驶）	> 100	< 10	99.999%	2 ～ 50
	智慧医疗	> 12	< 10	99.999%	局部 10 ～ 1000
	工业互联网	> 10	< 3	99.999%	局部 100 ～ 10000
mMTC	智慧城市	> 50	< 20	99.99%	100 万 ～ 1000 万
	智慧农业	> 12	< 10	99.99%	1000 ～ 100 万
eMBB	AR[1]/VR[2]（云 VR/MR[3]）	100 ～ 9400	< 5	99.99%	局部 2 ～ 100
	家庭娱乐	> 100	< 10	99.99%	局部 2 ～ 50
	全景直播	> 100	< 10	99.99%	2 ～ 100

注：1. AR（Augmented Reality，增强现实）。
　　2. VR（Virtual Reality，虚拟现实）。
　　3. MR（Mixed Reality，混合现实）。

5G SA 不仅能够降低对 4G 网络的依赖，满足 5G eMBB、mMTC 和 uRLLC 三大应用场景，而且 5G SA 可以根据应用场景提供定制化服务，从而满足各类行业用户的使用需求，还带来了全新的端到端架构。5G SA 共建共享组网方案如图 6-12 所示。

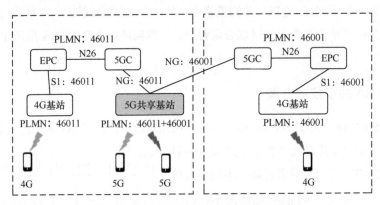

图6-12　5G SA共建共享组网方案

5. NSA 和 SA 的比较

为了达到所有网络平滑过渡到 5G 的目的，电信运营商可以选择 NSA 或 SA 两种途径，那么 NSA 和 SA 有哪些区别呢？

其中，NSA 在现有的 4G 基础设施上进行 5G 网络的部署。基于 NSA 架构的 5G 载波仅承载用户数据，其控制信令仍通过 4G 网络传输。

SA 需新建 5G 网络，包括新基站、回程链路以及核心网。SA 在引入全新网元与接口的同时，还将大规模采用网络虚拟化、软件定义网络等新技术，并与 5G NR 结合，同时其协议开发、网络规划部署及互通互操作所面临的技术挑战将超越 3G 和 4G 系统。

相对 NSA，SA 具有以下优势。

第一，SA 的性能明显优于 NSA。与 SA 相比，在 NSA 模式下，终端在 3.5GHz 上行只有单发，导致同等边缘速率 NSA 较 SA 的覆盖半径与下行吞吐量率都比较差。

第二，SA 网络成本比 NSA 低。从短期看，SA 的建设成本相对 NSA 低，SA 是一步到位的，但是 NSA 需要对初期网络进行硬件改造、后期软件的升级，还需兼顾升级后的互操作等问题。

第三，SA 引入 5GC，为电信运营商提供新业务拓展的机会。5GC 可以实现端到端 5G 业务体验，一步到位给用户体验 5G 业务。5GC 提供更精细的 QoS 控制、更灵活的组网、更开放的对外接口。

第四，相比 NSA，SA 的抗干扰性更好、覆盖面也更广，相对 SA 来说，NSA 的互调和谐波干扰会更大。

6. NSA 与 SA 共存网络架构能力下的 5G 平滑演进路线

电信运营商共建共享 5G 无线接入网，初期实现 NSA 共享，以 SA 为目标，过程中经历 NSA/SA 双模共建共享阶段，5G 接入网共建共享演进路线如图 6-13 所示。

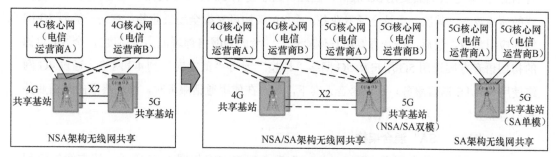

图6-13　5G接入网共建共享演进路线

需要注意的是，NSA 单模终端的规模将会影响双模共建共享阶段。在 NSA 共建共享阶段采用 Option3x 架构、接入网共享、MOCN 方式。NSA/SA 双模共建共享方式采用 Option3x + Option2 架构，SA 共享阶段采用 Option2 架构。在演进过程中，无线部分硬件不变，只对软件进行升级即可。

NSA 与 SA 共存网络架构能力下，5G 网络可行的平滑演进方案包含以下 3 种。

（1）全 SA 架构

在 5G 平滑演进中，全 SA 架构共享方案如图 6-14 所示。首先，在原 NSA 共享区域内将部分 5G 基站软件由单纯支持 NSA 模式升级为支持"NSA + SA"模式；其次，将其分别上联至双方的 5GC 内；最后，在 5G 共建区域内，以 SA 单模基站进行组网，完成后将其分别上联至双方 5GC 中。

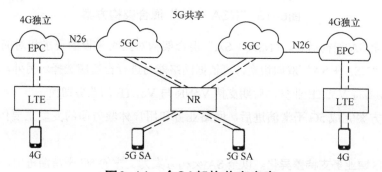

图6-14　全SA架构共享方案

采用全 SA 架构方案推动 5G 平滑演进时，要求终端设备支持 SA 模式，要求网络支持 4G 和 SA 互操作，支持 VoLTE 与 VoNR 业务的切换。如果采用的是该方案开展 5G 平滑演进，则电信运营商需投入较多资金，加之 SA 部署速度较慢，电信运营商可能会面临一定的投资风险。

从理论层面来看，通过采用该方案完成 5G 网络的平滑演进后，5G 网络业务和用户体验方面将发生变化。首先，NSA 终端使用受到限制。由 NSA 架构升级为全 SA 架构后，原有 NSA 终端无法继续使用 5G 服务，因此，对于持有 NSA 终端的用户而言，这种演进方式的体验较差。其次，支持全场景业务。全 SA 架构可支撑全场景业务，有助于扩展 5G 网络的应用范围。最后，语音方案用户体验较差。考虑到网络部署能力（速度），全 SA 架构的初期语音方案选用 5G 用户从 5G 网络 "切换" 或者 "重定向" 到 4G 网络，通过 4G 网络使用 VoLTE 语音服务。在该语音方案下，用户在使用通话服务时，移动终端的数据业务和语音业务均回落为 4G 网络。

（2）"NSA + SA" 混合架构

以 5G 平滑演进为要求，"NSA + SA" 混合架构方案如图 6-15 所示。该方案的流程为保留原 NSA 共享区域不做改动，允许 NSA 继续接入 5G 网络，并在 5G 新建区域内设置 SA 单模基站，由 SA 单模基站进行网络共享，同时将其分别上联至网络架构中的双方核心网内。

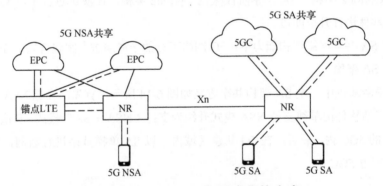

图6-15 "NSA + SA" 混合架构方案

相较于全 SA 架构而言，"NSA + SA" 混合架构对网络建设的要求相对简单，要求终端设备支持 "NSA + SA" 双向切换，可依据网络能力进行自适应选择。另外，要求网络在 SA 区域初期支持 VoLTE 业务，后期支持 VoNR 与 VoLTE 的业务切换。

采用该方案完成 5G 平滑演进后，网络业务和用户体验方面的变动主要体现在以下 3 个方面。

第一，区域业务支持差异化。 以全 SA 架构方案为支撑的 5G 平滑演进中，整个网络系统区域内的业务支持范围高度一致。在 "NSA + SA" 混合架构方案中，SA 区域可支持全场景业务，而 NSA 区域仅支持增强型移动宽带业务。

第二，NSA 单模终端用户体验较差。 在该方案下，使用 NSA 单模终端的用户仅可于 NSA 区域范围内使用 5G 服务，用户体验相对较差。例如，某电信运营商在评估 "NSA +

SA"混合架构方案的应用效果时，以布设测点形式开展评估。设置好测点的锚点小区功率和发射功率，在 NSA 区域内，开展拉远测试和呼叫质量拨打测试评估，结果均提示数据传输质量和语音通话质量欠佳。

第三，边界干扰。 用户需在网络交界使用 5G 网络时，易受切换时延影响，从而产生边界干扰。

（3）全 NSA/SA 双模架构

全 NSA/SA 双模架构方案如图 6-16 所示。

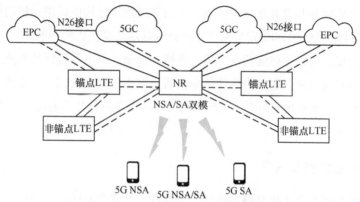

图6-16　全NSA/SA双模架构方案

从网络架构来看，采用该方案实现 5G 平滑演进的流程是将 5G 网络中的原 NSA 共享区域全面升级为 NSA/SA 双模基站，由 NSA/SA 双模基站继续开展网络共享。另外，在新建区域内，直接以 NSA/SA 双模基站开展组网共享，并将基站分别上联于对应的核心网内。全 NSA/SA 双模架构方案要求 5G 网络的终端设备支持 VoLTE 业务、VoNR 业务以及 NSA 单模终端的网络搜索功能，要求网络支持 4G 和 5G 之间的互操作。另外，该方案要求 SA 区域支持 VoLTE 及 VoNR 的切换。

按照这些要求完成 5G 平滑演进后，5G 网络在业务体验方面的变化主要体现在两个方面。**一方面，同时支持 NSA 和 SA。** 组网完成后，5G 网络的所有区域均可同时支持 NSA 和 SA。这一双支持模式可为用户带来良好的服务体验。**另一方面，边界干扰。** 在不同网络架构的边界区域，双模终端可能因切换时延而出现边界干扰。为了进一步改善用户体验，需参照全 NSA/SA 架构的特征，合理优化 4G 和 5G 之间的互操作参数。

综上所述，采用 NSA 与 SA 共存的网络架构可以推动 5G 平滑演进更具有现实意义。为了促进 5G 网络的商用部署，改善用户体验，可以参照 5G 平滑演进的要求，评估各种方案的优缺点，择优选择最佳方案，将其作为助力 5G 网络发展的关键要素。另外，为了加快 5G 网络建设进程，可以参照以往经验，不断优化网络架构，从而满足用户的多样化需求。

6.1.3 通信基础资源共建共享

通信基础资源共建共享是指电信运营商之间共同建设或共同分享全部或部分基站、传输、配套、电源等设施，包括塔桅、机房、传输、电源和天面等。其目的是加快网络建设进度，避免重复投资，降低运维成本，收获可观的经济效益和社会效益。

按照工业和信息化部相关文件的要求，电信运营商积极贯彻落实政府倡导的基础设施共享共建和节能减排政策。按照已制定的共建共享指导意见，电信运营商积极推进共建共享模式创新，继续完善共建共享管理体系，大力推进网络建设中铁塔、机房等基础设施资源的共建共享，以全面合作和资源置换等方式推进共建共享工作的开展。

中国铁塔的成立为跨电信运营商机房、塔桅、天面、供电等资源的共建共享带来了契机。各家电信运营商可充分利用中国铁塔牵头新建站点的建设模式，共建共享优质站址资源，弥补自身站址资源不足的短板，借此机会，再次提高共建共享的比例，加快建设进度，压缩建设成本的同时，快速缩小网络覆盖方面与竞争对手的差距。

1. 基站站址的共建共享

基站站址的共建共享主要是解决选址难的问题。共建共享的资源包括基站机房、塔桅设施、天面资源、市电引入设施、交直流供电系统、消防、空调、照明等其他配套系统。

实现站址共建共享的方式简单，技术要求低，对移动网络设备没有新要求。对于共建共享站址的电信运营商而言，其提供的功能业务是完全独立的。

2. 基站塔桅、天面资源的共建共享

基站塔桅、天面资源的共建共享的要求具体包括3个方面：一是不同通信系统之间的干扰协调要求；二是在多套天馈设备共存的条件下，规定的承载能力要求；三是塔桅的工艺要求。

（1）不同通信系统之间的干扰协调要求

① 基站共建共享应分析多系统间的干扰协调要求，采用合理的隔离手段，确保多系统之间的干扰不影响移动通信系统的性能。

② 已安装有天馈系统的塔桅、天面资源，应该提供干扰协调解决方案并予以实施。

③ 基站共享塔桅时，不同系统天线之间宜优选垂直隔离方式，并满足灵敏度恶化值指标要求。现有塔桅不具备垂直隔离安装条件时，可采用水平隔离等方式，必须合理设计天线隔离的距离和朝向，确保隔离度满足灵敏度恶化的指标要求。如果现有塔桅结构不满足天线安装隔离要求，则应对塔桅结构进行改造，从而使其符合天线要求。

④ 基站共享天面资源时，应合理设计天线隔离方式，优选共用塔桅的垂直隔离方式。不具备共用塔桅条件时，天线安装宜充分利用建筑物阻挡，合理设计天线朝向、隔离距离，

避免系统之间出现干扰。

另外，基站共享采用上述隔离方式不能满足干扰协调要求时，产生干扰方应提供解决方案消除干扰，干扰方应配合该方案的实施。

（2）在多套天馈设备共存的条件下，满足规定的承载能力

① 对于已有塔桅结构，在增设天馈设备时，必须由塔桅设计部门进行结构复核验算。已有塔桅结构能够满足承载能力可进行新增设备的安装，如果不满足要求，则应由塔桅设计部门提出相应方案，对塔桅结构进行加固改造，提高塔桅的承载能力，以满足新增设备的荷载要求。

② 对于新建塔桅结构，共建方应向塔桅设计部门提供各自的工艺要求，协商确定平台、支架分配和天馈设施的工艺要求等，由塔桅设计部门统一完成塔桅结构设计后实施。

（3）塔桅的工艺要求

① 桅杆、抱杆、支架工艺要求

桅杆应满足桅杆自重、天线、室外单元和操作人员合计的负荷要求。桅杆的加固可用拉线、三角支撑、贴墙抱箍等方式。

抱杆、支架的安装应考虑天线在抗风能力方面和承重方面的要求，根据该要求进行加固。

需要在建筑物上再建天线支撑杆时，应先提出建设方案，经确认建筑物结构可以满足强度、变形和稳定性要求后，方可实施。

加建于建筑物上的天线支撑杆应与屋面结构有可靠的连接，支撑脚及拉线锚固点应固定于可靠的结构构件，而不宜直接搁置在屋面防水层、保温层及砖砌"女儿墙"（建筑物屋顶周围的矮墙，其主要作用是维护安全）上。

抱杆垂直度各向偏差不得超过1°，抱杆直径要求应该在天线厂家要求的范围之内。

抱杆顶端应高出天线至少10cm。

抱杆与悬臂应用焊接或螺栓固定连接，抱杆与塔架的固定点至少有两处。对于楼顶站，抱杆支撑体应用螺栓、膨胀钉等坚固可靠的金属紧固件固定在墙体或屋顶楼板。在使用的紧固件中，不应包含木料、塑料、编织绳等非耐用材料附件。

抱杆要求牢固，无晃动，与之连接的紧固件应完好。天线固定支架、U形抱箍、固定螺栓无松动，无锈蚀；对于楼顶桅杆，与之在墙体的结合点不应出现裂纹和破损。

楼顶桅杆顶端应安装避雷针，避雷针的长度应大于40cm，桅杆长度超过4m应设有爬梯。

② 铁塔的工艺要求

铁塔应设置安装天线和室外单元的平台，天线在平台上应能灵活地调整方向角。

铁塔应能满足全球导航卫星系统（Global Navigation Satellite System，GNSS）天线的安装要求。

铁塔的工艺要求应考虑多系统共享，满足多系统共享对系统之间的隔离度、风阻和承重的要求，并满足多系统信号覆盖的要求。

铁塔高度如果超过 60m 或处于航线上，则应按照规定安装警航灯。

3. 基站机房共建共享

站址选择在非运营商专用房屋时，应执行《租房改建通信机房安全技术要求》（YD/T 2198—2010）的有关规定，并根据基站设备重量、尺寸及设备排列方式等对楼面载荷进行核算，从而决定采取哪些必要的加固措施。

共同新租用机房，机房空间应满足共享各方的设备安装需求。机房需要改造、加固，共建各方共同提出设备布置方案，委托相关设计部门进行机房结构承重核算。对于不满足要求的机房，由设计部门提出加固方案进行结构加固。

共同新建基站机房，机房空间应满足共享各方的设备安装需求。

已有基站机房共享，机房剩余空间应满足对方的申请需求，否则，应在不影响原有系统正常运行的情况下，提出并调整机房空间布局。如果需要新增系统设备，则应该组织有关设计部门进行机房结构承重核算。如果原有机房不满足新增设备承重要求，则必须对其进行结构加固。对于以前已进行加固的机房，现行加固方案应在原有加固方法的基础上进行；对于以前未进行加固的机房，现行加固方案应对原有设备部分的区域一并加固。

另外，机房工艺方面也应遵循一定的要求。新建基站机房的工艺要求应满足《通信建筑工程设计规范》（YD 5003—2014）的相关规定，还应符合基础设施共享共建的基本原则。基站机房耐火等级不应低于二级，建筑结构安全等级为二级，建筑结构设计使用年限为 50 年。基站机房抗震设防类别按《通信建筑抗震设防分类标准》（YD/T 5054—2019）划分为丙类，抗震设计应按国家现行的有关标准、规范、规程、规定执行。机房净高不应低于 2.6m，机房面积应满足实际容量的需求，并应对今后网络发展和新业务的开放留有余地。设备楼面荷载要求不小于 $6.0kN/m^2$，蓄电池区楼面荷载要求不小于 $10.0kN/m^2$。当机房楼顶还有铁塔时，还应考虑楼顶铁塔的荷载。机房的防火要求应满足《建筑设计防火规范（2018 年版）》（GB 50016—2014）的有关规定。新建室外机柜的工艺要求应满足《通信系统用室外机柜安装设计规范》（YD/T 5186—2021）。

4. 基站电源共建共享

基站电源共建共享的要求分为交流配电系统共建共享的要求和直流配电系统共建共享的要求两个部分。

（1）交流配电系统共建共享的要求

交流配电系统共建基站应满足共建各方所有负载的最大需求，并应充分考虑今后的扩容计划。

共享基站共享方应提出明确的共享用电需求，所有方根据现有局站交流供电容量和设备用电量进行核算，提出交流配电共享方案。当新增负载超过交流供电容量时，应在上级供电系统容量许可、电缆敷设路由等条件许可的情况下，对交流供电系统进行扩容。

（2）直流配电系统共建共享的要求

共建基站高频开关电源容量应满足共建各方终期直流设备使用的需求。直流配电系统应满足共建各方所有负荷分路的终期需求。

共享基站共享方应提出明确的共享用电需求，所有方应根据开关电源设备配置、电池配置及近期最大直流用电量，对开关电源系统容量、直流负荷分路情况、蓄电池组后备时间进行评估，提出共享方案。

5. 基站防雷接地的共建共享

基站防雷接地的共建共享应符合《通信局（站）防雷与接地工程设计规范》（GB 50689—2011）的有关规定。

（1）地网的要求

移动通信基站的接地系统必须采用联合接地的方式。

移动通信基站地网的接地电阻值不宜大于10Ω。土壤电阻率大于$1000\Omega \cdot m$的地区，可不对基站的工频接地电阻予以限制，应以地网面积的大小为依据。地网等效半径应大于10m，地网四角还应敷设 10～20m 的热镀锌扁钢作为辐射型接地体，且应增加各个端口的保护，同时采取提高电涌保护器（Surge Protective Device，SPD）流通容量、加强等电位连接等措施给予补偿。

共建共享建设中的基站地网接地电阻值由塔桅产权方负责测量，塔桅产权方负责改造接地电阻不满足要求站点的地网，并在施工前负责提供地网电阻值测试结果。

（2）直击雷保护的要求

移动通信基站天线、机房、馈线、走线架等设施均应在避雷针的保护范围内，保护范围宜按滚球法计算。

移动通信基站天线安装在建筑物顶部时，天线应设在抱杆避雷针的保护范围之内。

铁塔避雷针应采用 40mm×4mm 的热镀锌扁钢作为引下线，如果确认铁塔金属构件电气连接可靠，则可不设置专门的引下线。

（3）机房内的等电位连接要求

基站等的电位连接应采用网状连接或星形连接。

接地汇集线、总接地排（接地参考点）应设在配电箱和第一级电源保护器附近，并应以此为基点，再用截面积大于$70mm^2$的多股铜线与设备接地排相连，所有设备的接地均应以此电位为基准参考点进行等电位连接。

机房采用一个接地排时，应采用星形接地方式，并应预留相应的螺孔；第一级防雷器、配电箱、光缆金属加强芯和金属外护层、直流电源地、设备地、机壳、走线架等，均应就近接地，且接地线应短直。

机房采用两个接地排时，第一个接地排宜与第一级防雷器、配电箱、光缆金属加强芯和金属外护层连接；第二个接地排宜与设备地、直流电源地、机壳、走线架等连接。第一个接地排应直接与地网连通，所有接地线应短直。

室外接地排：在机房馈线窗处设一个接地排作为馈线的接地点，接地排应直接与地网相连。接地排严禁连接到铁塔塔角。

室外机柜内部应设有等电位接地汇集排，接地汇集排应采用截面积不小于 80mm^2 的铜排，至少应能连接 8 条及以上接地线。配置光缆、电缆配线设备的室外机柜还应配置有光缆加强芯和金属防潮层接地引接装置。

（4）电源系统雷电过电压保护要求

移动通信基站共建共享时，防雷器 SPD 的选择应符合《通信局（站）防雷与接地工程设计规范》（GB 50689—2011）的有关规定。防雷器 SPD 的配置要求如下。

移动通信基站防雷应根据其所处地区的地理环境影响因素（L 型、M 型、H 型、T 型）确定防护等级，并应根据雷电保护区的划分、地理环境、年雷暴日、遭受雷击频次、供电电压的稳定性、基站重要性等因素确定。

配置的原则需考虑以下因素。

① 移动通信基站防雷按照易遭雷击环境因素来考虑。

② 当采用供电线路架空引入时，应将交流供电系统第一级 SPD 的最大流通容量向上提高一个等级。

③ 在第一级 SPD 满足所需的最大流通容量的前提下，宜选择更大量级的 SPD。

6. 其他基站配套设施共建共享

其他基站配套设施共建共享应遵循以下 5 个方面的要求。

① 基站市电引入设施应满足基站共享的需求，否则，应向电力部门提出市电引入，需要增容的要求。

② 原有基站电源系统如果不满足基站共享方设备安装、扩容、调整需求，则应加以扩容、改造并使其满足实际需求。如果原有基站电源系统提供共享后导致明显降低蓄电池放电时间，低于维护指标要求，则应扩容、改造或者替换蓄电池，保障蓄电池放电时间满足正常维护要求。基站电源系统的扩容、改造实施不应影响其他电信运营商设备的正常运行。基站电源系统的扩容、改造实施应满足《通信电源设备安装工程设计规范》（GB 51194—2016）和《通信电源设备安装工程验收规范》（GB 51199—2016）的要求。

③ 如果基站其他配套设施不满足共享需求，则应对其改造以满足共享需求，改造不应影响电信运营商设备的正常运行。

④ 基站共建时，共建各方应对相关配套设施建设方案进行协商，达成一致，建设方案需满足各方工程实施的实际需求。

⑤ 基站共建共享对于基站站址选取、建设和改造实施应严格控制环境污染，加强保护和改善生态环境相关措施，对环境可能产生的不利影响应符合《通信工程建设环境保护技术暂行规定》（YD 5039—2009）和《电磁环境控制限值》（GB 8702—2014）的要求。

6.1.4　社会资源共建共享

5G无线网建设除了常规宏基站，还需要建设大量的微基站、微微基站，尤其是毫米波基站的建设，单个基站信号覆盖范围小且易被阻挡（实测毫米波的覆盖范围为100～300m左右），电信运营商必须大量使用社会资源。社会资源主要包括杆塔资源和建筑物资源两类。

通常将以木材和钢筋混凝土材料架设的杆形结构称为杆，塔形的钢结构和钢筋混凝土烟囱型结构称为塔。

其中，杆塔资源包括路灯杆、监控杆、电力杆、广告牌等，属于公共资源。该类资源以杆塔为主，可通过与政府部门、企事业单位等协商谈判，批量获取。

建筑物资源包括建筑物楼顶、建筑物墙面等。该类资源归属比较分散，往往在资源获取方面存在一些困难。

1. 社会资源共建共享原则

（1）通用性原则

社会资源共享应在安全可靠、经济适用的前提下，从承载能力、安装方式、防雷接地以及美观和谐等方面综合考虑并实施。社会资源的共享因不同行业、地区的情况不同，在规模共享前，建议对同类型、同规格的社会杆塔资源抽样检测。每检验批次抽样检测的最小样本量应满足《建筑结构检测技术标准》（GB/T 50334—2019）的具体要求，同时其防雷接地要求应满足国家及行业规范的相关规定。

（2）安全性评估原则

社会杆塔类资源共享前应进行充分的安全评估和加固改造设计，对杆体的安全评估应按结构及构建的承载能力的极限状态和正常使用极限状态进行分析和评估，如果共享后的设计载荷大于原设计，则应按现行相关规范执行。共享后的社会资源的目标使用年限应根据结构设计的使用年限、已使用年限，结合结构的使用历史、现状及未来使用要求综合分析加以确定。

2. 路灯杆、监控杆类共享

路灯杆广泛应用于城市道路、广场和居民小区等场景。监控杆用于室外安装监控摄像机的柱状支架，主要布置于交通道路、十字路口、学校、政府、小区、工厂、边防、机场等需要监控摄像的场景。这两类杆体都是微基站建设首选的社会资源。

路灯杆上加挂天线设备一般采用抱杆、设备直挂和灯杆改造3种安装方式。监控杆上加挂天线设备通常有设备直挂和增加支臂两种安装方式。在管径相对较细的监控杆上，可通过调节微基站设备后的固定卡或抱箍，微基站设备直接固定于管身。T形监控杆或L形监控杆的管径一般较大，可通过增加支臂形式把微基站设备挂在支臂上。

3. 电力杆塔共享

电力杆塔作为输配电线路的重要组成部分，起到支撑和架空电力线的作用。

电力杆塔在线路中的用途主要分为直线杆塔、耐张杆塔、转角杆塔、换位杆塔、跨越杆塔和终端杆塔6类。一般情况下，直线杆塔的承载能力最低，终端杆塔、转角杆塔和跨越杆塔的承载能力高于直线杆塔，因此，共享时应优先选用这些承载能力高的杆塔。

4. 社会资源适用建站类型匹配

根据5G基站设备的特征和建设要求，结合社会资源所在场景，社会资源适用建站类型匹配参考见表6-8。

表6-8　社会资源适用建站类型匹配参考

基站类型	资源类型	载体	场景契合度	承载能力
宏基站	杆塔资源	电力塔	低：承载强电输送或者中国电信企业光缆，共址施工、维护存在隐患	电力杆塔中直线杆塔的承载能力相对较低，应优先选用转角杆塔、终端杆塔和跨越杆塔
		广告牌	高：主要分布于人员密集区域，能满足盲点、热点等各类覆盖需求，可形成区域组网覆盖	相比其他社会杆类资源，广告牌的承载能力相对较高，可优先考虑
	建筑物资源	建筑楼顶	高：能满足盲点、热点等各类覆盖需求，较难实现连续覆盖	一般情况下，建筑物资源承载能力可以满足共享要求
		建筑墙面		
		桥梁、水塔等		

续表

基站类型	资源类型	载体	场景契合度	承载能力
微基站	杆塔资源	路灯杆	**高**：路灯杆密集分布于城区道路两旁，能满足盲点、热点等各类覆盖需求，也可以形成连片覆盖组网	承载能力差别较大，一般情况下，只能共享一层设备
		监控杆	**较高**：重要场所路边的微基站能有效吸热，但较为分散，难以形成连片覆盖	
		小区灯杆	**高**：主要分布于人员密集区域，能满足盲点、热点等各类覆盖需求，可形成区域组网覆盖	
		电力杆	**低**：承载强电输送或者中国电信企业光缆，共址施工、维护存在隐患	一般对应于混凝土杆，其承载能力相对较好
	建筑物资源	建筑楼顶 建筑墙面	**高**：能满足盲点、热点等各类覆盖需求，较难实现连续覆盖	一般情况下，建筑物资源承载能力可以满足共享要求

6.1.5　4G/5G 协同

共建共享初期采用 NSA 共享架构，4G/5G 协同尤为重要。由于 NSA 共享架构的定位是初期的快速部署与过渡，所以应尽可能减少 NSA 对双方 4G 网络的影响，具体可考虑以下原则。

一是 4G 网络升级支持专有频率优先级功能，这样可以通过识别终端类型下发针对 5G NSA 终端的 LTE 网络的驻留优先级，既可以避免对现网 4G 用户的影响，又可以保证 5G NSA 终端能够快速建立 5G 连接。

二是对于 MOCN 的共享方式，共享方的 4G 终端用户从承建方锚点站回到本网的 LTE 网络。这样可以避免共享方的 4G 终端过多地占用承建方的 LTE 网络。

●●6.2　4G 共建共享场景

6.2.1　无线接入网共享模式

1. 独立载波模式

独立载波模式是指电信运营商之间共享基站设备，但不共享无线载波。在独立载波模式下，基站逻辑上独立的不同小区为多家电信运营商提供独立的应用。该载波共享的方法是硬件共享，软件相对独立，每家电信运营商都可以通过网管来控制自己的无线参数，并且具有良好的可控性。

独立载波模式具有以下特征。

① 基于 MOCN 或 GWCN 体系结构，在设备上可以使用独立的 RRU 和共享的 RRU 两种方式。

② 每家电信运营商都有自己的独立载波，并且可以配置独立的小区级参数。

③ 每个独立载波只广播每家电信运营商自己的 PLMN。

④ 每家电信运营商都具有逻辑上独立的网络，用以提供差异化服务。

⑤ 在节约成本和保持网络独立性之间取得平衡。

⑥ 多家电信运营商之间实现业务量的动态均衡，提高频谱利用率。

2. 共享载波模式

共享载波模式是指电信运营商之间不仅共享基站设备，还共享无线载波，支持多家电信运营商同时共享载波。这种模式比独立载波模式在共享领域更进一步，是一种更深入的网络共享模式。共享载波模式具有以下特征。

① 可以基于 MOCN 或 GWCN 体系结构。

② 电信运营商共享载波可以是单载波，也可以是双载波。

③ 共享载波需要同时广播电信运营商各自的 PLMN。

④ 将电信运营商离散的频谱合成连续频谱，从而提高性能。为了同时满足不同电信运营商的网络和业务要求，不同电信运营商之间需要协商和配置小区级参数和特性。

⑤ 在共享载波上运行的终端需要考虑空中接口资源分配策略。

⑥ 不同电信运营商之间实现业务量的动态均衡，提高频谱利用率。

共享载波模式如图 6-17 所示。

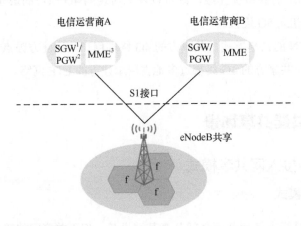

1. SGW（Signaling Gate Way，信令网关）。
2. PGW（Packet data Gate Way，分组数据网关）。
3. MME（Mobility Management Entity，移动性管理实体）。

图6-17 共享载波模式

在网络建设的初始阶段，倾向使用独立载波模式。随着市场业务的发展，当共享区域的流量达到一定阈值时，根据不同电信运营商之间业务发展的差异，可进一步采用共享载波模式，充分提升网络的资源利用率。

3. 无线组网需要考虑的问题

接下来，我们以中国电信和中国联通无线组网为例来说明无线组网需要考虑的问题。

对于 LTE1800MHz/2100MHz 网络，如果容量需求低，则建议采用共享载波模式；如果有一定容量需求，则建议采用独立载波模式。对于 LTE800MHz/900MHz 网络，农村场景建议采用共享载波模式。共享载波可以共享单载波或双载波，当共享单载波时，可以单独使用中国电信载波或中国联通载波，甚至可以跨中国电信频段和中国联通频段使用载波，可以在同一片区域分别使用上述单载波同频或异频组网。对于共享载波模式，原则上共享基站应连片覆盖，最大程度地减少"插花"组网出现的概率。共享站点和非共享站点之间的边界应该合理且清晰，边界应该选在双方均有独立 4G 站点或均无 4G 独立站点的区域，避免出现只有一方拥有 4G 非共享站点的情况。对共享站点和非共享站点的边界区域进行特殊配置（例如，切换、重选策略调整）和优化。不同厂家的"插花"部署对切换性能和时延等指标没有影响，但不同的厂家可能会带来投诉处理复杂、优化困难增加和版本功能升级无法同步等问题，要使 4G 主设备制造商有合理清晰的边界，建议使用同厂家设备进行连片部署。

6.2.2 室内分布资源共享

1. 传统室内分布设备支持情况

传统室内分布设备一般通过两种方式共享：一种是共享分布式系统和信源；另一种是仅共享分布式系统。

（1）分布式系统共享

分布式系统共享时，应核实无源器件（例如，功分器和耦合器）是否支持室内分布信源频率。在设备支持的情况下，LTE900MHz 低频设备理论上可以共享低频或高频分布系统，但 LTE1800MHz/2100MHz 设备由于存在天线功率问题，所以需要进行部分改造（例如，增加天线个数等）才可以共享对方低频分布系统。

（2）信源共享

信源共享需重点关注其带宽、功率、升级要求、载波聚合要求，以及 2G/3G 多模要求等。

2. 数字化室内分布设备支持情况

数字化室内分布设备通过微型射频拉远单元（Pico Remote Radio Unit，PRRU）扩容和升级来支持设备共享。当前，大多数已入网的数字化室内分布设备支持共享，并且这些设备具有支持多个频段的能力。

3. 室内分布组网需要考虑的问题

室内分布组网需要考虑以下 3 类问题。

（1）高频和低频的选择

电梯、停车场等室内覆盖封闭区域，从业务需求和建设成本的角度来看，可以采用 900MHz 低频段作为信源。非封闭区域原则上不建议使用 900MHz 作为信源。

（2）独立载波和共享载波的选择

对于 LTE1800MHz 和 LTE2100MHz 设备，可以结合容量的因素来考虑。对于 LTE800MHz 和 LTE900MHz 设备，可以采用共享载波的模式使用一张网。在异厂家区域，可以根据相对封闭场景（例如，住宅区）的特点来考虑"插花"，实际部署时，要注意室内信号尽量不要漏泄到室外。

（3）语音需求的解决

当前，设备都支持 4G VoLTE，由于双方传统的语音解决方案不同，所以传统语音的分布系统需要单独解决，原则上只能通过现网资源调配解决。

6.2.3 配套设施共享

在全面推进 4G 共建共享的过程中，天面、机房、天线架设物等资源的共建共享更为重要：一方面，可以节省总体的成本；另一方面，也可以降低总体的施工难度。

1. 天馈平台整合

随着 5G 时代的来临，天面资源变得越来越紧张，在不执行设备共享且双方基站参数基本相同的区域，可以共享多端口天线或通过合路形式来实现天线、馈线共享。

通过某电信运营商开通 4G 共享进行天馈平台整合。天馈平台整合可以将一平台集束天线更换为 8 端口集束天线，供 LTE800MHz、LTE2100MHz、LTE1800MHz 共同使用。如果二平台的某电信运营商 4G 天线可拆除，那么也可以考虑拆除 4G 天线给 5G 使用。

2. 基站机房共享

基站机房共享可以促进 BBU 集中化。根据网络结构和布局，将 BBU 设置在具有更好机房条件的站点上，基站机房共享如图 6-18 所示。

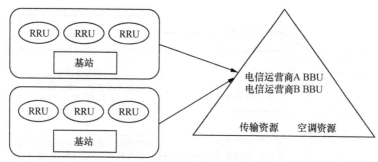

图6-18　基站机房共享

3．天线设备共享

共建双方的覆盖目标和范围基本相同，可以共享拥有产权方的天线架设。

4．社会化基站共享

社会化基站是对传统建筑方法的补充，可以覆盖低流量和小面积区域。从覆盖角度考虑，这种共享模式能以低成本的共建共享提高网络竞争力，以微型站和低容量的宏基站开通共享载波，扩大室内覆盖范围。直放站、微分布等可基于信源设备共享，实现直放站和微分布的共享。社会化基站共享类别及应用场景见表6-9。

表6-9　社会化基站共享类别及应用场景

类别	产品	应用场景
微基站	扩展型微基站	中小封闭场景
	企业级一体化微基站	商业应用主要场景
	家庭级一体化微基站	
低密度宏基站	低容量社会化宏基站	乡镇农村、城区的低业务量场景，以及人流量较低的景区
直放站	数字光纤直放站	乡镇、商务办公区
	数字无线直放站	乡镇、行政村、低等级景区

6.2.4　分场景共建共享

移动网络共建共享的电信运营商可以根据双方实际情况开展共建共享工作，并结合未来规划，全面开放 4G 库存资源及新规划站点需求。分场景共建共享如图 6-19 所示。

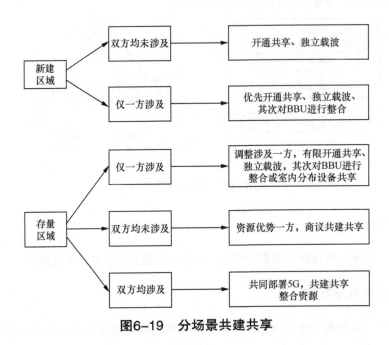

图6-19 分场景共建共享

接下来,我们以中国电信和中国联通为例说明分场景共建共享的具体情况。

1. 新建区域共建共享

两家电信运营商在相同区域均规划新建站点,原则上仅由一方完成建设,并在该新站址上通过共建共享实现双方规划的目标。

(1)两家电信运营商均需新建的室外场景

双方均需建设站点,按照一方建设、另一方共享,承建方由双方协商来确定,建设方案应符合以下原则。

① 在农村等低流量地区,原则上采用低频建设,如果遇到高话务区域,则可以考虑使用双载波共享的方法。

② 高负荷区域,优选共享载波的方式,根据需求进行独立载波的建设。

③ 语音优先利用 4G VoLTE 承载。有条件的区域结合双方频率统筹使用,通过新增 LTE900MHz 解决语音需求;没有条件的区域可优先考虑数据业务共建共享,后续逐步解决语音问题,或者通过资源盘活等方式解决语音问题。

(2)两家电信运营商均需新建的室内场景

双方均需建设站点,由一方建设,另一方共享,承建方优先选择拥有 5G 建设需求的一方,如果无 5G 建设需求,则按照市场实际的紧迫性来考虑。具体建设方案可以参考以下原则。

① 对于具有较大品牌影响力的建筑物或高价值建筑物，建议同时建造"4G+5G"数字室内分布，同时考虑使用3G/4G/5G多模设备来解决传统的语音问题。

② 对于一般建筑物（中等流量、中等价值），应结合未来的5G规划，优先采用"L1800MHz+U2100MHz"或者U2100MHz传统无源室内分布作为主覆盖。

③ 对于车库、地面停车场和电梯，考虑到业务需求和建设成本，可选用800MHz/900MHz、数字直放站、耦合室内外基站微分布等多种方式降低成本。

2. 存量区域共建共享

（1）电信运营商一方存量区域共建共享

电信运营商仅有一方覆盖区域，原则上另一方不再新建，应通过共享方式完成覆盖，具体共享方式可以参考以下原则。

① 低流量存量室外地区，例如，农村地区，共享方给需求方开放共享载波，当共享方的频率资源不能满足双方的业务发展需求时，需求方可以使用共享方站点建设独立低频网络来实现共享，共享区域可以在具备条件的区域中彼此开放。

② 高流量存量室外区域，基于站点和天面资源的设备共享，结合现有网络设备的支持状态和容量要求，启用共享电信运营商或独立电信运营商功能。对于孤立的站点、容量要求较高、传统语音要求较高的基站，使用独立载波的方式共享。对于具有连片和低容量要求的区域，建议使用共享载波的方式。

③ 采用传统室内分布覆盖室内场景，需求方优先考虑共享载波，实现"信源+分布系统"全部共享。对于高流量建筑，如果设备支持，则可以考虑独立载波的方式；如果设备不支持、语音需求紧迫，则采用自建信源，通过合路方式馈入原有分布系统。

④ 由于不同电信运营商存量资源不完全对等，所以会产生共享资源不对等的情况，为了平衡双方利益，可由需求方提供信源及共享载波，共享方提供原有分布系统，同时共享方原有信源可拆回用于其他站点。

⑤ 采用数字化室内分布覆盖的室内场景，应结合5G规划，重要场景可通过设备升级或替换成"L1800MHz/L2100MHz+U3.5GHz"多模设备共享解决，有条件的情况下可以考虑3G/4G/5G多模设备来解决传统语音VoLTE或者VoNR等问题。一般楼宇通过设备升级或替换为"L1800MHz+U2.1GHz"或者U2100MHz进行共享。

（2）电信运营商双方都是存量区域共建共享

电信运营商双方在有条件的地区可以进行存量资源整顿和整合站点，实现共建共享，从而减少运营支出。存量区域共建共享后，只需一套设备，另一套设备可以迁移到其他地方实现补盲或者扩容覆盖。

① 存量共享整合的主要目的是，在不影响网络质量的前提下，整合现有网络资源，降

低整体总拥有成本支出。

② 存量开展共建共享，不影响双方业务（包括语音）的发展，也不影响网络质量，包括覆盖范围、容量和网络质量。在公平共赢、降本增效的前提下，综合改造成本、租金和运维成本等因素，应作为总体拥有成本的优化。

③ 乡镇、农村等低业务量区域，应该按照 800MHz/900MHz 一张网进行存量共享，共同提高农村地区网络资源的效率，并减少农村地区网络运营的成本。

④ 其他区域，重点对同一站址基站，共享主要集中在天面、天馈、天线和机房配套设施。

3. 配套资源共建共享

电信运营商在促进共建共享的过程中，因设备问题而无法支持的基站应积极推进天面资源的共建共享，以实现资源共享互补，有效降低双方的运营成本。

（1）对于新增的 4G 站点或现有的 4G 存量站点

这种情况我们建议结合 5G 规划，对天面资源进行整合，为 5G 腾退优质天面资源。如果天面资源紧张且双方基站参数一致，则可共用多端口天线或合路形式实现共享；共享方降低塔租、降低 OPEX 支出，资本支出由双方协商解决。

（2）双方存量机房资源及自有产权站址

这种情况双方应相互开放、优化整合，实现资源互补，进一步降低运营成本。结合双方的网络资源，尤其是站点资源，设计网络拓扑结构，结合铁塔站址、自有站址资源，以优化站点部署，提高网络部署效率。对于自有机房，根据网络结构和布局，将 BBU 设置在机房条件较好的站点上，以促进 BBU 的集中化，实现机房的共享。在考虑机房规划和网络架构安全的情况下，继续开展租赁取消工作，进一步降低运营成本。

（3）天线架设物共享

双方覆盖目标及范围基本一致，拥有自有产权一方的天线架设项目可以共享。

（4）接入传输资源共享、4G 共享站点

双方可以整合现有接入网传输资源，可实现空闲接入网传输资源的共享。

4. 共建共享场景小结

综上所述，电信运营商应根据实际情况，因地制宜，制定可行的技术方案。分区域共建共享场景建议见表 6-10。

表6-10 分区域共建共享场景建议

区域	场景	技术方案建议
农村、低流量郊区	现有 RRU 存在功率余量	原 RRU 直接开通独立载波
	低负荷且基站低密度区域	共享载波（需持续关注对质量的影响）
	中高负荷区域且现有 RRU 无功率余量	方案一：一方新建 RRU，采用独立载波方式，共享对方的 BBU 和接入光缆，共享天面、机房和配套等基础设施
		方案二：另一方自建 RRU，只共享天面、机房和配套等基础设施
	双方同站址	站址合并方案（合并后根据负荷分析，确定独立或共享载波）
室内分布	现有 RRU 存在功率余量	原 RRU 直接开通独立载波，共享信源和室内分布系统
	中高负荷区域且现有 RRU 无功率余量	一方新建独立载波，新增信源，共享室内分布系统
	低负荷区域	共享载波、共享信源和室内分布系统
高速、高铁等干道	现有 RRU 存在功率余量	优选原 RRU 直接开通独立载波
	中高负荷区域	采用独立载波
	低负荷区域	采用共享载波
城区、室外	现有 RRU 存在功率余量	原 RRU 直接开通独立载波
	中高负荷区域且现有 RRU 无功率余量	方案一：一方新建 RRU，采用独立载波方式，共享对方的 BBU 和接入光缆，共享天面、机房和配套等基础设施
		方案二：另一方自建 RRU，只共享天面、机房和配套等基础设施
	双方同站址	站址合并方案（合并后根据本身基站及周边基站的负荷情况，分析确定是独立载波还是共享载波）
	低负荷区域	因周边基站密集，建议采用独立载波

第3篇 实践篇

5G 商用以来，国内四大电信运营商中国电信和中国联通、中国移动和中国广电采取 "2 + 2" 组合模式，积极发挥共建共享优势，稳步、精准、动态投资 5G 网络建设。

中国电信和中国联通通过共建共享的方式，建成了全球首创、规模最大、网速最快的 5G SA 网络，创造了多项全球第一。

- 全球第一张最大规模的共建共享 5G 网络。
- 全球第一个 200MHz 大带宽高性能 5G 网络。
- 全球第一张 "TDD + FDD" 混合组网的 5G 网络。

截至 2023 年 6 月底，5G 中频网络精细规划、精准建设，持续保持规模、覆盖行业可比，2023 年 1 月—6 月新建共建共享 5G 基站超 15 万个，5G 基站超 115 万个，4G 中频网络基本实现全面共享，4G 基站超 200 万个，网络覆盖和容量持续提升。

中国移动和中国广电在国际上没有先例可借鉴、没有经验可循的情况下，同舟共济、求同存异、自立自强，共同推动 700MHz 5G 标准与产业加快成熟、网络规模加速壮大、产品应用持续丰富，为进一步深化共建共享打下坚实基础，为我国 5G 高质量发展作出了积极贡献。

截至 2023 年 6 月底，在 5G 领域，中国移动与中国广电持续拓展 5G 覆盖的深度和广度，深入推进共建共享，累计开通 5G 基站已经达到 176.1 万个。其中，700MHz 5G 基站达 57.8 万个，实现全国县城、乡镇区域连续覆盖，以及重要园区、热点区域、部分农村的有效覆盖，建成全球首张 700MHz 5G 共建共享网络，进一步巩固了我国 5G 网络领先优势，服务 5G 网络客户约 6 亿户，5G 网络规模、客户规模均居全球首位。

本篇网络分析和数据引用的参考资料均来自国内几大电信运营商共建共享实践经验。

国内频段资源共享的实践

Chapter 7

第7章

随着中国移动、中国电信、中国联通和中国广电四大电信运营商正式获得 5G 商用牌照，各家电信运营商所分配的 5G 频谱不同，是否存在信号覆盖、强度的差异呢？我们简单介绍一下国内四大电信运营商 5G 频谱分配情况。

- 中国移动：在 2.6GHz 频段上拥有 2515 ～ 2675MHz 的 160MHz 带宽。其中，2515 ～ 2615MHz（100MHz）用于部署 5G，2615 ～ 2675MHz（60MHz）用于部署 4G。中国移动还拥有 4800 ～ 4900MHz（100MHz）的 5G 频段。
- 中国电信：3.5GHz 频段（3400 ～ 3500MHz）。
- 中国联通：3.5GHz 频段（3500 ～ 3600MHz）。
- 中国广电：4.9GHz 频段（4900 ～ 5000MHz）。

中国联通、中国电信、中国广电共同使用：3.3GHz 频段（3300 ～ 3400MHz）。其中，中国电信和中国联通的 5G 频段是连续的，这两家电信运营商基于 3400 ～ 3600MHz 连续的 200MHz 带宽共建共享 5G 无线接入网。中国移动和中国广电也已宣布共享 2.6GHz 频段 5G 网络，并按一定比例共同投资建设低频段 5G 无线网络，共同使用 700MHz 5G 无线网络资产。

●●7.1 中国电信和中国联通频率资源的部署思路

中国电信和中国联通各自负责的承建区域，都可以使用两家电信运营商的所有频率资源。n78 整合为 200MHz 大带宽资源，按需开启所需带宽，根据实际需求情况动态调度调整。n1 可以整合为大带宽 FDD 频率资源，作为 5G 主力覆盖频段，全国大范围覆盖。n78 频率高、覆盖半径小、功耗高，可作为热点区域覆盖。

B3 作为 4G 主力覆盖频段，充分利用既有资源，做好网络覆盖。在 4G 用户明显降低、5G 用户大面积普及以后，B3 升级为 n3，对网络容量和网速进行扩容。

B5 和 B8 作为 4G 广覆盖低频段频率资源，用于 4G 兜底覆盖及物联网覆盖。B8 还需要划分一些频点用于 2G 或者 3G 覆盖，率先关停基本上没有 2G、3G 需求的区域，所有频率资源全部用于 4G 和物联网。每个区域具体是使用 2G 还是 3G，根据既有网络资源情况和区域内终端需求情况确定，充分利用既有资源完成覆盖，坚持一段时间就可以关停 2G、3G 网络。

所有 5G 终端都支持 4G 网络，但是 4G 终端不支持 5G 网络。另外，10MHz 带宽的 4G 和 5G 网络，用户基本感知不到什么区别。因此，B5、B8 频段充分利用既有网络资源，较长时间内都作为 4G 网络的频段，同时为 4G 和 5G 用户提供基础的广覆盖网络，不需要过早地改造为 5G 网络。现实规划时面临两种情况：其一，既有设备故障或者老化淘汰，新采购的设备支持 4G 和 5G 网络，可以根据需要，随时调整为 4G 基站或者 5G 基站；其二，区域内终端基本上都是 5G，4G 网络需求很少的时候，可以将 B8 升级为 5G，B5 兜底 4G 覆盖，4G 终端基本淘汰的区域，将 B5 也升级为 5G，实现所有频率资源全部切换到 5G。

●●7.2　中国移动和中国广电频率资源的部署思路

根据中国移动和中国广电已订立有关 5G 共建共享之合作框架协议，中国移动目前持有全国范围内可用于 5G 的 2.6GHz、4.9GHz 频段无线电频率使用许可。中国广电现在已取得 5G 中国移动通信业务经营许可，并可合法使用 700MHz、4.9GHz 频段无线电频率建设 5G 网络。双方将充分发挥各自优势，开展 5G 共建共享、内容和平台合作。中国移动、中国广电 5G 网络频段部署思路如图 7-1 所示。

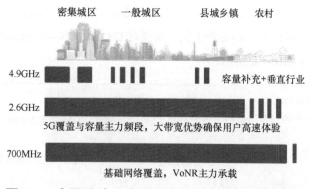

图7-1　中国移动、中国广电5G网络频段部署思路

中国移动 4G/5G 频段：主要 4G 频段为（1880 ~ 1900MHz、2320 ~ 2370MHz、2575 ~ 2635MHz）。5G 频段为 2.6GHz（2515 ~ 2675MHz）和 4.9GHz（4800 ~ 4900MHz）。

中国广电 5G 频段：中国广电有 700MHz（698 ~ 806MHz/862MHz）、3.3GHz（3300 ~ 3400MHz）和 4.9GHz（4900 ~ 4960MHz）频段资源。

中国移动和中国广电结合后，正式集齐了"700MHz + 2.6GHz + 4.9GHz"频段，理论上来说，双方可采用 700MHz 频段作广域覆盖，2.6GHz 频段作热点覆盖，4.9GHz 频段作室内覆盖，既能满足当前 toC 的需求，也能满足未来 toB 的应用；同时可以有效降低中国移动的 5G 建设投资成本，快速形成媲美 4G 的网络覆盖能力，使 5G 建设速度更快，覆盖效果更好。借助 700MHz，中国移动可以建成一张低频 5G 网络打底覆盖，同时利用其低频穿透能力补充室内覆盖。700MHz VoNR 相对于 900MHz VoLTE 有 3.3dB 的优势，700MHz 覆盖半径为 900MHz 的 1.2 倍，面积是其 1.44 倍。700MHz 站点数量达到 900MHz 宏基站数量的 1/1.44，同时可以达到全球移动通信系统（Global System for Mobile communications，GSM）900MHz 的语音覆盖水平。

我们对中国移动的 2.6GHz、4.9GHz 频段无线电频率相对比较熟悉，而中国广电的 700MHz 频段是重点领域，我们将重点介绍。

700MHz 被称作无线网络覆盖的黄金频段，具有传播损耗低、覆盖广、组网成本低等优势，相比中国移动 2.6/3.5GHz 可以节省 6 倍以上的基站，中国广电具备 702 ~ 798 MHz 频谱资源，对应标准 n28 频谱，具备 2×30/40MHz 的组网频率资源。工业和信息化部于 2020 年 4 月 1 日发布《关于调整 700MHz 频段频率使用规划》的通知，将 703 ~ 743、758 ~ 798MHz 频段规划用于 FDD 工作方式。

现阶段 700MHz 被广泛用于模拟及数字电视业务，全面开展 700MHz 5G 建设前需要进行清频工作，关闭对应频率的电视业务。

工业和信息化部调整 700MHz 频段频率使用规划，需要将用于地面数字多媒体广播（Digital Terrestrial Multimedia Broadcast，DTMB）的 700MHz 清理出来以供 5G 使用，需要清频的部分涵盖了 DS-37 ~ DS-48，一共 12 个广播频道。同时考虑到 700MHz 网络的隔离度要求，为消除 700MHz 网络的带外干扰，需要对 DS-36、DS-49 进行清频。700MHz 国内频谱使用和分配情况如图 7-2 所示。

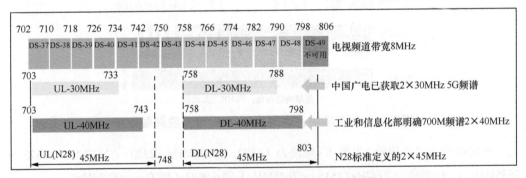

图7-2 700MHz国内频谱使用和分配情况

中国广电在全国范围内各地区的频率占用情况不一，但均对 700MHz 频段造成强干扰，干扰信号主要为 8MHz 带宽的广播。700MHz 清频的工作量巨大，环节复杂，耗费投资较大，需要做好统筹规划，因地制宜，有序推进。该项工作是开展 700MHz 5G 工作建设的前提。

700MHz 的合作将为后续 4.9GHz 的合作打下基础，中国广电 4.9GHz（4900 ~ 4960MHz）与中国移动 4.9GHz（4800 ~ 4900MHz）在频段上是紧邻的，利于双方展开进一步的合作，类似于中国电信和中国联通的 3.5GHz 的合作共享，将带宽从各自的 100MHz 扩大为共享的 200MHz，让用户获得更快的网速和更好的体验。

5G 高速率主要依靠大带宽、MIMO 天线、高速率调制等方式实现。而对于 700MHz 低频来说，因为其频率较低，波长较长，难以使用 Massive MIMO 技术提升频谱利用效率，700MHz 5G 相对于 4G 速率上并无较大优势。700MHz、2.6GHz 频谱 4G/5G 速率对比见表 7-1。

表7-1 700MHz、2.6GHz频谱4G/5G速率对比

制式	700MHz 4G	700MHz 5G	700MHz 5G	2.6GHz 5G
	FDD	TDD	FDD	TDD
基站配置	20MHz/2T4R	20MHz/4T4R	40MHz/4T4R	40MHz/64T64R
终端配置	20MHz/1T2R	20MHz/2T2R	40MHz/2T4R	40MHz/2T4R
RB 数量 / 个	100	51	106	273
小区峰值速率	158.4Mbit/s	215.424Mbit/s	447.744Mbit/s	5.93Gbit/s
手机单用户峰值下行速率	158.4Mbit/s	215.424Mbit/s	447.744Mbit/s	1.48Gbit/s
手机单用户峰值上行速率	79.2Mbit/s	80.784Mbit/s	167.904Mbit/s	0.28Gbit/s

从上述分析可以看出，在 700MHz 低频上采用低成本、低功耗组网模式，40MHz 带宽的理论下行网速为 220 ～ 440Mbit/s。现主流终端芯片均支持 700MHz 频段的 20MHz 带宽，而支持 700MHz 频段 2×30MHz 带宽的芯片已量产。在 20MHz 带宽 2T2R 情况下，5G 小区峰值速率为 215Mbit/s，与 4G 速率相差并不大，与中国移动的 1.8GHz 和 2.1GHz 4G 网络相比，下载速率方面优势并不明显。就中国广电而言，部署低频 5G 意义巨大。低频 5G 能以相对较小的基建成本和维护成本实现一定范围的覆盖。就中国移动而言，鉴于 700MHz 覆盖能力强、容量小，因此，700MHz 网络可作为底层边缘中低速业务承载网，例如，城区 VoNR 业务、农村广覆盖、城区深度浅覆盖、低话务区域 5G 低成本覆盖等。

中国电信与中国联通共建共享实践

Chapter 8
第8章

●● 8.1　5G 网络共建共享实践

8.1.1　toC 网络全面共建共享建设概述

1. 建设目标

中国电信和中国联通在 5G 建网初期就提出，坚持聚焦、坚持全面共建共享的思路，着力打造体验、效能、技术领先的 5G 精品网。在优先保障一线及发达城市核心区域室外连续覆盖的同时，追求市区、主要县城、重点 / 目标乡镇实现 5G 连续覆盖，保证 5G 网络建设规模、覆盖、质量与行业相当。另外，热点区域具备一定能力，后续随业务发展可以按需扩容。

在室外覆盖方面，双方紧跟行业节奏，深化共建共享，重点 / 目标乡镇实现 5G 连续覆盖，确保网络竞争力、打造网络领先口碑；优先满足对用户感知影响大的热点投诉及覆盖空洞等建设需求；一线发达城市区域的热点农村对标友商进行按需拓展；完善高速服务区的 5G 覆盖，优先对重点高速服务区进行 5G 覆盖。

在室内覆盖方面，双方场景化低成本加快 5G 室内分布建设，持续保持行业优势资源；优先开展高、中价值场景建设，能享尽享、能升尽升，快速、低成本提升室内覆盖；继续推进机场、高铁站、高校、地铁等重点场景 5G 覆盖，重点大型商业购物区、三甲医院、高端写字楼、高端住宅、重点高速服务区等场景采用名单制，力争实现地上、地下全覆盖。地铁、高校、交通枢纽等重点口碑场景新增设备应具备相应能力，根据后期业务发展，按需扩容以确保感知领先。

2. 分场景建设方案

（1）城区覆盖质量提升

① 城区 5G 网络建设从初期的基站建设展开，到后期以完善覆盖为主，优化指导建设。

双方需充分利用大数据手段，结合网络测试和网络运行数据，深入分析、精准定位网络问题点，重点聚焦 5G 用户密集且无 5G 覆盖、中频 4G 超忙且无 5G 覆盖这两种场景的需求。按照建优结合的原则，以提升网络质量和用户体验为目标，做实网络建设方案，使室外网络信号达到 4G 中频网络同等覆盖水平。

② 充分利用现网 4G 拓扑基础，按需继续完成与 4G 中频站址的共站址部署任务。

在频率选择方面，与周围基站同频部署，避免频率"插花"；在站址选择方面，加大双方基础资源对接力度，结合 4G 一张网推进，优选低成本 5G 天面方案。例如，4G 整合后的空余位置建设 5G 天面，原站址新增 5G 天面方案等。

③ 查漏补缺，先优后建，对覆盖盲区精准补点。

基于优化测试报告、用户投诉、测量报告（Measurement Report，MR）等精准定位覆盖需求，因地制宜地采用扇区级补点、灯杆站、小站等多种建设方式，避免与既有基站重叠覆盖。

④ 合理开展 3.5GHz 设备选型，严格按照价值和流量预测来配置设备。

严控高配设备，仅用于高流量的密集城区补点，原则上不突破现有的部署区域；普通市区、高流量发达县城/县城核心区域原则上使用不高于中配设备的配置；业务量不高区域，在满足覆盖指标的情况下，可以使用低配设备，保证频率连续前提下低成本建网。

（2）室内覆盖快速增强

双方 5G 建设重点逐渐由建设初期的室外站转为室内深度覆盖，建成后将大幅提升 5G 室内深度覆盖水平。

与室外站相比，室内分布建设协调难度大、周期长、部分系统具有随建不受控特性。双方需尽早制定室内分布建设计划，动员一切可利用的合作关系，提前摸查制定建设方案、尽早入手开展工程配套实施工作，切实做到配套先行，实现主设备安装即开通的目标。

室内分布建设可参考分步实施步骤，因地制宜，有序建设。

① 充分利用现有 4G 室内分布系统，因地制宜制定 5G 覆盖方案，例如，移频 MIMO 双路分布系统改造直连式存储（Direct Attached Storage，DAS）方案、电联双路 DAS 合并方案、错层双路方案等，获取系统整合红利。

② 合理制定 5G 信源方案，做到场景价值匹配，5G 信源不超配。

③ 重点/目标乡镇覆盖拓展

双方 5G 拓展区域建设主要包括县城、重点/目标乡镇、一线发达城市的农村场景。基于 5G 用户密集且无 5G 覆盖、中频 4G 超忙且无 5G 覆盖等 5G 覆盖需求场景，把控县乡拓展的建设节奏和范围，充分计量信号覆盖广度。拓展区域 5G 覆盖在 4G 中频站址部署，不应使站址过度加密。

④ 地铁沿线覆盖随建

双方继续推进存量线路的 5G 改造，重点开展地铁新建线路的随建工程，加强与地铁公司沟通，合理协商设备入场时间，避免出现 5G 设备入场过早，长期闲置的情况。

8.1.2 toB 业务的建设实践

1. 总体情况

5G 是新基建中的重要领域，是数字经济发展的加速引擎，可驱动千行百业数智化转型和高质量发展。我国高度重视 5G 发展，在政策上给予 5G 高度支持。2020 年 10 月底通过的《中共中央关于制定国民经济和社会发展第十四个五年规划和二〇三五年远景目标的建议》中要求："系统布局新型基础设施，加快第五代移动通信、工业互联网、大数据中心等建设"。2021 年 7 月，工业和信息化部牵头，十部门联合印发了《5G 应用"扬帆"行动计划（2021—2023 年）》（以下简称《行动计划》），明确了未来 3 年我国 5G 发展的目标和重点任务。随后，工业和信息化部召开全国 5G 行业应用规模化发展现场会，强调认真贯彻落实党中央、国务院决策部署，以《行动计划》为抓手，把 5G 建设好、发展好、应用好，全力推动 5G 行业应用创新，更好地服务经济社会高质量发展，开创我国 5G 应用创新发展新局面。

（1）标准化推进方面

我国已成为全球 5G 发展的重要领跑者。我国三大电信运营商、通信设备商及研究机构等全面参与并引领了全球 5G 标准化进程，在 5G 技术标准和专利数量方面均居全球第一阵营。我国在 5G 标准必要专利声明数量方面全球占比超过 38%（截至 2021 年 5 月底），位列全球首位；在 5G 标准贡献上，来自中国的华为、海思、中兴、中国移动、中国信息通信研究院、联发科等名列前茅。其中，中国移动在 3GPP R15 到 R17 标准阶段，主导立项 81 个，提交文稿 7000 多篇，申请专利 3300 多个。我国通信设备商华为在全球 5G 标准贡献度、标准必要专利声明数量等方面表现突出。

（2）产品和服务方面

三大电信运营商和通信设备商纷纷推出各具特色的 5G 专网服务和产品解决方案，不断推进设备成熟和应用落地，致力于开拓 5G 使能行业数智化转型的新"蓝海"。三大电信运营商均于 2020 年发布 5G 专网解决方案，满足行业客户差异化的业务需求。中国电信提出"致远""比邻""如翼" 3 类 5G 定制网服务模式，实现网随云动、云网一体。中国移动将 5G 行业专网组网模式划分为优享、专享和尊享 3 个等级，实现网随业动，按需建网。中国联通提出"虚拟专网、混合专网、独立专网" 5G 行业专网 3 种部署方式，重点结合边缘计算实现网边协同。国内主流通信设备商相继推出 5G 全线产品解决方案，面向电信运营商物理专用、混合专网、共享网络等场景，提供轻量化核心网、云网协同等定制化产品。5G 专网设备已基本成熟并全面应用落地，R15 版本已成熟商用，R16 版本已初步具备商用能力。

（3）产业合作方面

为了促进我国 5G 应用产业创新发展，助力 5G 商用，中国信息通信研究院联合产业各方共同发起成立了工业互联网产业联盟（Alliance of Industrial Internet，AII）和 5G 应用产业方阵（Applications Industry Array，AIA）等 5G 行业合作组织，共同推进 5G 专网"产学研用"协同发展，以及 5G 垂直行业和通信领域的技术交流和融合，打通 5G 上下游产业链，推动产业各方的交流合作，保障 5G 产业环境的健康有序发展。

（4）应用落地方面

我国 5G 已处于全球领先地位，在全国范围内实现商用落地和规模部署。目前，我国 5G 应用创新案例已超过 9000 个，其中，专网应用覆盖了包括工业制造、采矿、钢铁、电力、港口等 22 个国民经济的重要行业和有关领域，成功应用到远程操控、机器视觉、AGV 设备协同、工业数据采集、远程技术支持等场景，有效提升社会生产效率，显著降低生产成本，促进生产安全，改善生产环境，助力各行业加快数字化转型和生产力升级，实现上下游产业链升级更新。

2. 电信运营商 B 端业务取得的成绩

众所周知，5G 融合应用是促进经济社会数字化、网络化、智能化转型的重要引擎。它不同于消费互联网应用，5G 应用的核心是赋能实体经济，赋能千行百业。2021 年，我国电信运营商充分依托云网资源和能力优势，纷纷加快 5G 融合应用推广落地，全面发力政企市场，B 端业务蓬勃发展、价值凸显，营收增速远远超过 C 端业务，有效支撑了电信运营商的业绩增长，成为这一年电信运营商转型发展的一大亮点。目前，电信运营商 B 端业务"三分天下有其一"的营收格局雏形已初步形成，"十四五"期间将向"平分秋色"的新市场格局迈进。三大电信运营商新市场格局情况见表 8-1。

表8-1　三大电信运营商新市场格局情况

项目	中国移动	中国电信	中国联通
数字化转型收入 / 亿元	1594	989	548
同比增长	26.3%	19.4%	28.2%
占收入比重	18.8%	24.6%	18.5%
云业务收入 / 亿元	242	279	163
同比增长	114.4%	100%	46.3%

注：本表相关数据摘自中国移动、中国电信、中国联通 2021 年年报，截至 2021 年 12 月 31 日。

中国电信以"融云、融安全、融 5G、融数、融智"为抓手，积极赋能传统产业转型。依托分布式天翼云，中国电信打造云网融合、自主可控、属地服务和安全可信等差异化优势，通过内部 IT 系统云化，推动用户"上云用数赋智"。中国电信深入推进政企体系改革，以行业数字平台、5G 定制网和物联网为抓手，广泛服务于智慧城市、数字政府、工业互联网等重点领域和垂直行业。其中，5G 定制网商用已覆盖 15 个重点行业，落地项目超过

1200 个。2021 年，中国电信产业数字化业务收入规模大幅提升，达到 989 亿元，同比增长 19.4%。天翼云收入达到 279 亿元，稳居业界第一阵营，保持良好的市场品牌认知度和政务公有云市场的领先地位。同时，中国电信加强数据中心规模集约发展，互联网数据中心（Internet Data Center，IDC）业务收入达 316 亿元，市场份额继续保持行业第一。

中国移动以融合创新的算网集成化服务能力和配套完备的全国属地化服务优势，一体化推动"网 + 云 + DICT[1]"规模拓展。2021 年，中国移动政企市场收入达 1371 亿元，同比增长 21.4%。政企用户达 1883 万家，净增 499 万家。数字化转型收入达 1594 亿元，同比增长 26.3%，对主营业务收入增量贡献达到 59.5%，是推动收入增长的第一驱动力。DICT 收入达 623 亿元，同比增长 43.2%，对主营业务收入增量贡献达到 2.7%。中国移动云收入 242 亿元，同比增长 114.4%，加速向业界第一阵营冲刺。5G 龙头示范效应持续凸显，中国移动打造了 200 个 5G 示范项目，拓展 5G 专网项目达 1590 个，带动 DICT 项目签约超过 160 亿元，在智慧矿山、智慧工厂、智慧电力、智慧冶金、智慧港口、智慧医院等多个行业实现规模拓展。中国移动打造"1 + 1 + 1 + N"的工业互联网产品体系，推动"5G + 工业互联网"深度融合，建设网随业动、端云融合、可管可控的 5G 工业专网，助推产业数字化转型升级。

中国联通打造"联接 + 感知 + 计算 + 智能"的算网一体化服务，"中国联通云"全面焕新升级，形成云原生和虚拟化双引擎，发布物联感知云、数海存储云、智能视频云等七大场景云。中国联通深入实施 5G 应用"扬帆"行动计划，开展"强基行动、引擎行动、护航行动、共创行动、绽放行动"五大专项行动，助力千行百业数字化转型。中国联通持续打造并迭代 5G 工业互联网、智慧城市、医疗、教育、文旅等行业解决方案，做大 5G 应用创新联盟，优化 5G 生态开放平台。在物联网、"5G + 车路协同"、"5G + 北斗"、智慧法务、智慧养老等领域，中国联通持续加大投入、开展产品孵化，关键核心能力自主化大幅提升。2021 年，中国联通产业互联网业务收入同比增长 28.2%，达到 548 亿元，占主营业务收入比重 18.5%。中国联通云收入 163 亿元，同比增长 46.3%。

数字化转型收入对于中国电信来说主要是指产业数字化业务收入，对于中国联通来说主要是指产业互联网业务收入。

近 3 年，我国三大电信运营商在 C 端和 B 端业务上均保持快速、健康发展的良好势头，B 端的产业数字化成为电信运营商业绩增长的主力。我国已经进入数字经济新时代，经济社会数字化水平全面提升，面对新时代赋予的新机遇，三大电信运营商需牢牢把握经济社会数字化转型契机，加快布局云网融合，抢挖"5G +"产业数字化的"蓝海"市场。

---

1. DICT 是指在大数据时代 DT（Data Technology，数据技术）与 IT（Information Technology，信息技术）、CT（Communication Technology，通信技术）的深度融合。

3. 5G定制网技术发展

（1）5G专网技术演进阶段划分

5G专网的发展已经取得了显著的成果，但要全面实现服务千行百业的目标，仍需一个相互促进、螺旋式演进的过程。目前，5G专网基于3GPP R15版本标准，主要提供了高带宽和部分低时延能力，解决了超高清直播、远程教学、远程监控、工业质检等垂直行业应用对于5G专网的网络接入和业务承载的初级需求。实际上，在大量工业生产作业场景中，不仅需要网络的大带宽能力，而且需要5G专网的高可用性、高可靠性，以及指标极致性等新能力，方可实现5G在远程采矿、工厂远程运维、多机协同作业等核心生产环节的应用。这些能力还需要依赖R16及后续更高版本的标准来支持。另外，新技术的引入也需要历经标准制定、产品研制到产业融合应用的过程，不能一蹴而就。因此，产业上下游需要结合实际需求，共同绘制一张5G专网技术演进路线图，分阶段、有序推动5G专网新技术的快速成熟和商用引入。

结合5G技术能力的成熟度，以及与行业应用结合的深入度，5G专网的技术演进可大致分为以下3个阶段。

① 当前阶段（5G融入）：主要提供基于大带宽的基本接入服务，具备业务承载、质量保证和业务隔离的能力。

② 中期发展（5G使能）：在当前阶段的基础上，完成网络指标多样化、网络能力定制化、安全管控灵活化、网络服务自主化4个方面的增强。

③ 远期演进（极智5G）：该阶段将重点在网络指标极致化、网络服务智能化等方面对5G专网能力进行增强。

（2）5G专网技术现状

当前尚处于5G专网和垂直行业融合的初级阶段，5G专网通过提供性能达标、网络专用的基础接入服务，为行业客户解决移动网络承载数据业务的最基本问题。随着5G行业应用示范和商用服务的开展，5G专网的初期能力已经实现了在千行百业的初步融入。5G专网现有主要技术能力见表8-2。

表8-2　5G专网现有主要技术能力

网络需求	业务要求	关键技术	实现效果
性能达标	速率确定性保障	切片资源预留	预留无线PRB资源，保障特定业务的稳定速率
		QoS增强	通过保证比特速率（Guaranteed Bit Rate，GBR）MinBR等方式，保障特定业务的最低速率
	上行大带宽	大上行帧结构、载波聚合	提供上行大带宽能力
	端到端低时延	上行预调度、边缘计算	空口性能优化，低时延业务就近处理

网络需求	业务要求	关键技术	实现效果
网络专用	网络专属	端到端网络切片	业务隔离和网络资源按需动态分配
		公专融合	通过公专网的频率协同，在提供专属无线覆盖的同时，提高无线频率资源的使用效率
	设备专属	专属网元	网络资源共享和业务的物理隔离，满足安全隔离的特殊需求
		边缘分流	数据不出场，本地业务安全隔离

本阶段 5G 专网技术的相关介绍如下。

① 性能达标

a. 切片资源预留

基于切片粒度对特定业务特定客户的无线 PRB 资源进行预留，实现无线资源保障及灵活的资源隔离和共享。

b. QoS 增强

针对特定保障业务，基站通过配置 GBR 或者 MinBR（业务最小比特速率）参数，定量保障 GBR 承载或高优先级 Non-GBR 承载的速率下限。

c. 上行带宽增强

通过"3U1D"帧结构、上行载波聚合、辅助上行（SUL）频段 3 种增强技术，满足行业客户对上行峰值速率、上行容量、上行边缘速率的高要求。

d. 边缘计算

在靠近数据源和客户侧的位置为客户提供计算、存储等基础设施，同时以开放平台为载体，为用户提供云环境、PaaS 能力和边缘应用集成，满足用户对边缘低时延应用的部署需求。

② 网络专用

a. 端到端网络切片

通过无线、核心网和承载等不同领域的网络切片将 5G 网络划分为不同的逻辑网络，实现业务之间的逻辑隔离。

b. 公专融合

通过公专网共用基站、共用频率，公专网共用基站、专网专用频率，以及专网专用基站、专用频率等无线侧不同组网方案的规划部署，适配协同专网应用场景，提高无线频率资源的使用效率，更好地实现公网专网融合发展。

c. 专属网元

通过将用户面网元 UPF 下沉至企业园区，实现业务承载网元的独享部署及企业的专建专用。

d. 边缘分流

提供基于 DNN、切片、上行分类（UpLink CLassifier，ULCL）等技术的业务分流功能，将用户特定业务流量在园区内分流至业务系统，保证敏感业务数据不出园区。

4. 5G 定制网业务部署方案

5G 定制网业务分类标准较多，依据客户数据管控需求，5G 定制专网业务分为数据不出园区和允许数据出园区两大类；依据单终端访问需求，5G 定制专网业务分为单终端同时访问公网和内网、单终端仅访问内网两大类；依据服务范围，5G 定制专网业务分为本地业务、省内多地市业务和跨省业务三大类。

（1）允许数据出园区

针对允许数据出园区的客户要求，基于省级 5GC 进行信令承载，依照省内 UPF 部署情况，选取省级 UPF 或者共享 UPF（地市级）进行数据承载。针对允许数据出园区的业务，具体数据路由可参考如下方案。

① 单终端仅访问企业内网

a. 如果本地已经部署共享 UPF，基于 N6 接口访问企业内网。

b. 如果本地没有部署共享 UPF，通过省级 UPF，基于 N6 接口访问企业内网。

单终端访问企业内网方案如图 8-1 所示。

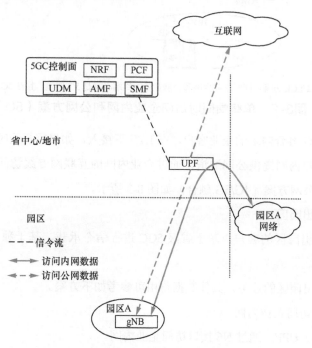

图8-1　单终端仅访问企业内网方案

② 单终端同时访问企业内网和公网

a. 如果本地已经部署共享 UPF，基于 N6 接口访问企业内网；共享 UPF 采用 ULCL 方案，实现上行分流和下行聚合，通过省级 UPF 提供公网访问服务。

b. 如果本地没有部署共享 UPF，通过省级 UPF，基于 N6 接口访问企业内网和公网。单终端同时访问企业内网和公网方案（5G）如图 8-2 所示。

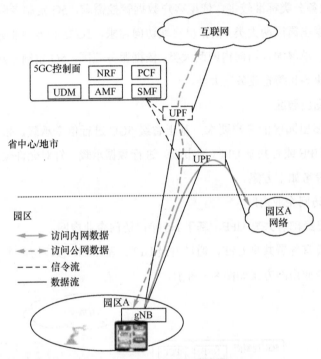

注：本场景为 5G 标准 ULCL 方案，同时访问内网和公网业务的终端必须是 5G 终端，且在 5G 环境下接入 5G SA 网络。

图8-2　单终端同时访问企业内网和公网方案（5G）

对于有 4G/5G 融合需求的企业客户，在 LTE 下接入，如果需要同时访问企业内网和公网，则建议由客户内网提供公网通道，通过企业内网的互联网专线访问公网。单终端同时访问企业内网和公网方案（4G/5G 融合）如图 8-3 所示。

（2）数据不出园区

针对数据不出园区的客户，基于省级 5GC 进行信令承载，基于独享 UPF 进行私网数据承载。

针对数据不出园区的业务，具体数据路由可参考如下方案。

① 单终端仅访问企业内网

基于下沉独享 UPF，通过 N6 接口访问企业内网。

单终端仅访问企业内网方案（数据不出园区场景）如图 8-4 所示。

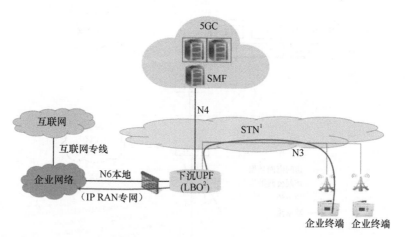

1. STN（Switched Telephone Network，电话交换网络）。

2. LBO（Local Break Out，本地疏导）。

注：本场景为 5G 标准 ULCL 方案，同时访问内网和公网业务的终端必须是 5G 终端，且在 5G 环境下接入 5G SA 网络。

图8-3　单终端同时访问企业内网和公网方案（4G/5G融合）

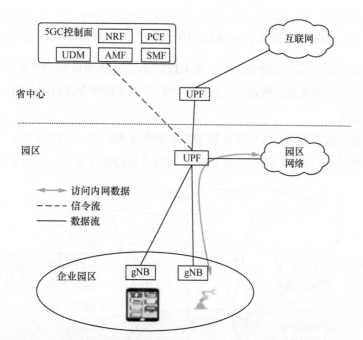

图8-4　单终端仅访问企业内网方案（数据不出园区场景）

② 单终端同时访问企业内网和公网

a. 基于下沉园区级 UPF，通过 N6 接口访问企业内网。

b. 独享 UPF 采用 ULCL 方案，实现上行分流和下行聚合，通过省级 UPF 提供公网访问服务。

单终端同时访问企业内网和公网方案（数据不出园区场景）如图 8-5 所示。

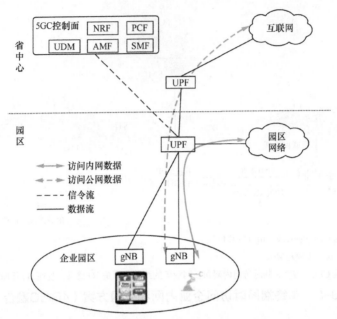

注：本场景为 5G 标准 ULCL 方案，同时访问内网和公网业务的终端必须是 5G 终端，且在 5G 环境下接入 5G SA 网络。

图8-5　单终端同时访问企业内网和公网方案（数据不出园区场景）

对于有 4G/5G 融合需求的企业客户，在 LTE 下接入，如果需要同时访问企业内网和公网，则建议由客户内网提供公网通道，通过企业内网的互联网专线访问公网。

（3）跨省业务

针对跨省业务部署需求，我们建议基于多省的省级 5GC 进行信令承载，基于多省 UPF 跨省业务方案如图 8-6 所示，基于本省 UPF 的回归属地跨省业务方案如图 8-7 所示。

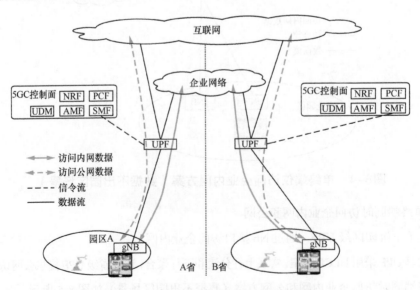

图8-6　基于多省UPF跨省业务方案

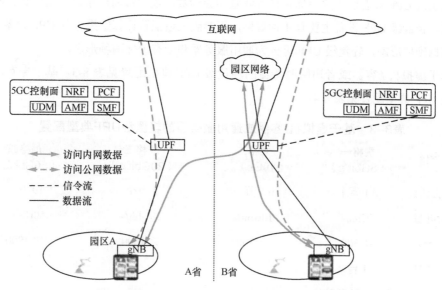

图8-7　基于本省UPF的回归属地跨省业务方案

5. 5G 定制专网建设实践

（1）配置选型

针对同一客户提出的多种业务需求，对网络访问要求可能不同，电信运营商需要选择不同的 UPF 进行承载并提供服务。因此，需要针对客户要求和业务需求进行细分和聚类，进一步确定 UPF，特别是独享 UPF 的关键指标估算，进一步指导独享 UPF 选型。

①配置计算

依据业务承载原则，将每个 toB 客户的业务依照承载 UPF 进行细分和聚类，计算每个UPF 承载的业务吞吐量和会话数要求，具体如下。

客户 A 带宽需求 = $\sum$ 业务类型的平均每终端带宽 × 对应业务类型的用户数

客户 A 会话需求 = $\sum$ 业务类型的平均每终端会话数 × 对应业务类型的用户数

如果采用共享型 UPF，依照上述方法，则可以计算出基于同一共享型 UPF 的其他客户的业务指标要求，最终累计求和，同时考虑冗余系数，具体计算方法如下。

共享型 UPF 吞吐量需求 =（$\sum$ 客户的带宽需求）× 冗余系数

共享型 UPF 会话需求 =（$\sum$ 客户的会话需求）× 冗余系数

如果采用独享 UPF，独享 UPF 与企业的专线带宽设置，则建议在带宽需求基础上，考虑 50% 的带宽利用率。

独享 UPF 至企业带宽需求 = $\sum$ 业务类型的平均每终端带宽 × 对应业务类型的用户数 × 2

② 设备选型

轻量级 UPF 设备的主要指标包括吞吐量和会话数。依据目前厂家设备调研和自研 UPF 的情况，轻量级 UPF 设备主要有 4 种规格，可参照上述配置计算结果进行 UPF 设备选型。

依据硬件形态，轻量级 UPF 可分为通用服务器和专有硬件两种形态。

基于虚拟机/容器或者通用服务器的轻量级 UPF 典型配置见表 8-3，基于专有硬件的轻量级 UPF 典型配置见表 8-4。

表8-3　基于虚拟机/容器或通用服务器的轻量级UPF典型配置

设备规格	规格一 （5Gbit/s）	规格二 （10Gbit/s）	规格三 （20Gbit/s）	规格四 （50Gbit/s）
PFCP[1] 会话数	0.1 万个	0.5 万个	5 万个	10 万个
业务吞吐量	5Gbit/s	10Gbit/s	20Gbit/s	50Gbit/s
DNN 个数	≥ 300	≥ 300	≥ 1000	≥ 1000
服务器数量	1 台	1 台	1 台	1 台
CPU[2]	推荐 Intel 6230N（24Core，2.40GHz）	推荐 Intel 6230N（24Core，2.40GHz）	推荐 Intel 6230N（24Core，2.40GHz）	推荐 Intel 6230N（24Core，2.40GHz）
内存容量	256GB	384GB	512GB	512GB
设备端口	4×10GE[3]（DPDK[4]），2×10GE	4×10GE（DPDK），2×10GE	4×25GE（DPDK），2×10GE	6×25GE（DPDK），2×10GE
配套设备	交换机一台（48×10GE）	交换机一台（48×10GE）	交换机一台（48×25GE）	交换机一台（48×25GE）

注：1. PFCP（Packet Forwarding Control Protocol，包转发控制协议）。
　　2. CPU（Central Processing Unit，中央处理器）。
　　3. GE（Gigabit Ethernet，吉比特以太网）。
　　4. DPDK（Data Plane Development Kit，数据平面开发套件）。

表8-4　基于专有硬件的轻量级UPF典型配置

产品/硬件选型	规格一（0.1 万个会话，5Gbit/s 吞吐）	规格二（0.5 万个会话，10Gbit/s 吞吐）	规格三（10 万个会话，50Gbit/s 吞吐）	规格四（20 万个会话，100Gbit/s 吞吐）
设备形态	基于专有硬件			
机箱高度	≤ 4U			
机箱深度	≤ 800mm			
端口容量	3×10GE，1×10GE	6×10GE，2×10GE	6×25GE（可采用硬件加速卡），2×10GE	6×25GE（可采用硬件加速卡），2×10GE

续表

产品 / 硬件选型	规格一（0.1 万个会话，5Gbit/s 吞吐）	规格二（0.5 万个会话，10Gbit/s 吞吐）	规格三（10 万个会话，50Gbit/s 吞吐）	规格四（20 万个会话，100Gbit/s 吞吐）
功耗（最大）	≤ 2000W			
温度要求	0℃～45℃			
时延/抖动	< 1ms/500μs	< 1ms/500μs	< 5μs/1μs（使用硬件加速）	< 5μs/1μs（使用硬件加速）
DNN 数目/个	≥ 300			≥ 1000

在同一设备规格选型的前提下，轻量级 UPF 的硬件选型考虑的因素主要包括机房的部署环境、机柜尺寸、平台部署及企业客户个性化需求。

a. 当机房环境制冷条件好，且机柜规格满足标准服务器机柜尺寸要求（宽度不超过 600mm，深度不超过 900mm）的条件下，建议选择通用服务器硬件形态的轻量级 UPF。

b. 当机房制冷效果差，且其他部署环境较差，机架空间相对有限的场景，建议选择专有硬件形态的轻量级 UPF。

（2）下沉 UPF 建设方案

当前客户对于 5G 专网部署大多聚焦于数据不出园区或数据不出公网，时延的需求在部署了下沉地市 UPF 的情况下，该方案都能满足。

基于业务部署方案，根据不同类型客户，可以采取的落地方案如下。

① 工业互联网需求的客户

该类客户可以采用 5G 定制专网替代工厂原有的有线网络及威发（Wireless Fidelity，Wi-Fi）的场景，建议采用地市共享 UPF 提供 5G 定制专网的方式解决。

不同客户配置专有 DNN（根据客户需求配置一个或多个），从共享 UPF 到客户企业专网，采用专线的方式拉通。

② 文旅、医卫、教育及政务等客户

针对采集及 AR/VR 等业务需求的场景，可以采用地市共享 UPF 或省级 UPF 提供 5G 定制专网的方式解决。

针对不同客户配置专有 DNN，从共享 UPF 到客户企业专网，采用专线的方式拉通，或建议客户采用专网上天翼云的方式部署。

③ 大流量需求客户

针对企业园区有大带宽需求的场景，综合考虑回传网络的建设成本，根据项目情况，评估采用园区独享 UPF 提供 5G 定制专网的方式是否更经济，是否可行。

④ 业务高隔离要求的客户

针对港口码头、电网等能源类企业有数据不出园区及高隔离需求的客户，可以采用园区独享 UPF 提供 5G 定制专网的方式解决。

地市共享 UPF 由省公司根据地市上报的业务需求及无线覆盖实际情况，在核心网大网项目中统筹建设。

在省中心建设共享 UPF，其他本地网根据业务发展需求建设共享 UPF。

独享 UPF 根据业务发展实际情况进行建设。

（3）组网方案

① 下沉 UPF 接入方案

共享 UPF 为多个客户共享，建议接入城域边缘路由器（Edge Router，ER），设备部署机房首选与城域 ER 同机房，其组网方案参照 5GC 大网 UPF 的组网，即共享 UPF 通过地市级 5GC 用户边缘（Customer Edge，CE）设备接入城域 ER。

独享 UPF 建议首选接入 IP RAN 的 B 设备，尽量靠近用户，缩短路由。如果条件不具备，则次选接入 IP RAN 的汇聚 ER 或城域 ER。独享 UPF 建议采用轻量级设备，通过内部一对交换机接入 IP RAN 的 B 设备。

在具体接入方式上，如果 UPF 与 ER/B 设备同机房，则通过机房内跳线对接；如果 UPF 与 ER/B 设备不在同一机房，则可以通过专线等方式对接。

下沉 UPF 接入方案示意如图 8-8 所示。

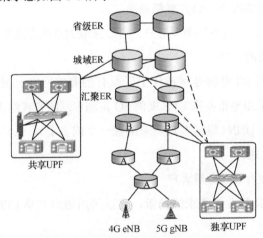

图8-8　下沉UPF接入方案示意

② 下沉 UPF 与其他网元互通方案

例如，地市级共享 UPF 或园区级独享 UPF 部署入网后，需要与中国电信网内的现有网络实现互通，具体说明如下。

UPF 通过 IP RAN 的 CDMA-RAN VPN 与 5G 基站实现互通。

UPF 通过 IP RAN 的 CDMA-EPC VPN 与 5GC 的 SMF 实现互通。

UPF 通过 IP RAN 的 CDMA-EPC VPN 与省会的 UPF 实现互通。

UPF 通过 IP RAN 的 CDMA-MGNT VPN 与设置在省会城市的 EMS 实现互通。

如果 UPF 采用通用服务器，则通过 CDMA-Outband VPN 与虚拟化的基础设施管理器（Virtualized Infrastructure Manager，VIM）互通。

UPF 与数据中心网关（Data Center Gate Way，DCGW）三层 VPN 对接。UPF 与 toB 客户网络建议通过专线方式实现对接，UPF 通过划分不同的虚拟局域网（Virtual Local Area Network，VLAN）来对接不同的 toB 客户网络。IP RAN 上开通政企专线，toB 客户网络到企业开通伪线（Pseudo Wire，PW），二层透明传输。对于 toB 客户终端侧的 IP 地址分配，建议首选客户提供的 IP 地址，次选电信运营商提供的 IPv6 地址。

下沉 UPF 与其他网元互通示意如图 8-9 所示。

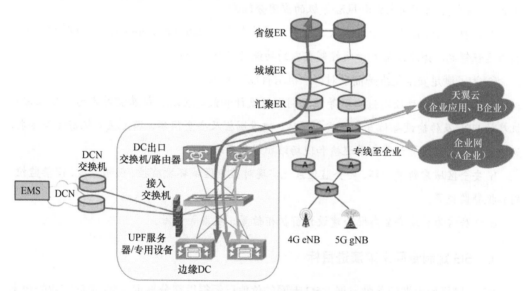

图8-9 下沉UPF与其他网元互通示意

（4）网管及运维

5G 定制专网建设要求和现网 5GC UPF 的维护标准同级。

5G 定制专网建设的操作维护和远程配置与现网 5GC UPF 保持一致，接入新一代云网运行系统进行运营维护和管理。

具体维护要求如下。

① 下沉 UPF 及其配套由分公司负责维护，关注设备本身、机房环境、配套网络、客户支撑等。

② 做好承载专业的配套维护工作，避免核心网 VPN 下沉后带来的网络隐患。

③ 部署独享 UPF 的场景，必须细化机房环境设计方案，明确各项要求的落实情况。

④ 下沉 UPF 按照核心 UPF 等级进行设计建设和维护，维护专业在后续交维验收时，根据规范开展验收工作。

⑤ 省公司负责下沉 UPF 设备的集中监控，地市公司做好告警派单处理。

（5）网络安全要求

① 安全要求

a. 物理安全：通过室内 / 室外定位系统验证设备在期望的位置，并由带内或边通道（例如，视频监控、各种传感器）来监测边缘设备自身和周围环境的物理状态。

b. 硬件安全：利用固化在设备内的硬件机制来限制外设接口、加密磁盘、内存和网络通信、启动可信赖的操作系统（Operating System，OS）镜像等。

c. Hypervisor（又称虚拟机监视器）安全：就像在数据中心和云中心那样，利用成熟的 Hypervisor 技术将不同来源和风险等级的应用分隔开。

d. 数据安全：以现代管理方式配置数据丢失防护（Data Loss Prevention，DLP）策略，利用远程锁定、擦除设备和访问控制在内的功能进行自动补救。

② 为了满足安全及维护需求对客户机房有以下要求

a. 机房的安全性应以核心网等保级别进行设计和最终实现。机房需特定为放置在客户机房的 UPF 及传输设备位置划定安全区域，建设围栏及安全门禁，满足核心机房管理要求，为中国电信运维人员开辟日常巡检和现场维护绿色通道。

b. 安全区域需新增动环、安全监控系统实现对监测区域环境监控、视频监控、门禁监控、周界报警监控等。

c. 机房需为后续安全类配套建设预留机柜位置、电源等资源。

6. 5G 定制专网未来演进目标

5G 专网经历中期的蓬勃发展，5G 专网的价值已经得以充分展现，5G 带动产业的数字化转型已经取得阶段性成效，5G 新技术的红利将进入一个平台期。该阶段，5G 专网将聚焦"极""智"的要求，强化 5G 专网的服务能力与服务水平，为一些高端的应用提供进阶的品质服务。5G 专网的远期能力将在 R18 及以后版本的标准中逐步完善，预计将在 2025 年开始逐步实现商用。

远期阶段，5G 专网技术主要包括如下内容。

（1）网络指标极致化

① "极"小的网络时延

• 去激活态 uRLLC

针对工业自动化场景下的传感器等设备，通过在非激活态传输频度高、周期和非周期混合的大量小数据包，避免了终端进行非激活态到连接态的转换，降低了 uRLLC 数据包的传输时延和网络开销。

- 灵活全双工

通过子带全双工、同时同频全双工技术，在一个 TDD 频带同一个时隙同时进行上下行传输，保证更多的 UL/DL 时隙，从而进一步降低时延。

② "极"低的终端功耗

- 降低能力（Reduced Capability，RedCap）技术

为了更有效地支持工厂传感器网络、可穿戴设备等中低速率低成本需求，通过 RedCap 技术，实现终端复杂度和成本的降低，并通过低功率唤醒机制及终端间歇性能量收集等手段，保证 RedCap 在满足 5G 良好带宽增益下的终端节能。

- 新型无源物联网

面向极低成本、极低功耗（免电池）、较小范围内应用的物联网需求，通过将射频识别（Radio Frequency IDentification，RFID）系统与蜂窝通信结合，实现低成本和便利化的网络部署，并增强运维管理能力，实现更广泛的万物互联。

③ "极"强的网络内生安全防护

可信内生安全：基于网元自身安全能力与专用安全设备能力的组合，通过智能分析、灵活编排等运维管理手段，形成智能、主动的 5G 安全防护体系，实现网元可信、网络可靠、服务可用的 5G 专网。

- 主动安全防御

网络指标极致化使主动防御安全能力成为 5G 网络的基本特征和内在属性，使主动防御安全能力具有自免疫、可动态演进的特性。

- 安全运营服务

依托安全管理中心，基于人工智能（Artificial Intelligence，AI）和大数据分析能力，为行业客户提供 5G 专网资源池内的安全功能部署和安全运营服务。

（2）网络服务智能化

① 服务保障智能化

- 网络数据分析功能

引入网络数据分析功能（NetWork Data Analysis Function，NWDAF），针对用户体验分析、切片服务等级协议（Service Level Agreement，SLA）保障、行业用户异常监测等典型应用场景，通过网络域数据分析、模型训练以及网络智能调控等手段，实现网络资源配置和网络服务质量的自优化。

- 管理数据分析功能

引入管理数据分析功能（Management Data Analysis Function，MDAF），实现针对网管

领域的数据价值挖掘，促进网络管理及编排的智能化和自动化；并引入"意图"概念，将行业客户的业务策略转换为必要的网络配置，实现网络配置调优。

● 切片分组网络业务感知

基于切片分组网络（Slicing Packet Network，SPN）更强的业务感知和切片自动识别映射能力，实现业务按意图开通和维持、故障告警处理、网络质量地图等智能化处理。

② 网络监控智慧化

构建 5G 专网孪生网络，为行业客户提供直观、具象的端到端 5G 专网解决方案，使行业客户深入了解专网能力、性能以及行业业务的运行状态，并方便行业客户在孪生网络中进行预运维模拟，助力客户在真实网络中的最优调度。

7. 案例

某沿海城市码头濒临国际深水航道，周围有岛屿作为天然屏障，水域宽阔，不冻不淤，航道最浅处水深为 18.5m，20 万吨级以下船舶可自由进出，25 万吨级以上船舶可候潮进出。

目前，某沿海城市码头共有 4 个集装箱专用泊位及相应的配套设施，其中，1# 泊位长度为 330m，可靠泊 10 万吨船舶，2#、3# 泊位长度为 810m，可靠泊 20 万吨船舶，4# 泊位长度为 360m，可靠泊 7 万吨船舶。码头建成并投入使用的堆场和道路面积为 83.9 万平方米。另外，该公司还有近万平方米的仓库。码头岸线全长为 1500m，水深为 18.5m。整个港区建成后总面积达 165.7 万平方米，设计年吞吐量 240 万标准箱。港口六大作业区介绍如图 8-10 所示。

图 8-10 港口六大作业区介绍

为了完成上述生产作业过程的全自动化、信息化和智慧化，某沿海城市码头联合当地电信运营商探索"5G＋智慧港口"建设。而"5G＋智慧港口"的关键在于构建全连接的无线网络，对港口运输要素实现全面感知，从而进行自动化调度。在港口作业中，自动化管控中心和操作人员可以通过移动终端对现场进行视频安全监控、实时数据采集、远程处置调度等操作。这些操作要求网络具备可靠的低时延，要能实时访问云端的数据，并要求系统具备高等级的信息安全防护，因此，需要通过"5G＋智慧港口"建设的方案来解决。

（1）港口作业流程

集装箱在港口的流转采用"闸口—场桥—集卡—岸桥"的工艺系统，涉及水平运输和垂直运输两大类运输系统。

集装箱码头作业区域分为装卸作业、堆场作业和闸口作业三大区域。港口作业流程平面如图 8-11 所示。

图8-11　港口作业流程平面

港口作业的工作流程如下。

① 船到岸，通过岸桥装卸（垂直运输）。

② 内集卡/AGV/跨运车将货物运到堆场（水平运输）。

③ 场桥（轮胎吊/轨道吊)/卸货/装货到外集卡（垂直运输）。

④ 进/出海关闸口（外集卡，水平运输）。

港口作业流程示意如图 8-12 所示。

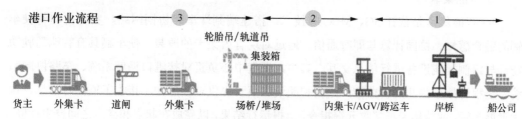

图8-12　港口作业流程示意

"5G + 智慧港口"建设的关键在于构建全连接的无线网络,对港口运输要素实现全面感知,从而进行自动化调度。在港口作业中,自动化管控中心和操作人员可以通过移动终端对现场进行视频安全监控、实时数据采集、远程处置调度等操作。这些操作要求网络具备可靠的低时延,要能实时访问云端的数据,并要求系统具备高等级的信息安全防护。

(2)码头应用场景

① 龙门吊远控

5G 轮胎龙门吊远控是借助大带宽、低时延的 5G 网络,将大型集装箱作业机械的自控系统状态信号、定位信号、视频监控图像信号等信息实时传到后方中控室,由远端中控室的操作司机利用 5G 回传的高清视频流信息和设备状态信息对港机进行远程控制,驱动港机自动运行起升、小车、大车等机构,使其精准对位目标位置,实现远程开展装卸集装箱作业。港机远控场景应用方案主要包括视频模块、自动化控制模块、远程操作控制模块和通信模块等部分。码头应用场景示意(龙门吊远控)如图 8-13 所示。

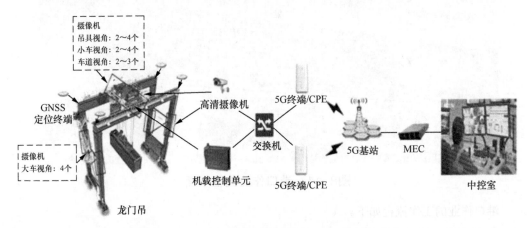

图8-13 码头应用场景示意(龙门吊远控)

龙门吊远控的指标要求如下。

- 龙门吊远控单台上行带宽为 30Mbit/s。

- 时延标准(对齐光纤标准)小于 48ms。

② 智能集卡

5G 智能集卡是依托 5G、MEC 等技术,搭建端到端车路协同网络,实现自动驾驶车辆的融合感知、协同计算与即时通信。通过对现有内集卡的改装,使车辆具有智能驾驶功能,与路侧智能设备进行信息交互。其中,调度中心负责对接港口调度系统、车路协同系统、全程管控车辆和后台监控,路侧智能设施负责提供辅助感知、接收车辆实时信息、调度附近车辆,智能集卡车接收云端指令,上报运行结果,以完成在起点和终点之间自主行驶。智能集卡场景应用方案主要包括车路协同、高精度定位、高精度地图、集卡自动控制和通信等模块。码头应用场景示意（智能集卡）如图 8-14 所示。

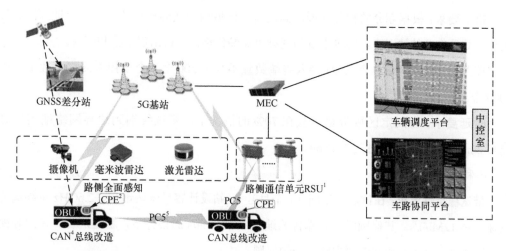

1. RSU（Remote Switching Unit，远端交换单元）。
2. CPE（Customer Premise Equipment，用户驻地设备）。
3. OBU（On Board Unit，车载单元）。
4. CAN（Controller Area Network，控制器局部网）。
5. PC5（Proximity Communication，在 5G 和 LTE 移动通信系统中，PC5 是一种设备间直接通信的技术）。

图8-14 码头应用场景示意（智能集卡）

智能集卡的指标要求如下。

* 集卡对位：1080P，1Mbit/s 码流，"实时 + 远程录像" 共 8 路，合计为 8Mbit/s。
* 可以进行码头场景业务需求分析。

a. 业务时延和容量需求

业务时延和容量需求见表 8-5。

表8-5 业务时延和容量需求

应用场景分类	场景描述	整体需求描述	网络需求		
			网络双向时延	传输速率	可靠性
基于视频远程控制	远程操作场景（控制部分）	低时延、高可靠	< 30ms	50 ～ 100kbit/s	99.999%
	远程操作场景（视频部分）	低时延、高可靠、大带宽		10 ～ 200Mbit/s	99.9%
车联	港区内自动集卡场景	低时延、高可靠、多客户端、信号有遮挡	< 50ms	10 ～ 200Mbit/s	99.9%
监控视频	大数据流量监控场景	大带宽、多并发	< 200ms	2 ～ 4Mbit/s	99%
传感采集	低功耗传感器通信数据采集场景	多并发	尽量保障	尽量保障	90%

b. 性能要求

带宽要求：根据划分的物理区域，满足每个区域内带宽的设计要求，并保证各区域最大机械数量作业的情况下，同等带宽的视频可流畅传输，不得出现卡顿和断流。

接入用户数要求：单个 AAU 接入终端数量不少于 500 个，全场接入终端总数不少于 2000 个。

时延要求：在规定区域带宽负载在 70% 的情况下，测试终端到边界网络端到端时延 ≤ 20ms，空载情况下时延 ≤ 15ms。

c. 稳定性要求

带宽稳定性要求：在试运行期间（1 个月），基站设计容量未达饱和、2.6GHz 单终端传输速率 ≥ 12Mbit/s，其他频段单终端传输速率 ≥ 30Mbit/s 的条件下，稳定运行，在同等视频带宽要求下，不得出现画面中断、卡顿问题。

丢包率要求：随机移动状态下，保证漫游成功率在 98% 以上，互联网分组探测器（Packet Internet Groper，PING）包（包大小为 32byte）的丢包率小于等于 5/10000。

区域内的客户端不受单个 AAU 故障影响，可在 20s 内切换连接至其他站点。

无故障事件时限要求：在有业务负载的条件下（负载不超出设计要求），5G 专网连续运行 1 个月无故障。

d. 安全需求

- 5G 网络为用户专用网络，与其他租户隔离。
- 专网不得与互联网通信。
- 业务数据不出园区。

（3）某沿海城市招商国际码头场景端到端方案

① 港口场景端到端总体方案

基于省级 5GC 进行信令承载，各类业务数据通过 CPE 上联到 5G 基站，部署独享 UPF 进行园区数据下载，通过 N6 接口访问企业内网。基于容量和覆盖要求进行无线网络设计，通过空口时延优化、UPF 下沉实现超低时延。

下沉式 UPF 网络拓扑如图 8-15 所示。

② 网络解决方案

a. PLC 控制数据双发选收方案

对轮胎龙门吊进行双发选收改造，彻底解决丢包跳控问题，进一步保障业务安全运行。双发选收方案实现原理如图 8-16 所示。

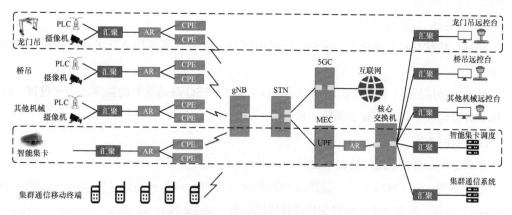

图8-15　下沉式UPF网络拓扑

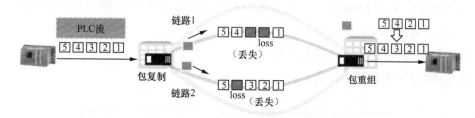

图8-16　双发选收方案实现原理

b. 无线网方案

采用 SA 专网方式进行组网，根据客户容量需求，建设 12 个站点、25 个小区；AAU 均部署在码头内的灯塔上，BBU 部署在码头的机房中。

无线频段采用"3.5GHz + 3.6GHz"双频组网，3.5GHz（7D3U）小区单用户上行双流理论峰值约为 378Mbit/s；考虑多用户接入和码头业务场景，单小区上行容量预计为 240Mbit/s，双载波组网上行容量超过 400Mbit/s，能够满足客户业务需求。

另外，从以下几个方面做好无线优化。

● 容量优化

载波叠加：每小区叠加双载波，带宽利用率最大化，单小区带宽扩展至 200MHz，总容量增加 1 倍。

负载均衡：各小区载波间负荷分担，改善单载波负载过高的问题，提升载波利用率。

● 可靠性、时延优化

特性参数优化：无线侧部署 21B 版本高可靠、低时延参数，开启上行预调度，调整预调度时长和资源大小，可以缩短端到端时延近 30ms。

无线信号调优：园区内信号精细化调优，提高 5G 覆盖率和网络质量，减少由于无线信号问题导致的时延和丢包。

- 稳定性（切换）优化

网络结构优化：合理设置切换带，园区内所有小区进行邻区核查及增补，提高切换成功率。

信号纯净度提升：协调中国联通减弱园区外，公网 5G 基站信号的强度，合理设置天线功率、方位角和下倾角，减少同频干扰。

c. 核心网方案

部署方案：UPF 下沉，数据不出园区，满足低时延业务需求。

分流方案：园区网络专用，园区用户附着激活后由会话管理功能（Session Management Function，SMF）根据"单个网络切片选择协助信息（Single-Network Slice Selection Assistance Information，S-NSSAI）园区 DNN"选择园区 UPF 主锚点，对园区业务进行本地流量卸载。

设备选型：华为 E9000H-2，10Gbit/s 吞吐能力 [2 万协议数据单元（Protocol Data Unit，PDU）会话处理能力]，满足业务容量和连接数需求。

容灾方式：静态 IP 地址 + 主备容灾。

核心网设计方案如图 8-17 所示。

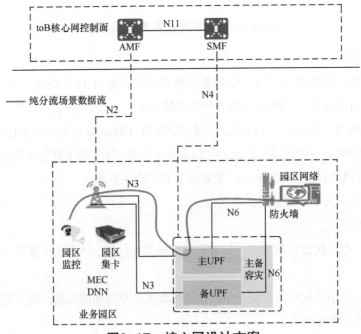

图8-17　核心网设计方案

- 资源规划

切片设计: 针对专网业务, 本次规划 1 个专用切片进行专网业务和公网业务数据的隔离。不同类型 5G 终端接入 5G 基站, 将公网业务和专网业务映射到不同切片, 保证专网用户业务不出园区。

DNN 设计: 按照规范设置 DNN 为 nbdxzsmt.zj.IoT。

IP 设计: 采用静态 IPv4 设计, 在开卡时, 绑定特定 IPv4 地址, 终端每次激活会话后 IP 地址固定不变, 方便服务器根据 IP 地址与终端进行业务交互。

QoS 设计: 通过园区业务需求分析, 监控摄像头等相关业务签约默认 5QI[1]=9, PLC 远程控制对交互实时性要求最高, 优先级相对较高, 签约 5QI=6。

d. 承载网方案

- 承载网需求

基站、UPF 到 5GC 的互通: N3 接口与 RAN VPN 打通, 实现基站与边缘 UPF 互通; N4、N9 接口与 EPC VPN 打通, 实现 SMF、UPF 与边缘 UPF 互通。

网管打通: 边缘 UPF 的网管接口与 Outband VPN 打通, 与集团 5G 采控平台、核心网网管打通。

客户互通: N6 接口与园区网络打通。

- 承载网方案设计

企业园区内新建一对入驻 A 设备。与上联 STN-B 按承载网规范组接入环, 与数据中心网关 (Data Center Gate Way, DCGW) 通过 trunk(端口汇聚) 口 (2×10GE) 对接。

入驻 A 与电话交换网络 (Switched Telephone Network, STN)-B 之间配置主备 L2 PW 隧道, 在 STN-B 上做 "L2 + L3" 终结 CDMA-RAN、toB_RAN、CDMA-Outband、CDMA-EPC VPN, 将其部署在 B 设备上, 通过开不同的子接口实现与 DCGW 对接。

DCGW 与企业内网通过 4×10GE 光纤拉通, 实现 N6 流量不出园区。

承载网设计方案如图 8-18 所示。

e. 网络安全方案

专网采用内 / 外置防火墙、切片隔离、主备 UPF 冗余性保护等措施, 保障业务安全。

省中心 5GC 与园区下沉 UPF 均部署防火墙, 抵御跨域攻击。

toB 核心网所在的省 5GC 部署防火墙, 抵御外部攻击; 入驻式 UPF 部署 DCGW 旁挂防火墙, 对进出 UPF 的 N6 用户面业务进行网络防护。

---

1. 5QI (5G QoS Identifier, 5G 业务质量标识)。

组网图例说明:

N3	--------
N4	....
N9	— — —
N6	—·—·—

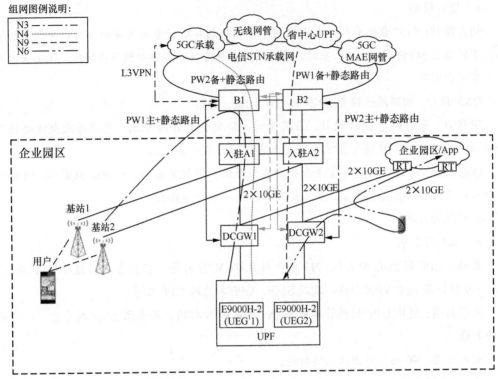

1. UEG（User Equipment Group，用户设备组）。

图8-18　承载网设计方案

- 网络切片提供安全隔离

采用专用切片进行业务保障，切片内采用独享主备 UPF 设备，入驻 UPF 放置于客户机房，数据不出园区。

- 主备 UPF 冗余性保护

入驻式 UPF 采用"静态地址签约 + 备份通用路由封装（Generic Routing Encapsulation，GRE）隧道 + 主备容灾"，确保网络可靠。

8.1.3　5G 网络共建共享成效总结

1. 成果展示

自 2019 年 9 月签署 5G 网络共建共享协议、5G 商用以来，中国电信与中国联通以新发展理念指引 5G 发展，把满足客户需求、提升客户体验作为 5G 发展的出发点和落脚点，成功走出了一条中国特色的 5G 网络建设、规模发展和运营之路。中国电信联合中国联通已建成业界规模最大、速率最快的全球首张 5G SA 共建共享网络。截至 2022 年 7 月底，中国电信和中国联通累计建设约 96 万个基站，其中，中国电信建设约 50 万个基站，中国联通建设约 46 万个基站。

5G 网络共建共享实现了重点乡镇及以上区域连续覆盖。从室内外结构来看，以室外站为主，约 72 万个基站（占比 75%），室内分布系统约为 24 万套（占比 25%）；从室外站区域分布来看，室外站主要分布在市区、县城城区及发达乡镇驻地，占室外站规模比例达到 85% 以上，仅少量室外站分布于京津冀、长三角、珠三角等发达城市的发达农村。从室内分布系统的具体分布来看，主要位于城市区域的高、中业务场景，覆盖场景涵盖交通枢纽、地铁线路、高校、医院、商超、写字楼等人流密集且楼体较大的室内场景，与 4G 室内深度覆盖相比，存在一定差距。

5G 共建共享产生了巨大的经济效益和社会效益，两家电信运营商累计节约投资额约为 2400 亿元，每年节约运营成本超过 200 亿元、节电超过 100 亿 kW·h、降低碳排放约为 600 万吨。

双方聚焦新型信息消费、行业融合应用、社会民生服务三大领域，加速推进 5G 应用从"样板间"向"商品房"转变，针对行业客户发布了 5G 专网产品，基于 5G toB 立体网络架构，提供多种专网组网模式，构建 5G 专网集约化运营平台新基座。

中国电信与中国联通秉持国家"创新、协调、绿色、开放、共享"的新发展理念，在没有可借鉴经验的情况下，实现了 5G 建设中的多项创新，达成"一张物理网、两张逻辑网、4G/5G 高效协同、独立运营"的总体目标，并首创了 200MHz 共享的全球最高 2.7Gbit/s 的峰值体验速率，取得关键技术突破 15 项，自主创新取得近 500 项授权发明专利。其中，包括 50 多项专利合作条约（Patent Cooperation Treaty，PCT）授权发明专利；项目组主导制定了 12 项国际标准、8 项行业标准，获得了 2020 年中国通信学会科技进步一等奖、通信行业企业管理现代化创新一等成果、全球移动通信系统协会（Global System for Mobile Communication，GSMA）全球移动大奖、GSMA 亚洲移动大奖、2021 年德国 IF 工业产品设计奖等多项成果，实现了优势互补，提高了发展效能，有力推动了 5G 多维赋能千行百业，为世界数字经济发展贡献了宝贵方案。

2020 年 12 月 5 日，中国电信和中国联通联合申报的"5G 共建共享关键技术研究与产业化应用"项目荣获"2020 年度中国通信学会科学技术奖一等奖"。

2. 经验案例分享

（1）超级上行连片试点，打造"3.5GHz + 2.1GHz"高中频协同精品示范区

① 背景介绍

NR TDD 3.5GHz 独立组网场景，由于 gNodeB 下行功率大，而终端上行发射功率小，所以导致 TDD 上下行覆盖不平衡，上行覆盖受限。同时，TDD 载波上行和下行时分复用频谱资源用于上行的实际时频资源有限，导致用户上行体验不佳。北方某省中国电信与中国联通携手在试点超级上行连片，提升上行能力。

② 工作目标

规模部署 5G 超级上行，充分利用已有的 2.1GHz 频谱资源提升 5G 网络上行能力，满足对网络上行需求高的应用，打造"3.5GHz + 2.1GHz"高中频协同精品示范区。

③ 工作过程

超级上行通过将上行数据分时在 NR TDD 频谱和低频段 SUL 频谱上发送，极大地增加了 5G 用户的上行可用时频资源。

本次连片试点选取北方某地主城区域的 17 个站点，试验站点平均站间距小于 800m。通过 3.5GHz 和 2.1GHz 的高中频互补，在 TDD 3.5GHz 的基础上叠加 FDD 2.1GHz，通过 TDD 和 FDD 协同，在 3.5GHz 建网的基础上进一步提升 5G 网络的性能。

④ 实际成效

a. 室外定点测试结果

室外定点测试（平均 RSRP[1] > −100dBm）采样点 SUL 功能开启前后平均上传速率提升 74.7Mbit/s，平均值增益为 36.2%，峰值速率提升 83.59Mbit/s，峰值最大增益为 35.7%。

室外定点开通前后速率对比如图 8-19 所示。

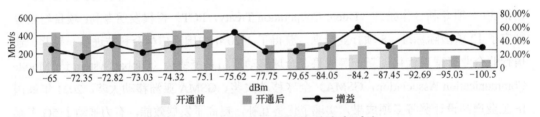

图8-19 室外定点开通前后速率对比

b. 室内定点测试结果

针对室内可进入场景居民楼道、酒店走廊和街边门店等多场景进行室内测试，开启前后采样点平均上传速率提升 8.8Mbit/s，增益提升 70.22%，峰值速率提升 16.43Mbit/s，增益提升 86.10%。

室内定点测试结果如图 8-20 所示。

---

1. RSRP（Reference Signal Received Power，参考信号接收功率）。

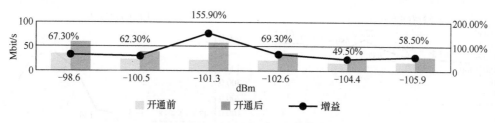

图8-20　室内定点测试结果

c. 整体区域路测

测试路线包含经过路线所有站点小区,开通超级上行小区采样点占所有采样点30%左右。

整体区域路侧(Drive Test,DT)开通前后峰值速率增益为54Mbit/s,提升16.56%,平均速率增益为49Mbit/s,提升42.71%。

DT结果见表8-6。

表8-6　DT结果

备注	超级上行未开通/(Mbit/s)	超级上行开通/(Mbit/s)	增益
超级上行小区采样点均值速率	138.25	222.36	60.84%
路测所有小区采样点均值速率	116.12	165.72	42.71%

d. 超级上行连片区域DT

选择超级上行试验站点较为密集区域,测试路线中涉及超级上行共4个站点,开通的超级上行小区涉及11个,路测采样点占比为75%左右。

其中,超级上行小区路测速率由173.38Mbit/s提升至266.08Mbit/s,整体速率增益为93Mbit/s,提升53.47%。

超级上行连片区域DT见表8-7。

表8-7　超级上行连片区域DT

备注	SUL功能关闭/(Mbit/s)	SUL功能开通/(Mbit/s)	增益
超级上行小区采样点均值速率	173.38	266.08	53.47%
路测所有小区采样点均值速率	156.43	238.5	52.46%

e. 性能影响评估

所有开通站点(NR有17个站点,37个小区)的宏观指标分析,NR下行话务保持平稳,上行业务因近期功能验证测试业务量、速率等明显提升。

性能测试结果如图8-21所示。

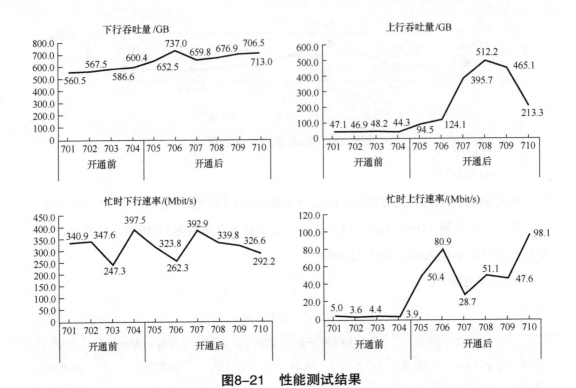

图8-21 性能测试结果

⑤ 思考总结

本次试点充分验证了 5G 超级上行连片部署的成效，充分发挥中国电信和中国联通 "3.5GHz + 2.1GHz" 高低频协调组网优势，通过时频域聚合，全面提升用户上行体验，进一步满足用户对上行速率的需求，推动 5G 行业应用的进一步广泛开展。

（2）综合利用双方资源低成本破解 5G 建网难点

① 背景介绍

中国电信和中国联通 5G 共建共享建网初期，面临多网、多制并存，成本居高不下的复杂无线网络状况，如何满足 5G 天面需求，成为双方 5G 共建共享工作一个亟须解决的问题。

② 工作目标

通过工作中多种低成本方式天面整合的案例介绍，制定满足 5G AAU 安装条件的解决方案。

③ 工作过程

a. 中国联通腾让站址，使用合路器共用中国电信天线

● 此站点为中国电信和中国联通共用站址、站型，中国电信天线位于第一平台，为集束天线，中国联通天线位于第二平台和第三平台，分别为 LTE 1800MHz 和 900MHz。

该站已无空间资源进行 5G AAU 安装和天线替换。

该站某一扇区方向主要覆盖住宅小区，要保障中国联通 L900 频段对该小区深度覆盖有较大作用。

- 经过双方充分沟通和研究，建议中国联通保留 L1800 天线，拆除 L900 天线，腾让抱杆资源用于 5G AAU 安装，同时，为了避免小区信号覆盖能力下降，中国联通在灯杆采用临频合路器与中国电信设备合路共享 1800MHz 频段天线，解决小区覆盖问题。

b. 替换多端口天线，整合天面资源

- 此站点为中国电信和中国联通共用站址、站型、楼面塔。

该站的天线、设备多，天面拥挤，无空间、抱杆资源安装 5G AAU，该站中国联通 1 平台安装的是 4G 天线，3 平台安装的是 3G 天线。基站天面资源示例如图 8-22 所示。

图8-22　基站天面资源示例

- 经过双方充分沟通和研究，建议中国联通整合天线，空出 3 平台抱杆安装 5G RRU，3G RRU 搬迁至 1 平台，将原 4G 天线替换为 1800 ～ 2100MHz 的 4 端口天线。

c. 替换老旧设备，合并天线

- 此站点为中国电信和中国联通共用站址、站型、落地景观塔。

该站 1 平台、2 平台、3 平台均已安装设备和天线，无空间、抱杆资源安装 5G AAU，该站中国联通 4G 天线为 4 端口天线，3G 为老旧机柜设备。

- 经过双方充分沟通和研究，建议将 3G 机柜拆除，替换为 3G 拉远设备，RRU 上塔，与 4G 的 4 端口天线合路，空出 2 平台供 5G AAU 安装。

④ 实际成效

5G 建网初期，5G 站点选址多为利旧现网已有站址，面对现有站址多网、多频段、多制式的现状，平台、抱杆资源紧缺，给 5G AAU 安装带来了困扰，中国电信和中国联通 5G 共建共享工作中充分结合现场实际情况，在不影响现网 4G 及 2G\3G 覆盖的前提下，利用邻频合路器、多频多端口天线、老旧设备升级等手段，同时利用双方站址、天面和设备资源，以低成本整合现网天面，破解 5G 建网难点。

⑤ 思考延伸

目前，该地已通过利用邻频合路器、多频多端口天线、老旧设备升级等手段，攻克了不少 5G 建网难点。本创新应用场景广泛，各地可根据地方现场天面的具体情况，采用合理的建设方案。

●● 8.2 4G 网络共建共享的实践

8.2.1 4G 共建共享的挑战

随着 5G 在中国规模商用的推进，伴随着 4G 网络业务迁转至 5G 网络，4G 网络的需求将会逐年减少，电信运营商之间的 4G 网络合并将成为一种趋势。在今后一段时间内，尤其在广覆盖上，仍有 4G 网络的需求。低成本完善 4G 网络覆盖、降低网络 TCO，使电信运营商网络覆盖互补，从而进一步提升网络竞争力，使其成为新一阶段的网络演进方式。在不影响现网质量的前提下，以节省建设投资、降低运营成本、提升网络竞争力为目标，在低话务区域共建共享（包括低频网络共享、深度覆盖在内的存量室内分布开放共享、区域网络合并），逐步形成一张 4G 打底网，达到 TCO 最优、提升资源效率、快速改善网络感知、降低运营成本的目的。

结合中国电信和中国联通 4G 网络实际情况，2023 年双方继续进行 4G 深度合作，实现共建共享，合作共赢。

8.2.2 4G 共建共享实施要求

4G 共建共享实施要求可分为多个方面，具体说明如下，可作为工程实施的参考。

1. 组网要求

原则上，以一方为主整片共享，尽量避免出现共享"插花"（双方共享站点相邻）现象，否则，切换策略设置复杂，且难以避免对现网用户的感知影响。高铁、地铁等场景应保持同一载波覆盖的连续性，保证切换性能。

2. 共享要求

共享初期尽量不选择已共享的 NSA 锚点站，规避 4G 锚点共享与 4G 普通共享站区域重叠。目前，阶段性地开展 1.8GHz 和 2.1GHz 共享，逐步根据网络能力、运行分析等可行性双方协商开展 L800/900 共享试点，为低业务区全面关停 L1.8GHz 奠定基础。双方全面对接双方 4G 室外、室内站址资源，梳理存量互补、存量共址（含近址），为 4G 共享和 5G 选址提供全面、准确的现网资源库。对于站址合并场景，4G 共享方设备先"下电"，确保满足用户感知后方可拆除。对于共址合并的站址，优先选择协议年限到期的站址退租，减小退租后可能产生的新增塔租成本。

3. 规划要求

双方统一频率规划，加强站址重构，退掉次优站址，同时整合天面，腾退次优天面。

4. 频率要求

针对中频段共址站点，基于双方业务的发展，该站点 2022 年年底的物理资源块（PRB）利用率满足共享后双方业务需求。

5. 扩容要求

共享后出现高负荷问题，双方协商进行优化疏忙，如果无法解决该问题，则由承建方负责扩容。

6. 优化要求

优化同步跟进，双方统一数据配置（其中，基站侧保持共享小区 QCI 一致，确保双方业务调度的优先级相同、占用资源公平），定期核查，确保共享后网络质量和双方用户业务感知一致。

7. 承载要求

双方承载网本地网互通，包括 4G 共享站到新增融合 UPF 路由，利用已有 5G 网络互联互通链路满足 4G 互联互通需求，后续按需扩容。

8. 业务要求

4G 共享小区需确保双方 VoLTE 用户和非 VoLTE 用户的语音业务感知，中国电信共享站需配置电路域回落功能，中国联通共享站点需配置 SvLTE（多模多待）功能。

9. 配置要求

无线网终端接入控制器（Terminal Access Controller，TAC）、eNB ID 的配置与 5G 共建共享的单锚点基站相同，遵循双方公司制定的相关工作要求。当前，中国电信和中国联通的无线操作维护中心（Operations and Maintenance Centre-Radio，OMC-R）网管数据交互对接，通过省层面部署，实现无线 OMC-R 网管终端的相互反拉，同时双方需统一共享站点的网管数据交互内容和维护标准。

10. 资源要求

全面对接双方 4G 室外、室内站址资源，梳理存量互补、存量共址（含近址），为 4G 共享和 5G 选址提供全面、准确的现网资源库。

11. 退租要求

对于共址合并的站址，优先选择协议年限到期的站址退租，减小退租后可能产生的新增塔租成本。

8.2.3　4G 共建共享工作流程

整体流程双方参照数据交互、站点选择、站点开通、测试、性能监测与优化等步骤进行。共建共享工作流程如图 8-23 所示。

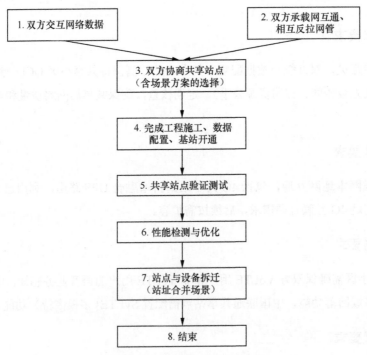

图8-23　共建共享工作流程

8.2.4 4G 共建共享场景分析

在 4G 共建共享实施要求的基础上，农村、郊区等原有低业务负荷的区域，双方覆盖互补、站址合并、新建站点 3 类场景开展项目对接，推进 4G 共建共享，提升资源使用效率。

① 覆盖互补场景

对于一方 4G 覆盖、另一方 4G 无覆盖场景，选择现网低负荷区域双方存量站点实施共享，达到双方覆盖互补的目的。我们建议选择低负荷区域，例如，农村和低负荷室内分布站点，优先选择忙时 PRB 利用率低于设定门限（例如，小于 10%）的小区，优先采用共享载波方式；对于现网负荷高的小区，务必谨慎采用。

② 站址合并场景

对于双方在某区域上均存在低负荷站点（同站址或站点相近），通过双方协商将两个站点合并，其中一方的站点搬迁，我们建议优选自忙时 PRB 利用率低于设定门限（例如，小于 10%）的站点，优先采用共享载波方式。

对于双方现网共存无源室内分布的楼宇，双方均为单路室内分布，需综合考虑业务负荷、单路室内分布条件等因素，分类实施。在中等业务区域，经综合评估双方单路室内分布天线间距、天线输出口功率、信源功率裕量等条件可行后，可利旧双方单路室内分布实现双路室内分布（后续可通过基站升级实现室内双路 5G 覆盖）。在低业务区域，可一方开放共享，另一方关闭系统，合并为一套室内分布系统。

有空闲端口 4G 信源场景如图 8-24 所示，新增合路器、空闲端口通过合路器连接对方室内分布，从而双方均形成双路室内分布。

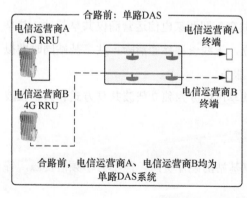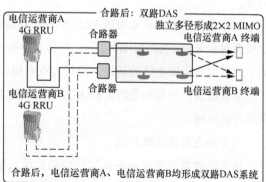

图8-24 有空闲端口4G信源场景

无空闲端口 4G 信源场景如图 8-25 所示，新增功分器和合路器，功分后通过合路器连接对方室内分布系统，从而双方均形成双路室内分布。

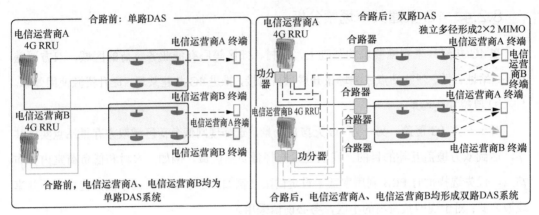

图8-25　无空闲端口4G信源场景

③ 新建站点场景

该场景是指双方在同区域均存在新建规划站点，仅由一方完成建设，并在该新站址上通过共享实现双方规划目标。

新建站点可选择共享载波或独立载波方案。其中，共享载波主要适用预估负荷较低的区域，例如，农村、低负荷室内分布、广覆盖道路基站等，避免设备共享后出现高负荷情况。

1. 载波共享方案比对

共建共享可在原有共铁塔等配套的基础上，升级为共享基站设备。

共享方式的选择：单个基站同时虚拟为多家电信运营商的基站，同时为双方用户服务，一种为多运营商核心网（Multi-Operator Core Network，MOCN），多电信运营商仅共享 RAN，核心网独立；一种为网关核心网（GWCN）。除了共享 RAN，还共享部分核心网网元。

中国电信和中国联通采用 MOCN 方式共建共享，即两家电信运营商仅共享基站。共享的资源包括天线、RRU、BBU 等，但核心网独立，无线资源界面清晰。共享基站同时虚拟为中国联通和中国电信的基站，同时为双方用户服务。

从载波资源配置的角度，MOCN 方式共建共享可以分为独立载波共享方式和共享载波共享方式两种。

（1）独立载波共享方式

独立载波共享方式是指两家电信运营商共享基站的硬件资源，但不共享频谱资源，各自拥有独立的载波资源。

电信运营商之间独立载波共享方案如图 8-26 所示，中国电信和中国联通双方各配置一个独立的载波，每个独立载波只广播各自电信运营商的 PLMN 号。每家电信运营商可以配置独立的小区级特性参数，基于每家电信运营商进行小区无线资源调度。中国电信和中国联通终端在各自独立的载波中运行各项业务，不需要考虑复杂空口资源分配和控制算法。双方各自使用自己的频点，保持与周边非共享站以同频组网为主，对天馈、核心网均无特殊要求。

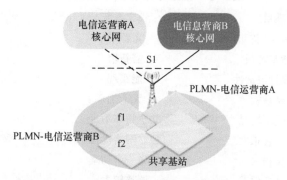

图8-26 电信运营商之间独立载波共享方案

（2）共享载波共享方式

共享载波共享方式是指两家电信运营商共享基站的硬件资源及频谱资源，拥有相同的载波资源，需要在同一个载波中增加无线参数、管理数据、回落方式、资源分配策略等。

电信运营商之间共享载波共享方案如图 8-27 所示。中国电信与中国联通双方配置一个共享的载波，双方用户共享同一段无线频率资源，需要协商分配空口资源，同时要求中国电信和中国联通用户的 QoS 采用相同的策略。被共享的载频需要广播两个 PLMN 号，以便两家电信运营商的 4G 用户都能接入，被共享的 4G 基站区分用户归属以转接不同的核心网。共享小区需要配置中国电信和中国联通的相应邻区，使用相同的小区级特性参数。部分参数可以按 PLMN 配置，具体参数需要协调。共享单载波的基站双方使用的是同一个频点，其中一方将引入异频组网。

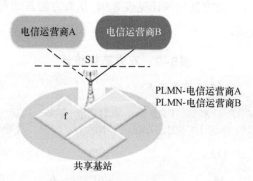

图8-27 电信运营商之间共享载波共享方案

因此，我们可以从投资、网优、维护、市场的角度，寻求载波共享方案的最优解。

独立载波和共享载波对比见表 8-8，从表 8-8 中可以看出，独立载波在网优、维护、市场方面表现更好，共享载波在投资方面更经济。各家电信运营商可以根据网络现状和投资策略，做出权衡的方案。

表8-8　独立载波和共享载波对比

比较	项目	独立载波	共享载波
投资	新增 License（许可证）	需新增	需新增
	新增基带板	需新增	不需要新增
网优	参数设计灵活性	能实现	不能实现
	切换性能	无干扰	有干扰
	带宽使用情况	共享频率不足	不受影响
	优化配合难度	独立网络优化	双方协调优化方案
	功率损失	损失一半功率	不受影响
	割接计费调整	调整较大	调整较大
维护	网管监控	需双方网管打通	需双方网管打通
	低零载扇数量	不受影响	减少低零载扇数量
市场	用户感知	不受影响	相互影响

2. 低业务区共建共享的探索案例

以某地市 4G 共建共享协商方案为例，双方主要以实施县城区域连片共享为主，其整体目标为对照 5G 承建区，提高双方 4G 的覆盖力度，降低网络规模和维护成本。

（1）双方现状分析

首先，考虑区域规模平衡。对照双方各自的 5G 承建区，利用天然的山脉等地理因素划分为双方共享载波覆盖区域，规模力争对等。双方共同框定共享载波覆盖区域，规划预留网络容量，以满足双方网络需求。

对双方基站进行统计，双方基站统计见表 8-9。从双方的基站利用率来看，电信运营商 A 区域的 PRB 利用率较高。

表8-9　双方基站统计

县城	频段／MHz	电信运营商 A				电信运营商 B			
		基站／个	PRB≤30%（小区）	PRB＞30%（小区）	总计／个（小区）	基站／个	PRB≤30%（小区）	PRB＞30%（小区）	总计／个（小区）
电信运营商 A 区域	L1800	41	112	8	120	24	83	4	87
	L2100	21	58	3	61	6	6	0	6
电信运营商 B 区域	L1800	39	88	30	118	29	79	1	80
	L2100	15	31	8	39	4	6	0	6

（2）整体覆盖目标

某地市电信运营商 A 和电信运营商 B 对照划片区域内的所有物理站点，采用由一方全量共享载波覆盖的方案。同时，为后续 5G 空出 2.1GHz 频段，考虑在本次同步完成 A 县城 2.1GHz 设备替换 1.8GHz。

在容量上，对照双方 PRB ＞ 30% 的小区，采用扩容共享 20MHz 二载波的方案。需要说明的是，A 县城内，电信运营商 A 有 11 个高话务小区，拟定解决方式为：A、B 两个县城本次共享可盘活 5 个小区独立载波 License，其余 6 个小区采用新增 RRU，并开通 1840 ～ 1860MHz、1860 ～ 1880MHz 两个 20MHz 双载波共享方式，不需要另外采购独立载波 License。

保留部分 L2100 RRU 应急扩容三载波用于保障超高话务区域的话务分担。

（3）共享实施效果

通过本次分区域共建共享，A 县城内覆盖率波动较小。由于 A 县城区域是电信运营商 A 共享给电信运营商 B，原有站点调整较少，网络模型无较大变动，所以通过参数及 RF 优化后，共建共享后覆盖率比共享前略有提升。A 县城共享实施效果如图 8-28 所示。

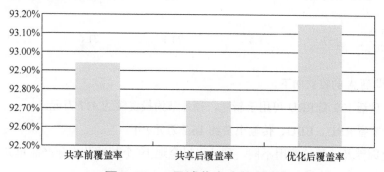

图8-28　A县城共享实施效果

B 县城属于电信运营商 B 共享给电信运营商 A 区域。由于该县电信运营商 A 的站点比电信运营商 B 多，所以电信运营商 B 需补齐 26 个站点。新建站点的方位角及下倾角均与电信运营商 A 有所差别，共享后存在较多异频切换的问题，直接共享后覆盖率明显下降。B 县城共享实施效果如图 8-29 所示。

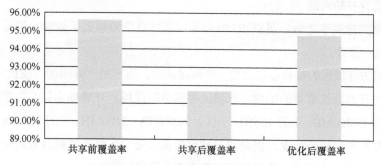

图8-29　B县城共享实施效果

（4）投入规模和效益

双方累计需投入 353 个 RRU 用于完成电信运营商 A 和电信运营商 B 区域的覆盖。其中，电信运营商 B 累计投入 127.1 万元（包含电信运营商 B 搬迁 24 个基站、157 个共享载波和 39 个扩容共享二载波），电信运营商 A 累计投入 51.25 万元（电信运营商 A 搬迁 4 个基站和拆除设备按维护成本计算，193 个共享载波和 6 个高话务扩容共享载波按投资计算）。双方规模效益统计见表 8-10。

表8-10　双方规模效益统计

覆盖区域	目标区域规模 RRU/套	共享载波（电信运营商 A 有 2000 个 / 电信运营商 B 有 2000 个）	高话务双载波共享（电信运营商 B 有 1.9 万个 / 电信运营商 A 有 2000 个）	搬迁费用 /（9000元/站）	累计投入 / 万元	盘活设备 / 套
电信运营商 A 区域	193	38.6	1.2	11.45	51.25	139
电信运营商 B 区域	157	31.4	74.1	21.6	127.1	10

电信运营商 A 的收益如下。

① 累计盘活 139 套 RRU 可用于新建，预计节约投资额达 417 万元。

② 预计节省 RRU、BBU、传输电费约 16.7 万元 / 年。

③ 租金因涉及的每站费用不同，预计可以全退 19 个基站及部分产品单元的租金，预计节省费用达 27 万元 / 年。

④ 该方案电信运营商 A 比电信运营商 B 多共享 39 个扇区，预计结算收益达 6.4 万元 / 年。

以上②③④项预计每年节省 50.1 万元，节省的这些费用当年可回收当作投资。

电信运营商 B 收益：扩容 A 县城和 B 县城共覆盖 186 个小区。

（5）目前存在的问题

双方网络共建共享之后，虽然 4G 低业务区域站点资源得到了盘活，但是仍有一些问题需要后期进一步跟踪。

例如，双方在城区的替换会带来较大的网络波动，用户的"阵痛期"较长。

受设备可开通载波数量的影响，在城区等高负荷区域，开通独立载波共享前，电信运营商 B 需减容 L1800MHz 中的 10MHz 小区，同步新增 L2100MHz 中的 20MHz 小区。

话务超高密度的校园场景，仍需双方独自覆盖（受设备可开通载波数影响，单站点电信运营商 B 可开通 3 个载波，共享后仅可开通 2 个载波）。

（6）未来的发展

随着双方 5G 网络共建共享的加速实施，4G 已进入资源盘活、优化调整阶段。低业务区 4G 网络共建共享主要以双方节省投资与运维成本、存量共享最大化原则，实现最大规模共享，促进电信运营商 A 降低成本、电信运营商 B 扩大覆盖面的目标。双方对网络调整和施工最小化，加大"站址合并"场景共享，加大 4G 关电和拆站力度，在确保网络质量不下降的前提下，能关尽关，能拆尽拆。

未来，双方将进一步扩大 4G 网络共建共享的范围，充分发挥双方网络资源互补优势，低成本持续完善 4G 网络覆盖。

3. 电信运营商 A 和电信运营商 B 典型的 4G 整县全量共享整合案例

（1）背景介绍

2019 年 11 月，北方某省电信运营商 A 和电信运营商 B 分公司依托 5G 网络共建契机，深入推进 4G 网络共建共享，结合双方集团启动的 4G 网络共建共享工作，2020 年 1 月—6 月在低业务区共享和新建全量共建工作中取得阶段性成果。

北方某省电信运营商 A 和电信运营商 B 分公司在思路上深入探索，在保障感知的前提下，分区域、分场景、分阶段逐步推进室外 L1800MHz 和室内分布 L2100MHz/L1800MHz 网络的整县全量共享整合，整合设备的同时解决"插花"干扰问题。

（2）工作目标

在保障感知的前提下，以县为单位选择一方主导，单方站址共享互补覆盖，双方站址合并关拆，设备盘活利旧，降低投资成本压力，打造覆盖最好、感知最佳、TCO 最优的 4G 精品网。

（3）工作过程

① 整县共享思路

a. 室外共址 / 邻近站

主导方开通共享载波，协同方根据负荷考虑退网或共享。

b. 室外独址站

现有设备方开通共享载波。

c. 室内分布

双方共址或独址的 1.8GHz/2.1GHz 小区全部共享；如果双方室内分布覆盖重合、负荷允许、具备整合条件的区域，LTE2.1GHz 设备可以适当下电。后续 2.1GHz NR 在城区住宅场景建设后，根据区域主建、业务负荷等因素，实施 2.1GHz 重耕及考虑 1.8GHz 补点。

d. 扩容

扩容门限为共址站双方忙时，PRB 利用率之和大于 65%，独址站大于 45%。独址站扩容原则上由设备方实施，利旧第二载波共享，不提供独立载波。

e. 效果评估

共址站协同方的可整合小区先下电,观察两周后再正式关停。在传统高业务区域先双开共享,运行较长时间(例如,至春节后)后再分析关停。

② 实施步骤

2020 年 9 月至 2021 年 1 月完成第一批共 29 个县全量共享整合。其中,电信运营商 A 承建 15 个县,电信运营商 B 承建 14 个县。

2021 年 5 月完成第二批共 35 个县全量共享整合。其中,电信运营商 A 承建 17 个县,电信运营商 B 承建 18 个县。

2021 年已完成累计超过 100 个县的全量共享整合。

(4)实际成效

① 覆盖范围提升,节约投资

电信运营商 A 室外站点新增了 1742 个,覆盖范围提升 44%,室外投资额达 2144 万元,相比自建投资可节约 8308 万元。

信号覆盖率良好的村庄增加了 439 个,减少信号弱覆盖的村庄达 216 个。

各县综合 MR 覆盖率均有所提升,整体提升率达 2.78%。其中,共享区县的共享实施效果如图 8-30 所示,承建区县的共享实施效果如图 8-31 所示。

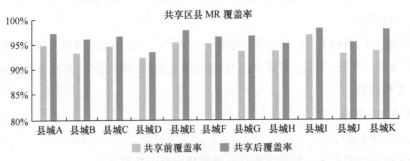

图 8-30　共享区县的共享实施效果

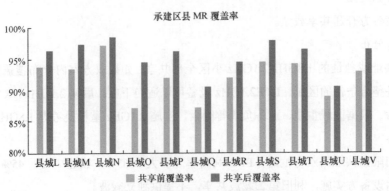

图 8-31　承建区县的共享实施效果

② 成本节约

整合拆站，成本降低达 526 万元 / 年。其中，租金为 204 万元 / 年（按 30% 退租考虑），电费为 322 万元 / 年（核减扩容设备电费）。

共享电信运营商 B 站址，降低新建成本增长为 4729 万元 / 年。其中，租金为 3484 万元 / 年，电费为 1245 万元 / 年。

③ 盘活设备

电信运营商 A 整合基站 831 个，拆除 1745 台 RRU，后期计划减租 341 个基站，RRU 可盘活利旧 1609 台，节约设备投资额约为 4000 万元。

④ 网络平稳

基站共享后，PRB 占用率整体提升 1.37%。其中，承建县提升 1.36%，共享县提升 1.27%；60% 以上的小区有 40 个，占比为 0.29%。承建区县下行 PRB 占用率如图 8-32 所示，共享区县下行 PRB 占用率如图 8-33 所示。

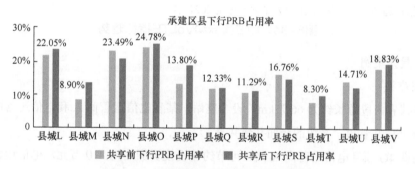

图8-32 承建区县下行PRB占用率

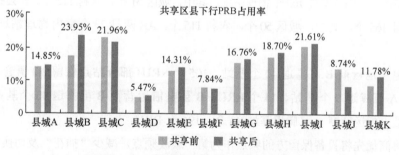

图8-33 共享区县下行PRB占用率

共享前后，LTE 指标和 VoLTE 指标整体平稳。共享开通初期，S1 接口成功率出现细微波动，优化后恢复正常。LTE 指标和 VoLTE 指标趋势如图 8-34 所示。

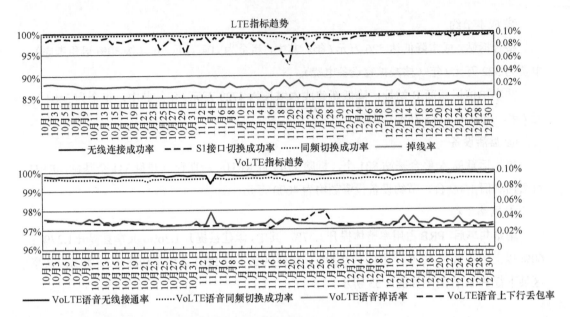

注：LTE 指标趋势、VoLTE 指标趋势测试年份是 2021 年。

图8-34　LTE指标和VoLTE指标趋势

（5）具体案例

① 某高铁

某高铁省内段总长约为 66.73km，设 3 座站。某省电信运营商 A 和电信运营商 B 分公司实现 4G/5G 和管道、光缆的全面共建共享。

某高铁 4G 项目电信运营商 A 预计可节约建设投资额约为 810 万元，电信运营商 B 预计可节约建设投资额约为 127 万元。

② 某地级市两县全量共享整合

A 县整合后，保留室外 163 个物理站址，其中，城区 51 个，农村 112 个。B 县整合后，保留物理站址 165 个，其中，城区 50 个，农村 115 个。AB 两县 23 个室内物理站址分布全部保留。

A 县电信运营商 B 可腾退 40 个基站、105 个 RRU（部分站点保留 2G 语音）；A 县电信运营商 A 可腾退 9 个基站、14 个 RRU；B 县电信运营商 B 可腾退 40 个基站、105 个 RRU；B 县电信运营商 A 可腾退基站 80 个、196 个 RRU。

双方协商优先将设备保留方的频点作为第一载波频点，减少"插花"及切换影响。

③ 跟踪区域码割接

双方在 2020 年 2 月共同制定了某省电信运营商 A 和电信运营商 B 分公司跟踪区域码（TAC）规划调整方案，为了避免地市间出现冲突，并方便核心网操作，进行分批修改。

第 1 批：优先修改"收缩型割接"，在原有 TAC 分配基础上收缩占用，修改不涉及地市间交叉，同时，为了方便核心网操作，挑选占用 TAC 前两位相同的地市进行修改。

第 2 批：修改"经现网核实无占用的割接"。这些地市新规划的 TAC 在现网当前均无占用，且 TAC 前两位相同。

第 3 批：前两批修改后，其占用的 TAC 被释放，于第 3 批进行修改。

第 4 批：现网某地市单独占用一段。

第 5 批：全网同时将 NB（NodeB，3G 基站）小区按规划割接至 10 段和 12 段。

第 6 批：新规划的 TAC 段涉及的地市放在最后一批修改。

每次 TAC 割接后，不同的边界都会因更新不同步出现问题，因此，割接前需同步通知与本省、本地市、本厂家有边界的另一方进行同步修改，并在割接完成后及时核查，关注边界指标。地市负责沟通协调与本地市边界问题（含省际、省内、异厂家）。

④ 1800MHz 频段翻频

目前，大部分电信运营商 B 的 RRU 不支持电信运营商 A 下行 1875～1880MHz 频段，导致高话务区域开二载波共享的小区无法实现"20MHz＋20MHz"的带宽资源。为了改善高业务小区双方用户感知，使电信运营商 B 的 1800MHz 频段整体下移 5MHz，即下行采用 1835～1875MHz（其中，电信运营商 B 1835～1855MHz，电信运营商 A 1855～1875MHz）。

重耕后，与周边未重耕区县 1.8GHz 频率异频，同频切换将变为异频切换，因此，边界小区 A1A2 门限需进行优化调整，避免切换不及时。

需要扩容 1800MHz 二载波的热点区域，扩容的二载波与电信运营商 A 周边保留小区的 PCI 要有足够的复用距离（城区为 5km，农村为 10km）。

重耕后，接通率、掉线率、切换成功率等关键绩效指标（Key Performance Index，KPI）基本持平，高负荷区域频率资源提升 12.5%，用户体验速率较 15MHz 带宽小区理论速率提升 25%，缓解负荷压力，提升用户感知。

（6）案例思考

① 4G 共建共享结算

尽快完成 4G 共建共享结算协议，引导共建共享规范和规模发展，减少财务风险和审计风险。

② 后续工作计划

继续贯彻 4G 全量整合，充分考虑 2.1GHz 重耕的频率清退需求，进一步深化 4G 共享和并网，双方优势资源互补，提升网络竞争力。双方由联合运营迈向共优共维，提高运营效率，总体实现 4G 网络提质降本的目标。

4. 4G 互补式共建共享试点案例

（1）4G 互补式共建共享方案介绍

以某地级市区域作为试点，该区域电信运营商 A 在共建共享试点方案的基础上，按计划推进，在 2022 年 5 月中旬以前，完成 A 县西部 6 镇和 B 县东部 5 镇的 4G 互补式共建共享试点工作。通过本次共建共享试点，该地市电信运营商 A 总计完成 266 个室外宏基站的共建共享，地市电信运营商 B 总计完成 248 个室外宏基站的共建共享，同时，地市电信运营商 A 拆除 41 个室外宏基站用于新建 4G 站点。

（2）4G 互补式共建共享总体原则

① 共享区域内，电信运营商 A 与电信运营商 B 保留的站点全部开通共享，共享方式为共享载波。

② 共享区域内，电信运营商 A 与电信运营商 B 形成同一张基础覆盖网络。

③ 电信运营商 A 与电信运营商 B 非共站址的站点（超过 200m），采取保留站点的措施，同时开通共享，扩大覆盖范围。

④ 电信运营商 A 与电信运营商 B 共站址的站点（小于 200m），综合双方的 PRB 利用率，一般情况下，如果拆除一方后的 PRB 利用率超过 50%，则保留双方站点；如果拆除一方后的 PRB 利用率小于 50%，则拆除非承建方的设备。另外，根据实际需求，可以适当调整 PRB 利用率的门限。

（3）4G 互补式共建共享前后网络结构的变化

4G 互补式共建共享试点方案见表 8-11。在表 8-11 中，通过 4G 互补式共建共享试点，因共享区域内保留的站点全部开通共享，共享后，电信运营商 A 与电信运营商 B 的基础覆盖网的站点数一致。同时，共享区域内，电信运营商 A 基础网覆盖频点移频到电信运营商 B 的频点，共享后，电信运营商 A 与电信运营商 B 的基础覆盖网使用相同的频点。另外，因共享区域内使用电信运营商 B 的频点，使电信运营商 A 的带宽由 15MHz 扩展到 20MHz。

表8–11 4G互补式共建共享试点方案

共享阶段	站点数变化		基础覆盖频点变化		频率带宽变化	
	电信运营商 A	电信运营商 B	电信运营商 A/MHz	电信运营商 B/MHz	电信运营商 A/MHz	电信运营商 B/MHz
共享前	266 个	248 个	1825	1650/350 + 900	15	20/10 + 10
共享后	428 个		1650/350		20/10	

（4）先行试点乡镇效果评估

① 电信运营商 B 承建区 4G 互补式共建共享先行试点效果评估

A 县试点区域共建共享前后网络指标对比如图 8-35 所示。由图 8-35 可知，A 县某区域先行试点采用 4G 互补式共建共享方案后，某区域 800MHz 流量占比从 7.89% 降低至 5.6%，下降幅度达 2.29%。这一数据表明，共享后 1.8GHz 或 2.1GHz 的基本网覆盖的弱覆盖点位明显减少，电信运营商 A 的整体覆盖质量提升了。某区域电信运营商 A 的用户感知速率从 16.75Mbit/s 提升至 22.6Mbit/s，提升幅度约为 35%。这一数据说明，共享后电信运营商 A 的用户感知速率明显提升。日均流量受春节返程的影响，由共享前 1075.29GB 提升到 1610.51GB，增加 534.22GB，提升比例约为 50%。路测网络覆盖率由 92.37% 提升到 92.92%，提升比例约为 0.60%，路测性能指标略有提升，网络运行稳定。另外，共享后没有出现大量集中网络质量投诉的情况，说明共享后网络运行平稳。

A 县试点区域共建共享前后效果评估见表 8-12。从表 8-12 可以看出，通过对 A 县某区域先行试点 4G 互补式共建共享的效果评估可以得出结论，地市电信运营商 B 承建区实施电信运营商 A 与电信运营商 B 4G 互补式共建共享方案，具备可行性。

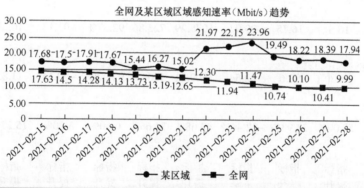

日均流量	某区域		全网	
	电信运营商 A	电信运营商 B	电信运营商 A	电信运营商 B
日常	1590.73GB	1294.75GB	528.11TB	296.13TB
修改前	1075.29GB	723.86GB	335.58TB	166.77TB
修改后	1609.51GB	1264.30GB	460.04TB	252.48TB
修改前后差值	534.22GB	540.44GB	124.46TB	85.71TB
修改前后提升比例	49.68%	74.44%	37.09%	51.40%
除去全网增幅后提升比例	12.59%	23.26%	/	/

图8-35　A县试点区域共建共享前后网络指标对比

测试区域	覆盖率（RSRP > −110 与 RS-SINR > −3）Rate 比率	RSRP/dBm	SINR[1]/dB	上行速率 /（Mbit/s）	下行速率 /（Mbit/s）	切换成功率
共享前	92.37%	−93.13	10.28	20.73	27.94	99.78%
共享后	92.92%	−90.15	11.85	21.72	29.79	99.83%

1. SINR（Signal to Interference plus Noise Ratio，信号与干扰噪声比）。

图8-35　A县试点区域共建共享前后网络指标对比（续）

表8-12　A县试点区域共建共享前后效果评估

共享阶段	基站数对比		用户感知性能对比		流量对比		业务体验实测对比			
			用户感知速率 /（Mbit/s）		上下行总流量 / GB		路测指标			
	电信运营商 A	电信运营商 B	电信运营商 A	电信运营商 B	电信运营商 A	电信运营商 B	覆盖率	RSRP 平均值 / dBm	SINR 平均值 / dB	下行速率 /（Mbit/s）
共享前	11 个	16 个	16.75	29.07	1075.29	723.86	92.37%	−93.13	10.28	27.94
共享后	24 个	24 个	22.6	22.54	1609.51	1264.3	92.92%	−90.15	11.85	29.79
变化幅度	118.18%	50.00%	34.93%	−22.46%	49.68%	74.66%	0.60%	3.20%	15.27%	6.62%
指标变化	指标提升	指标提升	指标提升	指标下降	指标提升	指标提升	指标提升	指标提升	指标提升	指标提升

② 电信运营商 A 承建区 4G 互补式共建共享先行试点效果评估

B 县某区域电信运营商 A 为华为设备区域，电信运营商 B 为中兴、华为设备混搭区域，同时，B 县某区域电信运营商 B 2.1GHz 的站点占比为 61.54%。另外，B 县某区域为省际边界，B 县某区域是该地市全区域共建共享最复杂的场景。

B 县试点区域共建共享前后网络指标对比如图 8-36 所示。在图 8-36 中，B 县某区域先行试点 4G 互补式共建共享方案后，该区域内 800MHz 流量占比从 4.23% 降低至 3.50%。这一数据表明，共享后 1.8GHz 或 2.1GHz 的基本网覆盖的弱覆盖点位明显减少，电信运营商 A 的整体覆盖质量提升了。B 县某区域的华为、中兴设备"插花"省际边界，同时，电信运营商 B 的 2.1GHz 的 10MHz 带宽站点占比为 61.54%，电信运营商 A 用户感知速率无明显提升。该区域电信运营商 A 日均流量与全网日均流量走势基本一致，共享后，电信运营商 A 用户流量走势平稳。路测网络覆盖率由 92.38% 提升到 95.52%，路测性能指标略有提升，网络运行稳定。另外，共享后，没有出现大量集中网络质量投诉的情况，说明共享后网络运行平稳。

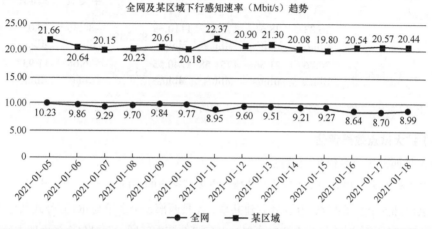

日均流量	某区域		全网	
	电信运营商 A	电信运营商 B	电信运营商 A	电信运营商 B
共享前	1786.12GB	1110.39GB	550.58TB	536.59TB
共享后	1751.58GB	1240.55GB	538.29TB	530.98TB
共享前后差值	−34.54GB	130.17GB	−12.29TB	−5.60TB
共享前后提升比例	−1.93%	11.72%	−2.23%	−1.04%
除去全网增幅后提升比例	0.30%	12.77%	/	/

测试区域	覆盖率（RSRP ＞ −110 与 RS−SINR ＞ −3）比率	RSRP/dBm	SINR/dB	下行速率 /（Mbit/s）	VoLTE 接通率	VoLTE 掉话率
共享前	92.38%	−88.86	10.05	26.01	100%	0
共享后	95.52%	−86.68	11.93	31.15	100%	0

图8-36　B县试点区域共建共享前后网络指标对比

B 县试点区域共建共享前后效果评估见表 8-13。从表 8-13 可以看出，通过对 B 县某区域先行试点 4G 互补式共建共享的效果评估总结得出，B 县电信运营商 A 承建区实施电信运营商 A 与电信运营商 B 4G 互补式共建共享方案，具备可行性。

表8-13 B县试点区域共建共享前后效果评估

共享阶段	基站数对比		用户感知性能对比		流量对比		业务体验实测对比			
			用户感知速率		上下行总流量		路测指标			
	电信运营商A	电信运营商B	电信运营商A	电信运营商B	电信运营商A	电信运营商B	覆盖率	RSRP平均值	SINR平均值	下行速率
共享前	15个	13个	20.83 Mbit/s	28.61 Mbit/s	1786.12 Mbit/s	1110.39 Mbit/s	92.38%	−88.86 dBm	10.05 dBm	26.01 Mbit/s
共享后	22个	22个	20.76 Mbit/s	21.66 Mbit/s	1751.58 Mbit/s	1240.55 Mbit/s	95.52%	−86.68 dBm	11.93 dBm	31.15 Mbit/s
变化幅度	46.67%	69.23%	−0.35%	−24.27%	−1.93%	11.72%	3.40%	2.45%	18.71%	19.76%

（5）扩大试点效果评估

① A 县西部 5 个乡镇扩大试点

在成功实施 A 县和 B 县 4G 互补式共建共享先行试点的基础上，为了进一步扩大试点区域，实施 A 县西部 5 个乡镇的 4G 互补式共建共享。A 县西部 5 个乡镇与 4G 互补式共建共享的场景类似，属于电信运营商 A 与电信运营商 B 共同设备厂家区域，同时包含省内地市边界。

A 县扩大区域共建共享前后网络指标对比如图 8-37 所示。通过本次 4G 互补式共建共享的扩大试点，A 县西部扩大试点的 5 个乡镇区域 800MHz 流量占比从 6.89% 降低至 6%。这一数据表明，共享后 1.8GHz 或 2.1GHz 的基本网覆盖的弱覆盖点位明显减少，电信运营商 A 的整体覆盖质量提升了；用户感知速率从 15.15Mbit/s 提升至 20.61Mbit/s，提升比例达 36% 左右，用户感知速率提升明显；日均流量由共享前的 17.35TB 提升到 20.22TB，增加 2.87GB，提升比例为 16.54%；路测网络覆盖率由 89.85% 提升到 90.64%，提升比例约为 0.88%，路测性能指标略有提升，网络运行稳定。另外，共享后未出现大量集中网络质量投诉，说明共享后网络运行平稳。

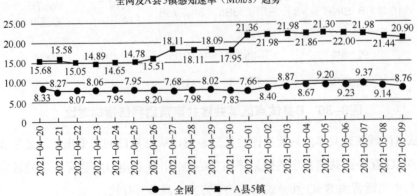

图8-37 A县扩大区域共建共享前后网络指标对比

日均流量	A县5镇		全网	
	电信运营商A	电信运营商B	电信运营商A	电信运营商B
修改前	17.35TB	14.31TB	558.45TB	558.72TB
修改后	20.22TB	15.50TB	593.58TB	596.99TB
修改前后差值	2.87TB	1.20TB	35.12TB	38.27TB
修改前后提升比例	16.57%	8.36%	6.29%	6.85%
除去全网增幅后提升比例	10.28%	1.51%	/	/

测试区域	覆盖率（RSRP＞−110与RS−SINR＞−3）比率	RSRP/dBm	SINR/dB	下行速率/（Mbit/s）	VoLTE接通率	VoLTE掉话率
共享前	89.85%	−88.62	10.18	30.50	97.43%	0.59%
共享后	90.64%	−87.33	10.89	40.41	100%	0

图8-37　A县扩大区域共建共享前后网络指标对比（续）

A县扩大区域共建共享前后效果评估见表8-14。由表8-14可知，通过A县西部5个乡镇的4G互补式共建共享扩大试点，可以得出结论：该地市室外宏基站实施电信运营商A与电信运营商B的4G互补式共建共享方案，具备可行性。

表8-14　A县扩大区域共建共享前后效果评估

共享阶段	基站数对比		用户感知性能对比		流量对比		业务体验实测对比			
			用户感知速率		上下行总流量		路测指标			
	电信运营商A	电信运营商B	电信运营商A	电信运营商B	电信运营商A	电信运营商B	覆盖率	RSRP平均值	SINR平均值	下行速率
共享前	107个	107个	15.15 Mbit/s	25.28 Mbit/s	17.35 TB	14.31TB	89.85%	−88.62 dBm	10.18 dB	30.50 Mbit/s
共享后	147个	147个	20.61 Mbit/s	22.08 Mbit/s	20.22 TB	15.50TB	90.64%	−87.33 dBm	10.89 dB	40.41 Mbit/s
变化幅度	37.38%	37.38%	35.97%	−12.67%	16.57%	8.36%	0.88%	1.46%	6.97%	32.49%

②B县东部4个乡镇扩大试点

在成功实施A县某区域和B县某区域4G互补式共建共享先行试点的基础上，为了进一步扩大试点区域，实施B县东部4个乡镇的4G互补式共建共享，B县东部4个乡镇与B县某区域相邻，且4G互补式共建共享的场景类似，地市电信运营商A为华为设备分布的区域，地市电信运营商B为中兴、华为设备分布的混合区域，同时与外省相邻。

B 县扩大区域共建共享前后网络指标对比如图 8-38 所示。通过本次 4G 互补式共建共享的扩大试点，B 县东部扩大试点的 4 个乡镇区域 800MHz 流量占比从 5.13% 降低至 4.15%，下降幅度达 19.1% 左右。这一数据表明，共享后 1.8GHz 或 2.1GHz 的基本网覆盖的弱覆盖点位明显减少，电信运营商 A 的整体覆盖质量提升了；用户感知速率从 15.31Mbit/s 提升至 21.86Mbit/s，提升比例达 42.78%，用户感知速率提升明显；日均流量由共享前 21.06TB 提升到 21.62TB，增加 0.56TB，提升比例为 2.66%；路测网络覆盖率由 89.85% 提升到 90.64%，提升比例为 0.88%，路测性能指标略有提升，网络运行稳定。另外，共享后，没有出现大量集中网络质量投诉的情况，说明共享后网络运行平稳。

B 县扩大区域共建共享前后效果评估见表 8-15。在表 8-15 中，通过 B 县东部 4 个乡镇的 4G 互补式共建共享扩大试点得出结论，该地市室外宏基站实施电信运营商 A 与电信运营商 B 的 4G 互补式共建共享方案，具备可行性。

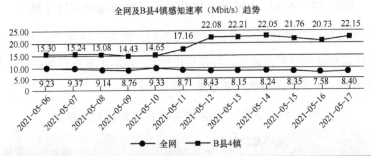

日均流量	B 县 4 镇		全网	
	电信运营商 A	电信运营商 B	电信运营商 A	电信运营商 B
修改前	21.06TB	19.65TB	560.95TB	602.10TB
修改后	21.62TB	20.66TB	568.58TB	609.65TB
修改前后差值	0.56TB	1.01TB	7.63TB	7.55TB
修改前后提升比例	2.66%	5.13%	1.36%	1.25%
除去全网增幅后提升比例	1.26%	3.87%	/	/

测试区域	覆盖率（RSRP > −110 与 RS-SINR > −3）比率	RSRP/dBm	SINR/dB	下行速率/（Mbit/s）	VoLTE 接通率	VoLTE 掉话率
共享前	96.09%	−85.96	10.04	25.57	98.92%	0.27%
共享后	95.89%	−85.74	10.06	29.23	100%	0

图8-38　B 县扩大区域共建共享前后网络指标对比

表8-15 B县扩大区域共建共享前后效果评估

共享阶段	基站数对比		用户感知性能对比		流量对比		业务体验实测对比			
			用户感知速率		上下行总流量		路测指标			
	电信运营商A	电信运营商B	电信运营商A	电信运营商B	电信运营商A	电信运营商B	覆盖率	RSRP平均值	SINR平均值	下行速率
共享前	144个	104个	15.31 Mbit/s	25.18 Mbit/s	21.06 TB	19.65 TB	96.09%	−85.96 dBm	10.04 dB	25.57Mbit/s
共享后	186个	186个	21.83 Mbit/s	23.56 Mbit/s	21.62 TB	20.66 TB	95.89%	−85.74 dBm	10.06 dB	29.23Mbit/s
变化幅度	29.17%	78.85%	42.57%	−6.43%	2.62%	5.13%	−0.21%	0.26%	0.20%	14.31%

（6）4G互补式共建共享试点效益估算

在完成A县西部和B县东部总共11个乡镇的4G互补式共建共享试点方案的前提下，基于共建共享后的网络规模，对本次4G互补式共建共享产生的效益进行估算。效益估算包含一次性和周期性支出和收益两大类，一次性的支出及收益主要包括硬件、共享License（许可证）和工程施工费用，周期性的支出及收益主要包括塔租、电费及代维费用。

基于共建共享后的网络规模，估算网络投资的支出及收益，完成共建共享试点，可以带来以下支出及收益。

① 该试点区域的物理站点数由266个增加到371个，增加了105个物理站点数，节省了105个站点的投资成本及运营成本。

② 该试点区域的电信运营商A站点频率带宽由15MHz提升到20MHz，节省了106个站点的20MHz回厂改造费用或调换的费用。

③ 该试点区域的电信运营商A拆除了41个站点，节省了41个存量站点的营运成本，同时41个拆除站点的设备用于解决用户投诉的盲点和忙点，节省了41个站点的硬件投资成本。

④ 该试点区域的电信运营商A拆除了41个站点的设备，用于解决用户投诉的盲点和忙点，同时增加了41个站点的运营成本。

⑤ 该试点区域的电信运营商A增加购买654个小区的共享载波License（许可证）的费用。

电信运营商A共建共享试点区域一次性投入及支出评估见表8-16。

表8-16　电信运营商A共建共享试点区域一次性投入及支出评估

共享规模	物理站点变化情况					支出			收益			支出收益差值
	共享前站点数	共享后站点数	站点增加数	站点数量增加比例	站点拆除数	施工费	共享License（许可证）	小计	达到共享后规模需新增硬件投资	15MHz换20MHz的工程费用	小计	共建共享效益
电信运营商A试点区域	266个	371个	105个	39.47%	41个	41万元	131万元	172万元	-893万元	-48万元	-941万元	-769万元

电信运营商B共建共享试点区域周期性投入及支出评估见表8-17。

表8-17　电信运营商B共建共享试点区域周期性投入及支出评估

共享规模	复建运维成本增加				拆除运维成本减少					支出收益差值
	塔租	电费	代维费	小计	塔租	电费	代维费	达到共享后规模需新增运维成本	小计	共建共享效益
电信运营商B试点区域	80万元/年	33万元/年	5万元/年	118万元/年	-46万元/年	-34万元/年	-5万元/年	-310万元/年	-395万元/年	-277万元/年

注：参考平均单价测算，塔租2万元/年【拆除部分按0.3万元/年】，电费0.83万元/年，代维费0.12万元/年，共享载波License(许可证)按每个RRU 0.2万元，站点施工费加材料损耗费1万元/个，全新站点硬件投资为8.5万元/个，全新站点运维成本2.95万元/个，15MHz带宽RRU替换为20MHz带宽RRU的成本为0.15万元/个。

（7）扩展思维

通过4G互补式共建共享的试点总结评估，该地市A县西部和B县东部共11个乡镇完成共建共享试点后，试点区域物理站点数由266个增加到371个，增加比例为39.47%，大幅度地提升了网络覆盖。试点区域的电信运营商A站点的带宽由15MHz提升到20MHz，增加比例约为33.33%，大幅度地提升了用户使用感知。试点区域的电信运营商A可拆除41个站点，解决了设备紧缺的燃眉之急，拆除的设备用于处理用户投诉，降低了用户投诉的数量。试点区域试点前后路测对比评估，网络运营平稳。试点区域前后流量对比，流量走势平稳。同时，因共建共享试点后，试点区域网络的电信运营商A与电信运营商B设备"插花"、频点"插花"，存在共享及非共享边界，给网络优化及维护工作带来了很大挑战。

另外，从网络支出及收益的角度对4G互补式共建共享试点进行效益评估，基于共建共享后的网络规模，通过本次4G互补式共建共享试点，估算能够节省一次性网络支出769万元，同时能够节省周期性网络支出277万元/年。最后，通过4G互补式共建共享的试点总结评估得出，在只考虑网络因素的前提下，地市的中国电信与中国联通的4G互补式共建共享试点方案，具备可行性。

8.2.5 推进中国电信与中国联通4G一张网

1. 概述

中国电信与中国联通双方通过4G共享能实现资源共享、优势互补和降本增效，大幅提高4G网络能力。随着5G网络的共建共享不断深入，中国电信和中国联通4G逐步具备整合为一张网的条件。

（1）4G流量已达峰，呈下降趋势

随着中国电信与中国联通双方网络轻载，具备了整合的客观条件。双方4G网络流量已达峰，并呈下降趋势，随着5G网络分流比快速增长，4G流量进一步向5G迁移，4G全网将出现轻载情况，具备整合条件。中国联通某城市日均4G流量如图8-39所示。

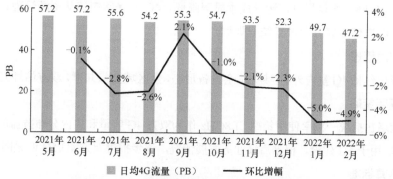

图8-39 中国联通某城市日均4G流量

中国电信与中国联通重点城市4G总流量均有不同程度下降，为4G一张网提供足够空间。某地级市中国电信4G/5G流量估算如图8-40所示。

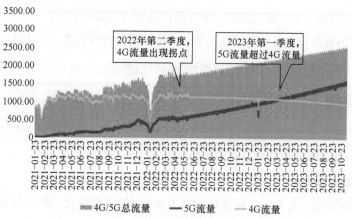

图8-40 某地级市中国电信4G/5G流量估算

（2）5G 网络运营成本快速增长，网络运营成本压力大

目前，中国电信与中国联通双方多频段、多制式网络并存，运营成本压力大，需加快双方冗余基站的拆除和 4G 一张网推进进度，提升网络效率，降低运营成本。

（3）频率资源整合，发挥双方优势

通过 4G 一张网，将腾退 2.1GHz 频率资源用于 5GHz 重耕，保障 5G 与友商的竞争优势。

总之，通过 4G 一张网，能够有效降低双方的网络成本、提高运营效率、提升用户感知。基于双方前期 4G 共享取得的成果，双方继续采用 MOCN 方式，即两家电信运营商仅共享基站，核心网彼此独立。共享基站同时虚拟为中国联通和中国电信的基站，同时为双方用户服务。

2. 总体目标

贯彻落实中国电信和中国联通全面深化共建共享战略合作要求，力争尽早实现 4G 一张网，实现 4G 网络质量提升，运营成本显著降低。4G 一张网应该从资源管理、频率策略、运营标准、用户感知等方面进行统一规划。

（1）资源管理

资源管理包括 4G 室内外、全频段、全设备形态、全区域全量共享，双方站址充分整合等。

（2）频率策略

频率策略包括统一频率使用策略，1.8GHz 作为双方 4G 容量和室内分布覆盖的主力频段，腾退 2.1GHz 用于 5G 建设，根据后续业务发展情况，逐步推进双方 4G/5G 低频网共享。

（3）运营标准

运营标准包括统一网络规划、建设、维护、优化标准，统一网络维护管理机制，统一网络质量保障机制等。

（4）用户感知

用户感知包括统一客户响应标准，双方用户享受同等服务水平。

4G 一张网的最终目标是朝着共建共享、共维共优的方向前进了一大步，为下一步行业资源整合奠定了坚实的基础，探索出一条切实可行的路径。

3. 总体原则

本书前文已经介绍过 4G 共建共享的总体原则。在 4G 一张网总体背景下，我们进一步挖掘如何实现 4G 一张网的总体目标应遵循的原则。

（1）并网前充分评估

先共享、次评估、后并网，持续跟踪双方 4G 网络负荷变化，联合开展并网评估，确定关停站点。站点关停后充分观察，在保障用户感知不下降的前提下，待稳定后再实施拆除。

（2）一方设备为主，协商推进

实施 4G 一张网需合理划分双方 4G 设备区域，区域内整合目标以一方设备为主，友好协同推进。

（3）先易后难，分阶段推进

考虑到网络质量和用户感知保障等因素，由易到难，有序稳妥推进。

（4）维护市场良性竞争

共建双方协商建立市场协同和前后端约束机制，以保障 4G 一张网顺利推进。任意一方不得采用低价、恶意宣传等手段开展恶性竞争，共同维护市场良性竞争环境。

4. 分场景 4G 共享方案

对于 4G 一张网具体方案的设定，应坚持效益优先，持续推动新建、覆盖互补、站址合并三大场景共享，已开通的 4G 共享小区原则上不回退。推动 2.1GHz LTE 清频，配合 2.1GHz 重耕 40MHz NR。

（1）室内分布场景方案

4G 室内分布一张网方案，双方应共同协商盘活 4G 资源，优先由 5G 承建方盘活 4G 资源，如果 5G 共享方有资源、有意愿，则可由 5G 共享方协助盘活 4G 资源。

① 新建 4G/5G 室内分布场景

该场景新建 4G/5G 室内分布由 5G 承建方负责，4G/5G 同步建设、同步开通共享。

② 存量新建 4G/5G 室内分布场景（5G 室内分布到达的区域）

5G 室内分布到达区域内的存量 4G 室内分布需要开通共享，如果评估对现网用户感知产生影响，则需双方共同协商解决方案。

a. 双方存量仅为 4G 无源室内分布场景

该场景采用存量室内分布共享开通方案。

3.5GHz NR 室内分布部署区域：双方现网 4G 设备全量开通共享，对于 2.1GHz 信源设备，根据 4G 业务量和 1.8GHz 设备资源的情况，适时拆除或替换为 1.8GHz 信源。

2.1GHz NR 室内分布部署区域：分成双方仅一方有 1.8GHz 信源、双方都有 1.8GHz 信源和双方仅有 2.1GHz 信源（双方均无 1.8GHz 信源）3 种情况进行讨论。

b. 双方存量涉及 4G 有源室内分布场景（一方为有源，或双方都为有源）

在满足业务需求且具备升级的条件下，5G 承建方 2.1GHz 设备能升尽升为 NR，4G 有源设备能改尽改为 1.8GHz 频段，并开通 4G 共享。共址站 5G 共享方的 4G 设备根据业务负荷关拆。

在不满足业务需求或不具备升级的条件下，5G 承建方新增 3.5GHz 单频设备，4G 有源设备能改尽改为 1.8GHz 频段，或视业务情况选择保留 2.1GHz 频段，并开通 4G 共享。共址站 5G 共享方的 4G 设备根据业务负荷关拆。

③ 存量 4G 室内分布场景方案（5G 室内分布未到达的区域）

对于 5G 室内分布未到达区域内的存量 4G 室内分布：在平等条件下，双方友好协商，双方的共址 4G 室内分布按需开通共享，双方的独址 4G 室内分布对等共享，其他存量 4G 室内分布相互协商。

（2）室外场景方案

室外场景持续推动 4G 共享，具体参见本书 6.2.4 章节。因为 2.1GHz 频率重耕造成 5G 共享方 2.1GHz LTE 设备拆除导致的 4G 覆盖空洞，优先由 5G 承建方通过 4G 共享解决，如果 5G 共享方有资源、有意愿，则可由 5G 共享方协助解决，双方友好协同推进。

5. 资源整合

（1）频率资源整合

双方联合规划确定共享区域内的基础频率，频率规划时应保持全网频率的一致性。低频定位为 4G 基础覆盖层，1.8GHz 定位为 4G 基础容量层，2.1GHz 全面重耕 5G。

为了避免 1.8GHz 与 2.1GHz 三阶互调干扰，目标网 1.8GHz 载波优先考虑采用 1830 ～ 1850MHz 或 1850 ～ 1870MHz。

（2）站址资源整合

双方站址资源共享，统筹规划使用，优先考虑站点位置，综合考虑维护费用、站址协调、业主敏感度、直供电改造等综合因素，择优留用。基于双方运营数据、迭代分析，滚动推进站址合并。

① 共址去重：站址去重，优先按租金最省原则择优起租，与铁塔协商一方承租、另一方及时退址退租；天面协商择优保留，腾退次优天面。

② 近址择优：择优保留 1.8GHz 合理站址，优先保留本区域对应主导方站址或租金最省站址。

③ 独址保留：站址按需保留。

（3）设备资源整合

双方共用一套设备，通过共享载波方式完成设备整合。对于站址合并场景，4G 设备腾退先暂停服务，确保满足用户感知后方可拆除。

共享区域存在多个厂家设备的存量站址，原则上，优先保留与 5G 同厂家的设备，并网区域存在多家非 5G 同厂家设备的存量站址，双方协商解决。采用新增 4G 设备的新建站址，优先选择与 4G 共享区域内现网同厂家的设备，热点区域还应考虑满足后期网络扩容的需求。

盘活设备、拆除设备，按需使用，满足新建场景 4G 设备需求，实现 4G 设备零新购。拆站、并网等拆除设备按需补盲复建，优先本地盘活、资源共享。对于拆除的 2.1GHz

设备，可用于低流量场景的 5G 覆盖。对于拆除 1.8GHz 设备，用于室内、室外新建场景，包括新开通的地铁、高铁、高速、城市新拓展区域、新建楼宇、投诉区域等，提升客户满意度。

8.2.6 4G 网络共建共享成效总结

2020 年，中国电信和中国联通基于公平对等、互惠互利、积极合作的原则，在全国范围开展低业务区 4G 共建共享，新增规模超过前 4 年总和，大幅提升了网络能力和网络效能。

2021 年，中国电信和中国联通双方进一步深化合作，加大共享和并网力度，围绕降低网络成本、提高运营效率、提升用户感知，继续采用 MOCN 方式推进 4G 共建共享工作。截至 2021 年 12 月底，中国电信和中国联通累计开通 4G 共享小区超 270 万个，在 4G 基站设备零投资的情况下，网络质量和用户感知稳步提升，双方节约投资与成本效果明显，4G 共建共享工作取得显著成效。

2022 年，中国电信和中国联通双方一致认为，通过 4G 共享可以实现资源共享、优势互补和降本增效，大幅提高 4G 网络能力。双方就 4G 一张网达成高度共识，并明确了中国电信和中国联通 4G 一张网的目标、原则等重要事项，开展 4G 一张网的整体规划。

截至 2022 年 9 月底，中国电信和中国联通累计 4G 站点开通 107 万个（总体共享率达到 33%，网络规模增加超过 30%）。其中，中国电信开通 54 万个，中国联通开通 53 万个。双方累计关拆达 21 万个站点。其中，中国电信关拆 12 万个，中国联通开通 9 万个。双方累计节约投资额超过 800 亿元，每年节约运营成本超过 100 亿元。

下面我们以北方某省为例，说明双方 4G 共建共享后，网络能力的提升和成本的下降。

1. 4G 共享规模

某省中国电信和中国联通双方切实贯彻"4G 一张网"战略方针，积极落实 4G 网络"减量、提质、增效"工作要求。2020 年至今，从全面谋划到精心部署，再到推动落实，历时 2 年多，于 2022 年 9 月 17 日，中国电信和中国联通率先在省内实现省会城市全域 4G 网络共建共享，主要解决了"五高一地"（高速、高铁、高密度、高流量、高校、地铁）重点领域、特殊场景的 4G 网络共建共享。经网络质量评估，自省会城市全域共建共享以来，共计 1192 个行政村和 1275 个楼宇的网络覆盖得到改善，切实提升了用户网络感知。

4G 网络共建共享以来，某省中国电信累计开通共享小区 11.2 万个，包括室外 8.5 万个，室内 2.7 万个。其中，4G 中频 11 万个，5G 反开（5G 的无线单元同时支持 4G 制式和频段）1597 个。4G 中频开通共享比例达 70%。某省中国联通累计开通共享小区达 13.8 万个，包括室外 10.3 万个，室内 3.5 万个。其中，4G 中频 11.4 万个，5G 反开 2.4 万个。

共享前后小区、站址规模对比如图 8-41 所示。

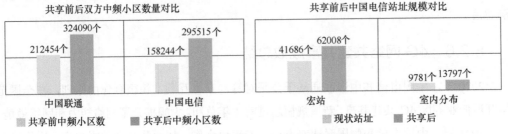

图8-41 共享前后小区、站址规模对比

不仅如此，双方重大项目无缝合作，冬奥会、新建高铁、地铁等项目无线网和基础网全面共建。截至 2022 年 12 月底，双方已完成 143 个县区的全量共享整合。某省中国电信和中国联通 4G 共享基站规模如图 8-42 所示。

图8-42 某省中国电信和中国联通4G共享基站规模

2. 覆盖提升

中国电信和中国联通双方不仅在共享规模上得到了加强，在网络质量和性能方面也得到较大提升。中国电信和中国联通双方共建共享后，某省中国电信增加室外站址 20322 个，增加室内站址 4016 个。4G 综合 MR 覆盖率提升 1.37%，流量增长 18%，网络负荷提升可控，KPI 稳定，网络感知良好，中国移动网的网络质量满意度稳步提升。

3. 成本下降，站点关拆

北方某省中国电信和中国联通双方 4G 共享节约投资额约为 26 亿元，每年节约运营成本超 3300 万元。

其中，中国电信关拆室外站 6200 个，不完全退租 4600 个，完全退租 1600 个。关拆室内分布 233 套、关拆 RRU 1.8 万台。压降年化租金约为 2300 万元。压降年化电费约为 1000 万元，复建 RRU 1.8 万台，节约投资约为 3.6 亿元。盘活设备主要用于某新区建设和政企项目等。中国电信和中国联通共享基站设备，铁塔基础设施租用。由于中国电信和中国联通共享的比例增加，部分站间距较近的站点合并，铁塔基础设施租用费逐年降低，租用铁塔站址规模统计如图 8-43 所示。

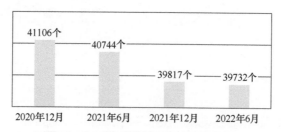

图8-43 租用铁塔站址规模统计

中国移动与中国广电共建共享实践

Chapter 9

第9章

9.1 概述

9.1.1 共建共享工作历程及开展情况

2021 年 1 月，中国移动与中国广电签署 5G 共建共享合作框架协议。该协议约定，中国移动与中国广电共建共享 700MHz 5G 无线网络，中国移动向中国广电开放共享 2.6GHz 频段 5G 网络。双方就建设、维护、市场和结算等具体问题充分沟通、深入磋商，并已达成全面共识。根据协议，双方将充分发挥各自的 5G 技术、频率、内容等方面优势，坚持双方 5G 网络资源共享、700MHz 网络共建、业务生态融合共创，共同打造"网络 + 内容"生态，以高效集约方式加快 5G 网络覆盖，推动 5G 融入百业、服务大众，让 5G 赋能有线电视网络、助力媒体融合发展，不断满足人民群众精神文化生活需要；努力用 5G 服务网络强国、数字中国、智慧社会建设，进一步提升全社会的数字化、信息化水平，更好地满足人民群众对美好生活的新期待。

中国移动与中国广电共建共享历程如图 9-1 所示。

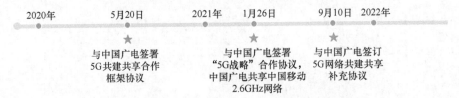

图9-1 中国移动与中国广电共建共享历程

2021 年 1 月 26 日，中国移动与中国广电在北京签署"5G 战略"合作协议，正式启动 700MHz 5G 网络共建共享。工业和信息化部、国家广播电视总局、中国移动、中国广电等相关单位的领导出席签约仪式并共同启动共建共享。协议中约定，中国广电自建 5G 核心网，中国移动与中国广电双方尽快协商确定 2.6GHz 共享核心网方案。

2021 年 9 月 10 日，中国移动与中国广电签订 5G 网络共建共享补充协议，协议中规定，双方加快协商确定 2.6GHz 共享核心网方案，对于语音业务保障，双方另行协商技术方案和费用。

2022 年 6 月 27 日，中国广电正式放号，中国广电以全新的通信电信运营商身份亮相。中国广电 5G 网络服务正式面市，中国广电 192 号段正式向公众放号。中国广电有望在 5G 商用放号后迎来高速发展，实现 5G 业务用户数量突破 1000 万户，推动产业经营筑底回暖。

截至 2023 年 6 月底，在 5G 方面，中国移动与中国广电持续拓展 5G 覆盖的深度和广度，深入推进共建共享，累计开通 5G 基站已经达到约 178 万个。其中，700MHz 5G 基站约为 60 万个。

9.1.2　前期达成的相关共识

经反复沟通协商和技术论证，前期就中国广电共享中国移动网络达成以下两个方面共识。

一是中国移动 2.6GHz 5G 网络采用接入网共享方式向中国广电开放共享。

二是中国移动 4G 网络在中国广电建网初期为中国广电用户提供语音保障服务。

9.1.3　中国移动与中国广电共建共享前景

在中国移动与中国广电共建共享之前，中国电信与中国联通的共建共享已经探索实践了一年。实践证明，5G 共建共享有利于快速建成覆盖广、技术优、投资省、感知好、体验佳的 5G 网络。相关数据显示，中国电信与中国联通的 5G 共建共享一年时间累计建设开通 5G 基站超过 30 万个，节省建设投资额超过 600 亿元。同时，在 3.5GHz 频段，中国电信与中国联通共建共享后，拥有 200MHz 大带宽频谱资源，达到 2.7Gbit/s。

而中国移动与中国广电合作组网是一项"双赢"的选择，既能够集中资源、降低成本，又能够加速 5G 网络建设。中国电信与中国联通的共享基于对等基础上进行资源的建设和使用，主要目标是提升效率、降低成本，中国移动和中国广电的共建共享并不是纯粹的商业合作，而是资源的互通有无，其主要目标是弥补各自业务的短板。

对于中国移动来说，5G 的发展策略是优先在 2.6GHz 上部署 5G 网络，4.9GHz 主要用于一些热点和特殊应用场景的覆盖。中国移动借由共建共享取得了 700MHz 频段的使用权，形成高频 4.9GHz、中频 2.6GHz、低频 700MHz 的频段组合，在 5G 网络部署中拥有更大的灵活性。

700MHz 的定位是提升城市的深度覆盖，补充 2.6GHz 上行和农村的广覆盖。同时，700MHz 要实现县级以上连续覆盖、乡镇基本覆盖和重点农村覆盖。

对于中国广电来说，在自身并无移动通信网络的背景下，共享中国移动的基站等资源，不但可以节省大量的建设资金和运维成本，快速建设好 5G 网络，而且拥有所有权。因此，中国广电可以尽快建成一个覆盖全国的 5G 网络并开始放号，发挥中国广电体系的内容优势，成为名副其实的第四大电信运营商。

如果说中国电信与中国联通组合实现的是 5G 接入网的共建，那么中国移动与中国广电的联盟可以说是两个生态的融合，对实现 5G 网络集约高效覆盖、提高网络利用效率具有重要意义。

如今，电信运营商的共建共享形成四大电信运营商"2 + 2"的组合模式，一张覆盖全国的 5G 精品网即将诞生。建设好、运营好、服务好 5G 精品网是 5G 高质量发展的基本要求，快速建设并形成一张 5G 网络，则是落实 5G 高质量发展的关键前提。

众所周知，中国广电拥有的 700MHz 频段被誉为"黄金频段"，具有传播损耗低、覆盖广、穿透力强以及组网成本低等优势。相关测算显示，相比于 2.6GHz 系统，700MHz 系统的覆盖面积约为其 3 ～ 4 倍，要建成全国 5G 网络，三大电信运营商要建 600 万个宏基站，而使用 700MHz 频段只需 40 万个基站即可。这对于缓解 5G 网络建设投资压力，加快 5G 网络建设进度有着重要意义。

新基建的号角已经吹响，随着中国电信与中国联通、中国移动与中国广电分别启动 5G 共建共享，5G 建设迎来加速跑时期，5G 网速翻倍、覆盖翻倍、建设速度翻倍的时代已经到来。

需要说明的是，双方共同部署 700MHz 频段的产业生态时，还面临诸多掣肘，例如，700MHz 清频退网工作尘埃未定，技术和内容合作模式有待规划等。对此，中国广电有大量的卫视落地，中国移动可以与中国广电的有线电视合作，补齐自己在互联网电视（Internet Protocol TeleVision，IPTV）领域的短板。

●● 9.2　4G/5G 网络共建共享的实践

如前文所述，中国移动与中国广电订立有关 5G 共建共享之合作框架协议，双方的 5G 网络主要是 700MHz 频段的建设。中国移动与中国广电充分发挥 700MHz 频段广覆盖、深度覆盖优势，2022 年基本实现了乡镇以上区域连续覆盖，发达农村及重要园区、3A 以上景区、车流量较大的高速公路等重点区域的有效覆盖，基本形成 5G 基础覆盖打底网络，同步全力推进 VoNR 商用，提升 5G 用户通话体验，全力打造 VoNR 的主力承载网络。

中国移动与中国广电在 700MHz 网络集约高效打造覆盖全国、技术先进、品质优良、运行高效的 5G 精品网络，实现 700MHz 网络全面商用，巩固我国 5G 网络全球领先优势。

9.2.1　建设原则

为了满足中国移动与中国广电合作协议要求，基于"合作共赢"的原则，统筹考虑双方公司网络现状、国家监管要求，合理规划部署中国移动与中国广电共享网络，其总体建设原则如下。

1. 架构长期稳定

双方为支撑共建共享长效发展，避免由于中国广电侧网络变动带来的网络架构等反复调整，基于网络云八大区目标布局构建中国移动与中国广电共享网络，实现双方互通。

2. 能力云化融合

双方充分发挥核心网 4G/5G 融合能力，统一考虑中国移动与中国广电用户 5G 共享和 4G 保障需求，提升资源使用效率，简化网络架构。

3. 界面合理清晰

双方以兼顾资源效率为前提，保证两家电信运营商之间的业务、维护、监管等界面清晰。考虑到必要网元的独立设置，避免自有网络频繁调整；针对国家监管要求，采用"仅采集、不处理、全送回"原则将中国广电用户在共享网络侧的监管信息统一送回，交由中国广电处理。

4. 资源高效利用

双方充分发挥中国移动现有网络能力，网络云资源池、无线、传输、网管、安全等系统在充分复用现有能力的基础上，通过合理改造，满足中国移动与中国广电共享资源的需求。

5. 网络安全隔离

双方合理选择网间互通方案，设置必要的互联互通和安全隔离设备，确保移动网络的安全稳定。

9.2.2 网络架构

中国广电与中国移动的网络共建共享将是一个长期的过程，无线网、核心网、承载网都需要从整体架构上做一个明确的规划和长远的打算。

1. 无线网

根据共享程度的不同，中国移动与中国广电网络共享分为 5 种可能方式：站址共享、MORAN、MOCN、GWCN 和漫游。

（1）站址共享方式

站址共享方式是对接入网所在基站的机房、铁塔等进行共享，通常由铁塔公司实施，实现资源共享，减少重复投资。

目前，700MHz 基站是由中国移动采购建设的，也就是说，700MHz 基站的所有权归中国移动所有，中国广电与中国移动都拥有使用权。

（2）MORAN 共享方式

MORAN 共享方式是对基站进行共享，但只共享基站内部和无线接入资源无关的模块，小区 / 频点部分不进行共享。对手机终端来说，共享与不共享的感知体验是一样的。各家电信运营商在各自的小区广播 PLMN 号，手机在各自的小区接入网络。

目前，中国移动与中国广电没有采用这种共享方式。

（3）MOCN 共享方式

MOCN 共享方式不仅共享了基站的硬件部分，还共享了小区和频点。小区广播所有电信运营商的 PLMN 码，手机按自己归属的电信运营商进行接入。这里涉及小区资源分配、优先级，以及拥塞处理等问题。

针对中国广电 700MHz 进行共享，中国广电与中国移动都可以使用。

MOCN 共享架构如图 9-2 所示。

（4）GWCN 共享方式

GWCN 共享方式共享了基站的硬件部分、无线小区和频点，以及核心网部分。无线侧的小区广播所有电信运营商的 PLMN 号，手机按自己归属的电信运营商进行接入。需要注意的是，这里也涉及小区资源分配、优先级，以及拥塞处理等问题。

中国广电与中国移动主要就中国移动 5G 2.6GHz 部分、4G 频段进行共享，由于中国广电没有 4G 网络，所以中国广电完全租用中国移动的 4G 网络（包括接入网基站和核心网）。

（5）漫游方式

租用别人的网络，包括基站、小区以及核心网，类似虚拟电信运营商。其优点是能够快速发展电信业务，其缺点是受制于人，没有任何网络自主权。中国广电与中国移动没有采用这种共建共享的方式。

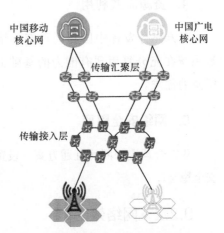

图9-2　MOCN共享架构

通过以上分析，中国移动建设无线接入网络（基站），中国广电仅建设了 5G 700MHz 核心网。在 700MHz 频段上，中国移动与中国广电采用 MOCN 的方式。中国移动用户优先接入 2.6GHz，中国广电用户优先接入 700MHz，语音采用 VoNR 承载，中国广电用户从 NR 覆盖区移动至覆盖盲区时，通过异网漫游、PLMN reserved（预留）等方式保障业务的连续性。在中国移动的 5G 2.6GHz 频段及 4G 频段上，采用 GWCN 方式。

通过这两种方式，实现了中国广电 700MHz 与中国移动 5G 频段的协同，充分共享中国移动的 4G 和 5G 网络基础设施，确保用户可以获得优质体验。

总之，中国移动与中国广电通过共建共享实现了资源共享，避免了重复投资，降低了总投资成本。

2. 核心网

综合评估现网改造范围、信息独立采集需求和网络分工界面，中国移动独立部署 4 类 4G/5G 融合接入管理核心网网元和 4 类组网互通核心网网元，复用并适当改造、扩容无线、传输和日志留存系统，与中国广电侧负责用户数据、业务疏通和组网互通的相关核心网配合，实现中国广电用户的 5G 共享和保障 4G 业务可以正常使用的需求。

核心网部署架构如图 9-3 所示，可以采用省集中部署和大区集中部署两种方案。

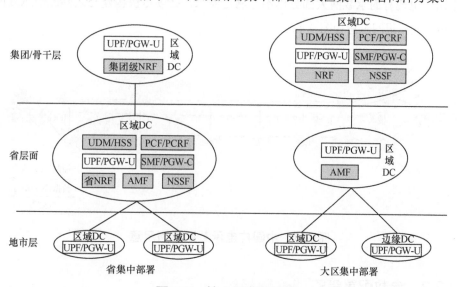

图9-3 核心网部署架构

在控制面大区集中设置架构中，集团/骨干层面集中部署 UDM/HSS/UDR、PCF/PCRF、AMF、SMF/GW-C、NRF、NSSF，用户面网元 UPF/GW-U 可按需部署在省、市层面。在这种架构中，大区中心的控制面网元管理多个省的用户面网元。

在控制面分省集中设置架构中，集团/骨干层面集中部署网络存储功能（Network Repository Function，NRF）和网络开放功能（Network Exposure Function，NEF），省层面部署 UDM/HSS/UDR、PCF/PCRF、AMF、SMF/GW-C、网络切片选择功能（Network Slice Selection Function，NSSF），地市层网元 UPF/GW-U 可按需下沉到地市层面。

考虑到中国广电没有 3G/4G 核心网，不需要对现网架构进行调整，采用大区制集中管控程度及资源利用率高，有利于全国业务统一发放，建议中国广电核心网采用大区集中部署方案。

3. 承载网

中国广电首先需要对核心汇聚层进行升级改造及扩容，与中国移动核心网进行对接。

目前，中国广电实现 5G 的数据传输，设备间需要严格的时钟同步，并且需要同时采用北斗卫星同步和网内时钟同步对时间进行校准。现有中国广电网络传输电视业务采用的是广播、组播的模式，区县级播控中心的时间和中央电视台保持严格时钟同步，而 5G 网络需要将接入端的小基站纳入时钟同步范围，因此，骨干网的核心设备需要进行升级。

5G 网络对于中国广电而言并不是纯粹的增加基站那么简单，需要建设与之匹配的承载网。中国广电现有的承载网大部分已不能满足需求，必须尽快构建与之匹配的承载网络。中国广电承载网组网示意如图 9-4 所示。

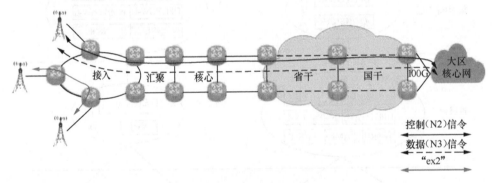

图9-4 中国广电承载网组网示意

9.2.3 参数配置策略

1. 移动性配置优化策略

（1）邻区配置策略

① 4G 共享站邻区规划原则

中国移动 4G 站点邻区继承现网配置原则，中国移动、中国广电 4G 共享站邻区配置原则如下。

"4 → 4" 邻区：共享 LTE 小区与共享 LTE 小区同频及异频邻区依照情况都要添加，共享 LTE 小区与非共享 LTE 小区之间不添加邻区。

"5 → 4"邻区：5G 必须添加 4G 共享站邻区，对应需配置的 LTE 频段包括 E1、F1、FDD1800、FDD900，其优先级从高到低依次为 E1、F1、FDD1800、FDD900。

"4 → 5"邻区：4G 共享小区规划 5G 邻区，确保及时返回 5G。

4G/5G 邻区配置原则见表 9-1。

表9-1 4G/5G邻区配置原则

添加邻区对象	源小区共享方式	目标小区共享方式	外部 MNC 定义	外部共享 PLMN 定义
4 → 4G	中国移动独享	中国移动与中国广电共享	0	不添加
4 → 4G	中国移动独享	中国移动独享	0	不添加
4 → 4G	中国移动与中国广电共享	中国移动与中国广电共享	15	中国广电（460-00 共享为 460-15）
4 → 4G	中国移动与中国广电共享	中国移动独享	0	不添加
4 → 5G	中国移动独享	中国移动与中国广电共享	0	不添加
4 → 5G	中国移动与中国广电共享	中国移动与中国广电共享	15	中国广电（460-00 共享为 460-15）
5 → 5G	中国移动与中国广电共享	中国移动与中国广电共享	15	中国广电（460-00 共享为 460-15）
5 → 4G	中国移动与中国广电共享	中国移动与中国广电共享	15	中国广电（460-00 共享为 460-15）

② 中国广电 LTE 邻区场景化规划原则

针对中国广电"4 → 4""4 → 5""5 → 4"邻区关系，需要依据共享小区覆盖连续性配置，具体策略如下。

共享 F1 频点覆盖连续区域：中国广电"4 → 4"只须添加 F1 邻区和 E1 邻区即可，"5 → 4"只添加 F1 频点邻区及 E1 频点邻区即可。

F1 非连续覆盖区域（由 FDD1800MHz 或 FDD900MHz 补盲）：中国广电"4 → 4"要同时添加 F1 及 FDD1800MHz（或 FDD900MHz）共享小区邻区关系；"5 → 4"也同样添加 F1 及 FDD1800MHz（或 FDD900MHz）共享小区邻区关系。

③ LTE 与 NR 邻区配置详细说明

在源小区与目标小区均为共享小区时，需要在源小区侧定义外部共享 PLMN 归属信息（新增中国广电 460-15），其他场景保持原网配置方式，4G/5G 邻区配置策略如图 9-5 所示。

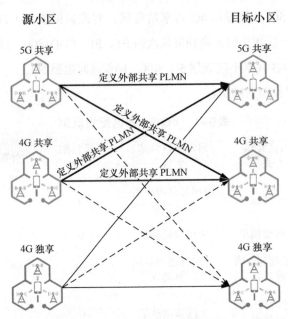

图9-5　4G/5G邻区配置策略

F1（或 FDDM1800Hz/900MHz）与 E1 频点混合覆盖区域：中国广电"4 → 4"需要同时添加 F1（或 FDDM1800Hz/900MHz）及 E1 频段共享小区邻区关系。"5 → 4"同样需要添加 F1（或 FDD1800MHz/900MHz）及 E1 频段共享小区邻区关系。针对非 F1 打底覆盖的省份，主力覆盖频点邻区关系可以参照以上 F1 策略配置邻区关系。

（2）空闲态优化策略

基于当前网络现状，LTE 网络覆盖一般优于 NR，此时用户在拥有 NR 覆盖的区域尽量驻留 NR。当 NR 覆盖效果较差时，能够重选到 LTE 继续接受服务。当中国移动用户继续移动到有 NR 覆盖的地点时，能够快速重选回 NR，在空闲态首先部署以下功能。

① 移动侧空闲态策略继承现网策略。

② 4G 共享站系统内基于覆盖的重选优先级遵循 E1 ＞ F1 ＞ FDDM1800Hz ＞ FDDM900Hz。

③ 基于覆盖的 NR2L 重选（NR 共享小区与共享 LTE 小区）：重选优先级基于电信运营商专用优先级，实现差异化配置，4G/5G 重选优先级配置原则见表 9-2。

表9-2　4G/5G重选优先级配置原则

制式	频段	中国移动		中国广电	
		L2NR 重选优先级	NR2L 重选优先级	L2NR 重选优先级	NR2L 重选优先级
NR	2.6GHz/700MHz	7（不变）	5/4（不变）	7	5/4

续表

制式	频段	中国移动		中国广电	
		L2NR 重选优先级	NR2L 重选优先级	L2NR 重选优先级	NR2L 重选优先级
LTE	E1 频段：38950Hz	6（不变）	3（不变）	6	3
	D 频段：40540/40738/40936Hz	5（不变）	1（不变）	/	/
	FDD1800MHz：1300Hz	5（不变）	3（不变）	4	1
	F 频段：38400Hz	4（不变）	2（不变）	5	2
	FDD900MHz：3590Hz	3（不变）	1（不变）	3	1

当 NR 服务小区信号质量低于启测门限时，UE 会测量 LTE 的信号质量。当 NR 服务小区信号质量低于低优先级重选门限（NR），且 LTE 信号质量高于低优先级重选门限（LTE）时，UE 将重选到 LTE。

④ 基于覆盖的 L2NR 重选：重选优先级基于电信运营商专用优先级，实现差异化配置，具体优先级详见表 9-2。UE 会一直测量 NR 的信号质量，当 NR 的信号质量高于高优先级重选门限时，UE 将重选到 NR。

4 种场景下 4G/5G 重选策略如图 9-6 所示。

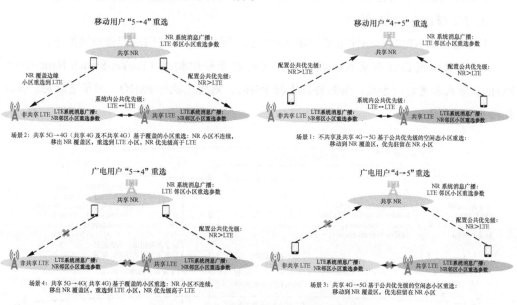

图9-6　4种场景下4G/5G重选策略

小区重选优先级可以包含 LTE 同系统或异系统频点的优先级，具体分为以下两种。

- 一种是公共优先级（Common Priorities），通过小区广播消息下发给 UE，小区内所有 UE 不能区分电信运营商。

● 一种是专用优先级（Dedicated Priorities），在 UE 释放无线资源时，通过系统内部专用优先级算法生成，针对单个 UE，通过 RRCConnectionRelease（无线资源控制连接释放过程）消息中的 IdleModeMobilityControlInfo（空闲状态模式移动控制信息）下发。

在共载频共享场景中，共享 eNodeB 支持向不同电信运营商的 UE 下发不同的专用小区重选优先级，从而实现不同电信运营商不同的 IDLE 态（空闲状态）驻留策略。

整体配置原则依据表 9-2 配置，如发生以下情况可另行配置。

● 在 F1 与 FDD1800MHz（或 FDD900MHz）边界区域，F1 与 FDD1800MHz（或 FDD900MHz）优先级可根据覆盖情况配置为同一优先级。

● 如果 FDD1800MHz 作为室内覆盖频点，则可提高重选优先级。

● 如果 F1 整体不连续，FDD1800MHz 作为覆盖打底层，则可提高 FDD1800MHz 优先级。

（3）连接态优化策略

对于数据业务来说，推荐打开以下功能特性以保证用户尽量在 NR 接受服务。当 NR 覆盖效果较差时，及时回落 LTE，当用户移动到有 NR 覆盖的区域时，快速返回 NR 进行业务。移动连接态互操作策略继承现网，中国广电可独立设置互操作参数，策略可与中国移动现网策略保持一致，或通过配置实现差异化设置。

4G/5G 连接态移动性策略如图 9-7 所示。

① 基于覆盖的 NR2L 策略

基于覆盖的 NR2L 移动性策略如图 9-8 所示，图 9-8 中重定向的配置原则如下。

● 当核心网已经布置 N26 接口时，同时打开分组切换（Packet Switch Hand Over，PSHO）方式和重定向方式，如果终端支持 PSHO，则优先执行 PSHO，则节省时延，保障数据业务的连续性。

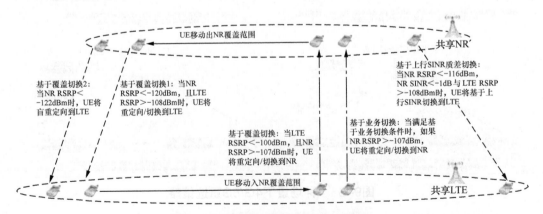

图9-7　4G/5G连接态移动性策略

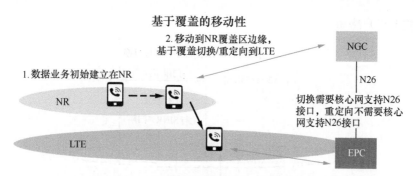

图9-8 基于覆盖的NR2L移动性策略

- 当核心网未布置 N26 接口时，建议只打开重定向方式。

- 核心网边界（开启 SA 的 5GC 和未开启 SA 的 EPC 交界处，一般无 N26 接口），建议只打开重定向方式。

- 如果邻区精准配置无法完成，切换成功率较低，则可使用重定向方式。

- 现网如果存在多套移动性管理实体（MME），且并非所有 MME 支持 LNR 互操作，则建议使用切换的方式，防止用户接到不支持 LNR 互操作的 MME 导致失败。

连接态移动性参数配置原则如下。

- 连接态参数门限建议匹配空闲态门限进行设置，NR A2 门限低于 NR 重选门限，避免用户进入连接态就发生重定向／切换。

- 需要注意的是，B1 门限和 B2 门限需要高于 LTE 的 A2 门限，防止进行桥接切换／重定向。

- 现网选择使用 B1 事件或者 B2 事件进行异系统测量均可，B2 事件相对可以防止 NR 由于短时间信号波动而触发用户重定向／切换到异系统，但也存在当用户满足 B2 门限（LTE 门限），NR 信号变好，无法满足 NRB2 门限 1 时，用户长时间出现呼叫间隙，影响用户感知。

② 基于上行质量的切换策略

a. 原理

基于上行质量的切换策略如图 9-9 所示。在图 9-9 中，当基站监测 SA 用户上行链路质量时，如果上行 SINR 低于门限 A，启动对 LTE 邻区的测量；如果 NR 侧的 RSRP 低于门限 B，LTE 侧门限高于门限 C，则触发 5G 到 4G 的切换。

b. 功能开启

打开增强型通用电信无线接入网（Evolved Universal Telecommunication Radio Access Network，E-UTRAN）开关及基于上行 SINR 移动至 E-UTRAN 开关，并设定基于上行 SINR 的迁移至 E-UTRAN B2 RSRP 门限 1，NR 迁移到 E-UTRAN 的上行 SINR 低门限、网络架构优选的 RSRP 触发门限，使 SA 用户在边缘上行质量差的位置回落到 LTE，继续进行业务，提升用户感知。

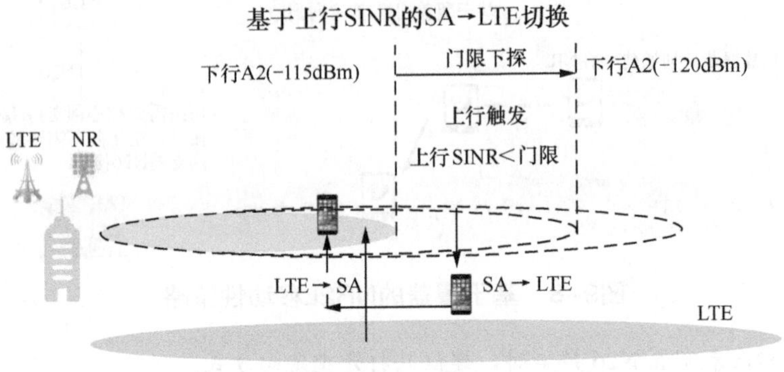

图9-9 基于上行质量的切换策略

针对上行干扰严重场景及边缘覆盖场景实施基于上行 SINR 的质差切换。

③ 基于业务的 L2NR 策略

基于业务的 L2NR 策略是移动性支持基于业务的切换/重定向。基于业务的 L2NR 移动性的配置原则如下。

a. 考虑到"4→5"邻区精准配置的难度较高，可使用重定向方式。

b. B1 门限（LTE）设置需要大于 NR 的 A2 门限，防止出现"乒乓切换"。

c. 一般情况下，希望数据业务尽量在 NR 侧承载，具体策略可以参考设置为 QCI9（现网的数据业务承载）/QCI5［IP 多媒体子系统（IP Multimedia Subsystem，IMS）信令承载］为必须切换，QCI1/2（现网的语音、视频业务）为禁止切换，其他 QCI 为可以切换。现网如果启用策略与计费控制（Policy and Charging Control，PCC）管控的其他 QCI，则可以根据业务类型，参照上述原则配置。

eNodeB 根据 NR 频点的优先级，从高到低下发异系统 B1 事件测量控制，同时开启切换等待定时器（3s）。

④ 基于覆盖的 L2NR 策略

基于覆盖的 L2NR 支持测量和切换，配置原则与现网保持一致。考虑到"4→5"邻区精准配置的难度较高，可使用重定向方式。相关的重定向 A2 门限与 B1 门限配置上需要考虑"5→4"相关参数，避免系统之间出现"乒乓切换"。

2. 语音配置优化策略

（1）演进分组系统回退优化策略

当驻留在 NR 的终端有语音业务且 NR 不提供 VoNR 时，由网络侧发起演进分组系统回退（Evolved Packet System FallBack，EPSFB）流程，回落到 LTE，建立 VoLTE 业务，提供语音服务，语音结束后，快速返回（Fast Return）到 NR。

对于中国移动与中国广电共享后 EPSFB 返回策略，中国移动侧全部保留原有方案，UE 驻留在 NR 网络上，如果检测到语音业务建立，就通过 EPSFB 方式回落到 LTE 通话，语音承载释放后，RRC 保持连接，同时向 UE 发起异系统邻区测量和切换，快速返回 NR，针对共享 LTE 小区支持区分 PLMN 配置切换或重定向功能，实现 EPSFB 回落。

从 EPSFB 是否测量 LTE 来看，支持基于测量和盲重定向两种方式。当选择基于测量的方式时，以下情况也将执行盲重定向到 LTE。

EPSFB 保护定时器超时仍未收到异系统 B1 测量报告时，所有测量报告中的 LTE 小区切换准备尝试失败。

按照 EPSFB 回落执行方式来区分，具体可以分为如下两种情况。

① 基于重定向的 EPSFB：终端回落到 LTE 之后，需要读取 4G 侧系统消息，然后建立 VoLTE 业务，并且如果在 EPSFB 之前有数据业务，则需要在 LTE 侧重新建立承载以恢复数据业务。

② 基于 PSHO 的 EPSFB：终端的语音业务和数据业务（如果存在）一起切换至 LTE 侧，语音建立时延与数据业务中断时延相对较短。

基于演进分组系统（Evolved Packet System，EPS）的测量方式和回落执行方式，可结合成功率、时延、对数据业务的影响等因素。SA 语音互操作配置策略见表 9-3。

表9-3　SA语音互操作配置策略

维度	基于重定向的 EPSFB	基于 PSHO 的 EPSFB
成功率	重定向方式的回落，UE 选择质量较好的 LTE 小区接入，成功率与 LTE VoLTE 建立的成功率基本相当	基于切换方式的回落、切换的执行（例如，UE 上报测量报告存在时延），在移动性场景可能会影响切换成功率；EPSFB 切换失败，UE 重建回源，NR 情况下，会进行盲重定向方式的 EPSFB，进一步提升 EPSFB 成功率
对数据业务影响	数据业务会中断，回落到 LTE 之后重新建立业务恢复，中断时间较长	数据业务通过 5G 转到 LTE，中断时间较短
网规要求	需要配置 LTE 邻频点与邻区，但是对邻区性的要求较低，网规难度较低	需要配置 LTE 邻频点与准确的 LTE 邻区，网规难度较大
对核心网要求	可不需要 N26 接口（当前，无 N26 接口的方式协议定义尚未完善，且依赖于终端实现），推荐配置 N26 接口	需要配置 N26 接口

基于表 9-3 中的对比，综合考虑 EPSFB 成功率、时延和感知，推荐采用"测量 + 切换"方式。EPSFB 回落 LTE 频段配置推荐策略，基于 PLMN 频点优先级组 EPSFB 回落目标频点，可以按不同的 PLMN 配置切换方式及测量模式进行，按如下原则匹配 LTE 现网结构，设计各频点的回落优先级。

EPSFB 优先级配置见表 9-4。在表 9-4 中，中国广电 EPSFB 回落优先级 F1 ≥ E1 > FDD1800MHz > FDD900MHz，具体依照网络结构的覆盖情况来设定。特殊场景（高铁、地铁）频点优先级按差异化设置，确保业务的连续性。FDD1800MHz 如果作为室内覆盖频点，则可以提高回落频点优先级。如果 F1 整体不连续，FDD1800MHz 作为覆盖打底层，则可以提高 FDD1800MHz 的优先级。

表9-4 EPSFB优先级配置

网络制式	频段	中国移动 EPSFB 优先级	中国广电 EPSFB 优先级	备注
LTE	FDD1800MHz	3	2	共享与非共享
	F1 频段	2	3	共享小区
	D 频段	1	/	非共享小区
	FDD900MHz	1	1	共享与非共享
	E1 频段	3 或 2	3	共享小区

（2）Fast Return 方案优化策略

Fast Return 特性的主要目的是加快 EPSFB 用户语音业务结束后返回 NR 小区的速度，提升用户体验。目前，Fast Return 情况下，我们推荐采用基于测量重定向方式。

3. 基于 QCI 的差异化配置策略

由于中国移动在部分重点场景或 4G 高负荷场景配置 QCI 管控策略，提升小包业务或特定业务感知，中国广电共享站涉及的相同区域应与中国移动 QCI 管控策略保持一致，以实现用户资源共享。

4. License 资源管理配置策略

License 即许可证，是供应商与客户对所销售或购买的产品的使用范围、期限等进行授权和被授权的一种合约形式。

在载频共享模式下，License 只支持和"一方"签订购买合同。其中，"一方"可以是共享电信运营商中的主电信运营商，或者是几家电信运营商的联合公司。一个网元只有一个 License 文件，同时，License 文件本身不区分多家电信运营商。

License 管理包括特性 License 管理和容量 License 管理两种。

其中，特性 License 由各家电信运营商共享，因此，不区分电信运营商，独立销售。

容量 License 由各家电信运营商共享，因此，也不区分电信运营商，独立销售。部分容量 License 可以区分电信运营商按比例进行配置，包括 RRC 连接用户数 License 和资源单元（RE）License。gNodeB 支持各家电信运营商按比例使用 RRC 连接用户数 License 资源和 RE License 资源。对于 eMBB 业务，每个 RRC 连接态的用户消耗一个 RRC 连接用户数 License 资源和一个 RE License。按照资源共享方式分类，RRC 连接用户数 License 资源和 RE License 资源分为完全共享和按比例静态共享两种方式，以两个电信运营商为例，License 资源共享方式为，RRC 连接用户数 License 和 RE License 支持区分电信运营商按比例进行配置，保证资源可以供电信运营商单独使用。当各家电信运营商的 RRC 连接用户数 License 和 RE License 资源比例差别较大时（例如，两家电信运营商共享，License 资源比例为 90% : 10%），资源占比相对较少的电信运营商用户可能会由于 License 资源不够导致接入失败。

5. 无线链路承载资源管理配置策略

载频共享模式下，支持电信运营商之间按比例动态共享无线链路承载（Radio Bear，RB）资源、按电信运营商限制最大可用 RB 资源和按电信运营商保障最小可用 RB 资源 3 个功能。RB 资源支持区分电信运营商按比例进行配置，保证资源可供电信运营商单独使用，确定电信运营商使用的 RB 资源。

9.2.4　共建共享场景

1. 4G 网络开放共享场景

4G 网络开放共享应遵循三大要点：单层连续覆盖的大原则、分场景细化、兜底条款。

（1）建设 4G 室内分布系统的楼宇

情况 1：同区域 / 楼层由 E1 和 E2 重叠覆盖，共享其一。

情况 2：同区域 / 楼层由 E1 或 E2 覆盖，全部共享。

情况 3：同区域 / 楼层仅由 1800MHz FDD 覆盖，全部共享。

情况 4：同区域 / 楼层由 1800MHz FDD 和 E 覆盖，共享 E 频段。

情况 5：如果有上述情况之外的其他情况，则应确保共享的 4G 频段能连续覆盖该区域 / 楼层。

（2）室外开放场景

情况 1：区域由 TD-LTE F 频段和 1800MHz FDD 实现双层连续覆盖，共享其一。

情况 2：区域由 TD-LTE F 频段实现连续覆盖、TD-LTE D 频段补充容量，共享 TD-LTE F 频段。

情况 3：区域由 1800MHz FDD 实现连续覆盖、D 频段补充容量，共享 1800MHz FDD。

情况 4：区域由 TD-LTE D 频段实现连续覆盖、1800MHz FDD 补充容量，共享 TD-LTE D 频段。

情况 5：农村场景由 900MHz FDD 或 TD-LTE F 频段覆盖，共享其一。

情况 6：如果有上述情况之外的其他情况，则应确保共享的 4G 频段能连续覆盖该区域。

（3）特殊场景

4G 网络覆盖的高铁（包括高铁沿线和高铁站）、地铁（包括地铁沿线和地铁站台）、高速公路（包括服务区）、隧道、中国电信普遍服务区域等特殊场景，应遵循整体共享原则，中国移动向中国广电开放共享。

（4）自有办公场所的 4G 多层网络开放共享

对于中国广电隶属于政府主管部门的办公楼宇和单位自有办公场所等特殊场景，在中国广电明确提出需求、双方协商一致后，可有偿开放共享多层网络。

（5）4G 共享网络优化补点

中国移动各省公司和中国广电省网公司依据上述原则对已经完成割接的 4G 共享网络优化补点，对超出原规划规模基站按照约定标准由双方总部签署补充协议进行结算。

2. 5G 网络开放共享场景

5G 网络方面，开放共享全量 700MHz 和 2.6GHz 的 5G 基站，存量基站全部接入中国广电专用核心网，新建基站同步接入中国移动核心网和中国广电专用核心网。

9.2.5 建设方案

1. 无线网

（1）中国广电共享 5G

① 基站要求：全部 5G 2.6GHz、700MHz 基站均需广播中国广电 PLMN 号（46015）。

② 相关说明：5G 基站广播多 PLMN 号属基本功能、不需要升级改造，将 5G 基站接入新建核心网，配置上广播双方 PLMN 号即可。

（2）4G 共享方案

4G 共享方案由共享区域、共享原则、共享范围、基站要求和相关说明等组成。

① 共享区域是指全网范围。

② 共享原则包括如下内容。

a. 仅开放单层 4G 网络共享。

b. 中国广电与中国移动用户采用相同的移动性参数配置。

　　c. 室外，F 频段基站规模最大、覆盖范围最广，因此，优先开放 F 频段，按需开放 FDD1800MHz 作为覆盖补充。

　　d. 室内 E 频段全部开放。

　　③ 共享范围包括河南、湖南等 10 个省等城区不连续的 F 频段，按需开放 FDD1800MHz 进行共享。基站规模为初步估算、后续将按照配置双 PLMN 的小区数量据实结算。

　　④ 基站要求包括开放共享的 4G 基站需广播中国广电 PLMN 号（46015）。

　　⑤ 相关说明：4G 基站广播多 PLMN 号属于基本功能，不需要升级改造；将 4G 共享基站接入新建核心网，配置上广播双 PLMN 号即可。

2. 核心网

（1）4G/5G 接入管理网元建设方案

　　独立部署 4 类中国广电共享 4G/5G 融合接入核心网网元［AMF/MME、中间会话管理功能（Intermediate Session Management Function，I-SMF)/SGW、计费服务功能（CHarging Function，CHF)/ 计费网关（Charging Gateway，CG）、中继用户面功能（Intermediate UPF，I-UPF)/ SGW]，新增 5G 容量和基础容量，满足用户接入承载网的需求。4G/5G 接入管理网元建设方案如图 9-10 所示。

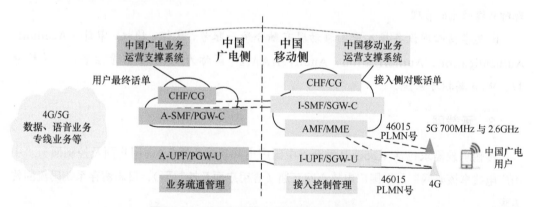

图9-10　4G/5G接入管理网元建设方案

　　具体部署说明如下。

　　① 控制面网元 AMF/MME、I-SMF/SGW-C、CHF/CG 在网络云八大区资源池部署。融合 AMF/MME 通过设备内的 N26 接口实现 5G EPSFB 语音接续，简化组网。I-SMF/SGW-C、CHF/CG 需支持接入侧对账话单采售相关功能。

　　② 用户面网元 I-UPF/SGW-U 在 31 省中心部署。

（2）互通组网类网元建设方案

　　集中部署 NRF、路由代理节点（Diameter Routing Agent，DRA）、域名管理系统（Domain

Name System，DNS）、边界网关（Border Gateway，BG）4 类组网互通网元，负责与中国广电核心网进行 4G、5G 业务的互联互通。

（3）资源池及虚拟化平台

核心网网元（除了 UPF 和 BG）部署在八大区网络云资源池，在网络云现有资源池的基础上划分独立归属代理服务器（Home Agent，HA），可满足需求。

（4）周边系统对接

① 话单计费：中国移动业务运营支撑系统（Business & Operation Support System，BOSS）采集接入侧话单，后续用于与中国广电侧进行对账。

a. 中国移动侧在中国广电共享 CHF 后产生接入侧离线话单，由中国移动 BOSS 采集，作为双方计量核对参考。

b. 中国广电 CHF 负责采售业务流通的最终计费话单，并输出给中国广电 BOSS，用于客户计费结算。

② 网络管理：中国广电共享网络由中国移动侧管理维护，中国广电具备必要网络指标的查看权、知情权。

a. 中国广电共享核心网设备接入新建操作维护中心（Operating & Maintenance Centre，OMC）。虚拟化的网络功能模块管理器（Virtualized Network Function Manager，VNFM）实现对新增网元的管理。

b. 共享核心网设备接入中国移动现有融合统一账号、认证、授权、审计（Account、Authentication、Authorization、Audit，AAAA，简称为 4A）安全管控平台，系统漏扫、Web 漏扫等系统。

3. 承载网

传输承载需求包括 4G/5G 基站至"中国广电共享核心网"（含用户面及控制面）、"中国广电共享核心网"与中国广电核心网互通（含用户面及控制面）、日志留存系统码流回传需求。

（1）"中国广电共享核心网"与中国广电核心网互通（以下简称"核心网互通"）

① 部署原则

a. 用户面互通

传输对接点选定为省中心。原则上，31 个省中心各选择 2 个机房部署互通网关，互通网关之间通过光纤直驱或传输专线承载。

b. 控制面互通

将大区中心的控制面业务通过中国移动自有传输网络延伸至大区中心所在省中心，复用用户面的传输互通网络。

② 建设方案

用户面互通城市为31个省中心。

控制面的5个城市需利用自有跨地市传输网络延伸至省中心的互通网关。其余11个城市利用城域内传输网络延伸至省中心互通网关。

双方传输互通建设内容包括各自机房内的光传送网（Optical Transport Network，OTN）设备、机房间管线资源。

核心网互通方案如图9-11所示。

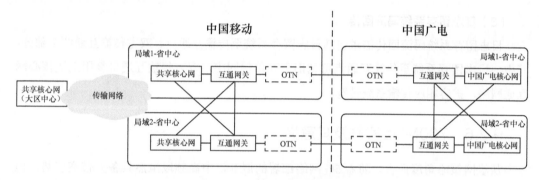

图9-11 核心网互通方案

（2）基站至中国广电共享核心网（以下简称"基站接入"）

① 部署原则

中国移动负责4G/5G基站至"中国广电共享核心网"传输承载。其中，用户面主要由SPN/分组传送网（Packet Transport Network，PTN）承载，控制面主要由"SPN/PTN + IP专网"承载。

② 建设方案

a. 4G/5G基站至核心网控制面

该控制面与基站至中国移动自有核心网控制面的流向一致，且带宽较小，可利旧现有网络能力，但IP专网需要扩容端口，与中国广电共享核心网控制面对接。

b. 基站至核心网用户面

以充分利用现有网络能力，优先保障业务开通为原则，城域内可利旧现有网络能力，跨地市部分可分场景采用省内骨干SPN［网络节点接口（Network to Node Interface，NNI）对接］、省内骨干PTN、地市与省中心核心/落地SPN设备用户网络接口（User Network Interface，UNI）对接等方式。

基站接入方案如图9-12所示。

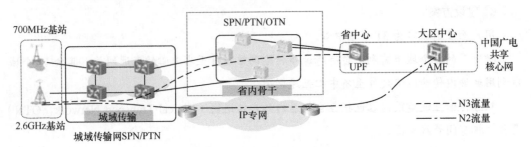

图9-12　基站接入方案

（3）日志留存系统码流回传

日志留存系统码流回传需求包括日志留存系统至传输互通点、双方传输互通两个部分。其中，日志留存系统至传输互通点可利旧现有传输网络，双方传输互通可复用上述核心网互通网络，扩容相应传输系统带宽。

9.2.6　700MHz实践及其意义

从组网策略角度而言，随着5G网络部署的展开，中高频段虽然具备大带宽优势，但建设成本高、深度覆盖弱的短板也开始显现，基于传统FDD频段实现5G深度覆盖，并与中高频5G进行载波聚合协同组网已在全球得到共识。

从网络应用角度来看，全球电信运营商应充分发挥700MHz上下行整体资源的优势，提供全业务的能力，特别是在5G语音方面，同时，将来还可以通过载波聚合的方式，充分发挥低中高不同频段的优势，满足更多业务的需求。

中国移动拥有完善的无线、传输、核心网络架构，站址及传输等配套资源充分，对于建设700MHz 5G基站来说，可以利旧站址资源，对传输、核心网进行升级，建网及投入使用速度快。

1. 建设

（1）中国移动与中国广电的分工界面

2020年5月20日，中国移动在港交所发布公告，中国移动集团已经与中国广播电视网络有限公司签署5G共建共享合作框架协议，基于"平等自愿，共建共享，合作共赢，优势互补"的总体原则，开展5G共建共享，共同打造"网络＋内容"生态。

该协议内容解读如下。

① 700MHz建设：按一定比例共同投资建设700MHz 5G无线网络，共同所有并有权使用700MHz 5G无线网络资产。

② 700MHz 维护：中国移动将承担 700MHz 无线网络运行维护工作，中国广电向中国移动支付网络运行维护费用。

③ 共享策略：中国移动向中国广电有偿提供 700MHz 频段 5G 基站至中国广电在地市或者省中心对接点的传输承载网络，并有偿开放共享 2.6GHz 频段 5G 网络。

④ 共享节奏：在 700MHz 5G 网络具备商用条件前，中国广电有偿共享中国移动 2G/4G/5G 网络为其客户提供服务。中国移动为中国广电有偿提供国际业务转接服务。

（2）整体网络演进

中国移动与中国广电整体网络演进如图 9-13 所示。中国移动与中国广电共建共享大概经历了 3 个阶段：建网阶段——虚拟电信运营商方式共享；过渡阶段——4G 共享语音业务兜底；目标网阶段——5G 全共享。

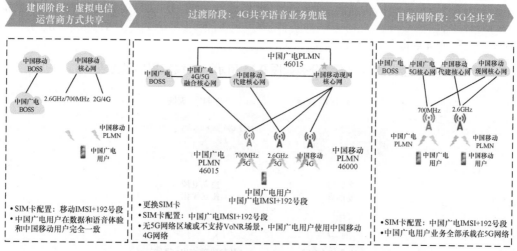

图9-13　中国移动与中国广电整体网络演进

建网阶段，中国广电采用虚拟电信运营商方式放号，中国移动 2G/4G/5G 小区 + 700MHz 仅广播中国移动 PLMN 号。中国移动与中国广电虚拟电信运营商方式共享如图 9-14 所示。

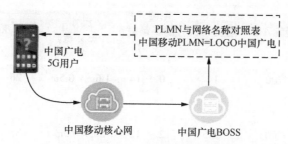

图9-14　中国移动与中国广电虚拟电信运营商方式共享

① 核心网部分

中国广电新建 BOSS 用于中国广电终端用户的放号和计费。中国移动与中国广电 BOSS 对接。

② 承载网部分

中国广电有偿租用中国移动的传输承载网络。中国移动 2.6GHz 和 700MHz 共 SPN 承载。

③ 无线接入网部分

数据配置沿用中国移动以往的 RAN 配置、频点优先级等配置规范，可能会按照电信运营商容量要求，部署 QoS 控制等。

（3）基站建设方案

① 700MHz 天线选型

双方明确 700MHz 只用于宏基站建设，暂不考虑室内分布、微基站，采用"4448""4＋4＋4""单4通道"3 类 6 款天线。

支持 700MHz 建设的多频天线分类如图 9-15 所示，天线应用场景见表 9-5。

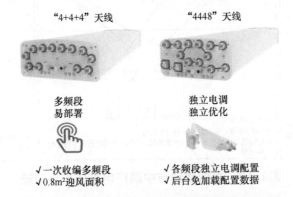

图9-15 支持700MHz建设的多频天线分类

表9-5 天线应用场景

分类	类型	频段 /Hz	增益 /dBi	电调天线的下倾角 /（°）	尺寸（长×宽）	质量 /kg	适用场景
独立700MHz天线	单4（普通型）	700	14	0～14	1.6m×0.5m	26	适用于有新增天面空间的场景
	单4（高增益）	700	15.5	2～12	2m×0.5m	35	适用于有新增天面空间且需要高增益的农村或特殊场景

续表

分类	类型	频段/Hz	增益/dBi	电调天线的下倾角/（°）	尺寸（长×宽）	质量/kg	适用场景
700MHz与FDD系统合路天线	"4+4+4"（普通型）	700/900/1800	13.5/14.5/17	0～14/ 0～14/ 2～12	1.6m×0.5m	37	适用于700MHz仅需与FDD进行整合的场景
	"4+4+4"（高增益）	700/900/1800	14.5/15.5/17	2～12/ 2～12/ 2～12	2m×0.5m	42	适用于700MHz仅需与FDD进行整合且需高增益的农村或特殊场景
700MHz与FDD、TDD系统合路天线	"4448"（普通型）	700/900/1800/FA	13/14/16.5/13.5（F）/14.5（A）	0～14/ 0～14/ 2～12/ 2～12 （FA）	1.6m×0.5m或2m×0.4m	43	适用于700MHz与FDD（900MHz及1800MHz）、TDD天馈整合为1副天线的场景。一般为频率制式较多、天面资源紧张的城区高业务区域（"4448"天线）

② 天面整合方案

天面整合分类如图9-16所示。

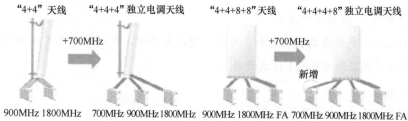

"4+4"天线　　"4+4+4"独立电调天线　　"4+4+8+8"天线　　"4+4+4+8"独立电调天线

+700MHz　　　　　　　　　　　　　　　+700MHz

新增

900MHz 1800MHz　700MHz 900MHz1800MHz　900MHz 1800MHz FA　700MHz 900MHz 1800MHz FA

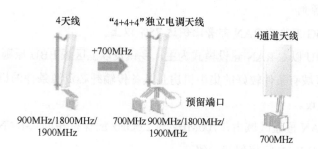

4天线　　　　"4+4+4"独立电调天线　　　　　　　　4通道天线

+700MHz

预留端口

900MHz/1800MHz/1900MHz　700MHz 900MHz/1800MHz/1900MHz　700MHz

图9-16　天面整合分类

a. 双频天线整合

拆除原"4+4"双频天线,逐扇区原位替换为"4+4+4"独立电调天线。原900MHz/1800MHz RRU 接入新天线,新建700MHz RRU 设备接入新天线。

b. "4488" 天线整合

拆除原"4+4+8+8"天线,逐扇区原位替换为"4+4+4+8"独立电调天线。原900MHz/1800MHz/FA RRU 设备接入新天线,新建700MHz RRU 设备接入新天线。

c. 单频天线整合

拆除原4天线,逐扇区原位替换为"4+4+4"独立电调天线,优先替换900MHz,其次替换1800MHz,最后替换1900MHz。原 RRU 设备接入新天线。新建700MHz RRU 设备接入新天线。预留端口做好防水。

d. 新建4通道天线

利旧空余抱杆或新增抱杆安装700MHz 单频天线。新建700MHz RRU 设备接入4通道天线。

③ 主设备建设

700MHz 无线网络资产保持独立、资产界面清晰,坚持采用 C-RAN 模式建设,乡镇以上区域比例不低于75%。通过 RRU 级联、多载波基带板应用,坚持低成本建站。

a. 主设备选择

RRU:选择符合企业标准的 2×45MHz 设备。

BBU:700MHz BBU 采用新增独立机框建设,保持网络结构和资产清晰。

基带板:多站共址(含 C-RAN)场景,按照共址站点数量选择合适的多载波基带板(例如,1板12载波),降低建设成本。

RRU 连接:优先采用级联的方式,对于重要覆盖场景,可以采用无源波分(纤芯资源不足)或直连(纤芯资源充足)方式开展。

b. 组网模式

组网模式按照 SA 方式开展建设。

c. C-RAN 部署原则

乡镇以上区域 5G 网络 C-RAN 部署比例达75% 以上。

700MHz 5G BBU 以 C-RAN 建设模式为主,乡镇及以上区域 BBU 原则上按 C-RAN 集中建设;农村热点区域有条件较好的集中机房且具备传输纤芯资源条件的机房,BBU 优先按照 C-RAN 集中建设。

在 2.6GHz C-RAN 覆盖区域内,700MHz 与 2.6GHz 应保持相同 C-RAN 组网方式,即 C-RAN 覆盖范围与 C-RAN 机房保持一致。

④ 天线及配套建设

700MHz 天面建设以共址站为主,对于天面紧张站点优先部署多频多端口电调天线整合现网腾出抱杆。对于采用 C-RAN 建设站点，RRU 按与铁塔公司职责分工解决供备电需求。700MHz BBU 放置的自有机房按配套需要进行改造。

a. 天线建设

统筹考虑 2.6GHz、700MHz 建设需求，对天面资源紧张的站点以"4448""4 + 4 + 4"天线进行整合，不过度整合、预留网络优化调整空间，尤其对于超高（超 50m 挂高）站点，700MHz 需要单独建设天线。对于整合替换下来的帧定位 / 分解器（FA/D）、"4488"等天线，要求在后续建设 4G、5G 的 2.6GHz 站点时充分利旧。

b. 机房建设

集中式无线接入网（Centralized Radio Access Network，CRAN）集中机房优选自有物业机房，充分利用公共免租物业。集中机房应充分考虑后续运营成本，按照优先级顺序由高到低选择自有物业机房（含综合接入用房）、公共免租物业、公共绿地新建一体化机房（机柜）、稳定物业的铁塔机房，尽量避免选择使用私人物业。

c. 供电备电

供电备电设备遵循"能利旧不新增"原则，新增部分按职责分工解决供备电需求。

机房供备电：C-RAN 集中机房原则上备电 2 小时，采用分布式无线接入网（Distributed RAN，D-RAN）的自有一般站点满足 1 小时备电，供电不稳定站点需要满足 2 小时备电，并按照需求开展外电及电源改造。

天面供备电：铁塔天面，C-RAN 站点机房退租前，RRU 备电根据中国移动与中国铁塔签署的服务协议进行备电，机房退租后，结合天面 AAU/RRU 功耗情况配置铁锂电池备电；D-RAN 站点由铁塔公司解决供电和备电。自有天面按照需求进行外电扩容，至少备电 1 小时。重保基站、供电不稳定站点酌情增加备电时长。

⑤ 承载网建设

5G 承载网络建设均采用端到端 SPN 网络承载方案，农村区域的新站址传输设备部署低成本的 10GE SPN 接入设备。

农村 C-RAN 站建设的原则是，对于农村区域 5G 站点，以 D-RAN 建设为主。在具备条件的情况下，农村区域的部分 5G 基站可以按照 C-RAN 方式部署。

按照 C-RAN 方式部署的农村 5G 基站必须满足以下几个方面的要求。

a. C-RAN 集中机房

C-RAN 集中机房不允许采用新建业务汇聚机房的方式，建议采用现网基站或新建一体化机柜的方式集中。

b. 投资要求

采用 C-RAN 方式建设的基站平均造价不能超过采用 D-RAN 方式的平均造价。造价包括集中机房改造和传输设备建设、拉远站的接入光缆和杆路等建设投资额。

c. 可集中场景建议

我们建议在以下场景可以考虑采用 C-RAN 方式部署。拉远站前传新建接入光缆距离不超过 1km。原接入光缆为手拉手或是星形架构，采用 C-RAN 方式可利旧原接入光缆。

2. 应用

（1）700MHz 垂直行业应用

TDD DL/UL（下行链路／上行链路）子载波时域上相互间隔，使 TDD 难以满足 1ms 时延要求，FDD DL/UL Subframe（子帧）频域上互相隔离，同时上传与下载数据，因此，可以满足 1ms 时延要求，Sub 1GHz FDD 更适用于 uRLLC。相比 TDD 组网，700MHz 采用 FDD 组网方式在 5G uRLLC 更具有优势，对于智慧医疗、工业制造和自动驾驶等对时延要求较高但速率要求不高的业务有比较大的应用范围。

（2）700MHz、2.6GHz、4.9GHz 载波聚合

通过载波聚合（Carrier Aggregation，CA）可以实现"700MHz + 2.6GHz""700MHz + 2.6GHz + 4.9GHz" NR 载波上下行聚合，增强终端上下行容量，进一步发展 eMBB、视频、AR/VR 等业务，提升用户的体验感知。

（3）700MHz 室内广覆盖补充

700MHz 无论在穿透损耗还是自由空间传播损耗上，相对其他频段均有较大优势，可作为 5G NR 打底频段，对于居民小区电梯、地下停车场等低话务区域，因其建筑结构特点，室外宏基站信号穿透困难，网络覆盖能力较差，网络建设投资与收益不成正比，使用 700MHz 可以实现低成本组网覆盖。

对于高密度居民区，使用 2.6GHz、4.9GHz 高频覆盖需要较多站址，居民小区站址协调的难度较大，通过宏微结合的方式实现整体良好覆盖，利用 700MHz 广覆盖的优势，可以保持高密度住宅等楼宇高频覆盖的适度领先。

3. 意义

700MHz 建设是应对中国电信与中国联通合建的一种策略。在现网结构下，2.6GHz 频段 5G 网络浅层覆盖（室外覆盖室内、穿透一堵墙）上行边缘速率大约为 1Mbit/s，如果中国电信与中国联通将 2.1GHz 频率重耕为 5G，其上行边缘速率可达 2Mbit/s，优于中国移动 2.6GHz 的覆盖能力。中国移动与中国广电可通过建设 700MHz，其上行边缘速率达到 3Mbit/s。

700MHz 建设大幅减少了城区深度、农村广度覆盖的投资成本，利用 700MHz 广覆盖、深度覆盖能力，可减少城区室内覆盖站、微基站的建设规模，减少农村基站的建设规模。

700MHz 建设有利于低成本快速形成全国 5G 室外全覆盖。初步判断 5G 业务迁移速率低于 4G，且 2.6GHz 的建网成本较高，以 2.6GHz 为主的 5G 网络建设进度预计会落后 4G 约 1 ～ 2 年。但引入 700MHz 后，借助其低成本优势（与中国广电分摊后每站的建设成本仅数万元），建设进度与 4G 相当，在全国范围内可快速实现 5G 网络室外全覆盖。

700MHz 建设能够增加中国移动频率资源。通过合作，中国移动可共享中国广电 2×30MHz 宝贵的低频资源，频率总量和人均资源量提升约为 20%，在一定程度上缓解了频率资源受限的情况。

700MHz 建设助力构建 VoNR 基础承载网络。700MHz 较强的穿透能力，为 VoNR 语音室内深度覆盖提供了技术基础。这一频段的容量虽然较低，但是足以满足语音这类小包业务需求，因此，700MHz 可快速构建 VoNR 基础承载网络，加速 GSM、4G 退频，并且通过部署 VoNR 使核心网能力集中，有利于降低核心网建设成本和维护成本。

9.2.7 4G/5G 网络共建共享成效总结

1. 网络

中国移动与中国广电在移动网络的基础相差较大。中国移动是全世界最大的移动网络电信运营商，在国内电信运营商市场份额中占据主导地位。在中国移动网络共建共享建设初期，双方全方位实施了互补型的共建共享策略，即双方按一定比例共同投资建设 700MHz 5G 无线网络，共同所有并有权使用 700MHz 5G 无线网络资产。中国移动向中国广电提供 700MHz 频段 5G 基站至中国广电在地市或者省中心对接点的传输承载网络，并开放共享 2.6GHz 频段 5G 网络。

（1）700MHz 5G 网络建设

2022 年年末，在国家 5G 战略的指导下，中国移动与中国广电深入推进 5G 网络共建共享，在全国 31 个省、自治区、直辖市建成覆盖全面、功能完备、业务灵活、安全可靠的 5G 精品网络。在共建共享战略下，双方已经完成了 48 万个 700MHz 基站建设，实现乡镇以上区域连续覆盖并广泛延伸至行政村。

需要注意的是，根据中国广电发布的《中国广电 5G 手机产品白皮书（2023 年版）》，2022 年年末，中国广电实际可用 4G、5G 基站总量已达 360 万个，其中，4G 基站约为 234 万个，5G 基站为 126 万个，成为全球超大规模无线网络电信运营商中的一员。中国移动实现全国市县城区、乡镇以上连续覆盖，服务 5G 网络客户约为 6 亿户，5G 网络规模、客户规模均居全球首位。

（2）中国广电专用核心网建设

中国移动与中国广电的共建共享主要集中在 700MHz 无线基站，5G 核心网仍需要中国广电自主建设，而自建核心网将是中国广电实现品牌和业务独立运营的关键，对中国广电而言至关重要。中国广电 5G 核心网工程主要为南北两大区控制面节点和各省用户面节点。其中，省级节点包括与其他 3 家电信运营商的互联互通等。5G 核心网节点的建设完成后，中国广电将具备承载 5G 中国移动互联网、工业互联网、VoNR/VoLTE 语音等业务的能力，并支撑中国广电 5G 在生态、旅游、农业、教育、医疗、工业互联网、高清视频、NR 广播等领域广泛应用。

值得一提的是，2022 年中国广电核心网的建设进展持续推进。2022 年 4 月 8 日，歌华有线完成了中国广电 5G 核心网北方大区控制面和北京节点用户面建设。2022 年 6 月，中国广电广州公司完成中国广电 5G 核心网南部大区节点一期项目建设，项目覆盖南方 15 个省份，并实现与北部大区节点互为主备。全国范围来看，31 个省级都取得了阶段性成果，部分地区甚至已完成 5G 核心网建设。

（3）4G/5G 无线网络割接

中国移动向中国广电开放共享单层连续覆盖 4G 网络、全部 700MHz 和 2.6GHz 5G 网络。截至 2022 年 9 月底，中国移动已将 323 万个 4G/5G 基站（其中，4G 基站 224 万个、5G 基站 99 万个）割接入中国广电专用核心网。存量基站基本完成既定共享目标、新增基站将随建设进度同步接入中国广电专用核心网。

（4）联合开展新技术试点

① 700MHz 5G 高铁覆盖外场试点

2022 年 10 月，中国移动与中国广电联合召开 5G 高铁专网覆盖技术方案、试点规范评审会暨试点启动会，在试点省份共同进行 700MHz 5G 高铁专网覆盖外场试点。试点基站同时接入中国广电专用核心网和中国移动核心网、同时发送中国移动网号 46000 和中国广电专属网号 46015，测试验证 700MHz 网络性能和双方用户的业务体验。

② 700MHz 广播业务外场试点

2022 年 8 月，中国移动与中国广电在某试点区域开展 700MHz 广播业务外场试点。双方共同确定了测试频率、测试计划、测试时间和工作安排等。2022 年 9 月，中国广电顺利完成了 700MHz 频段广播外场试点测试工作。

（5）4.9GHz 频段合作

在 4.9GHz 频段，中国移动获批 100MHz 带宽（4800 ～ 4900MHz）、中国广电获批 60MHz 带宽（4900 ～ 4960MHz），双方频率相邻、制式相同，使用时要规避交叉时隙干扰，网络配置上必须帧头对齐、子帧配比相同，天然存在合作需求。

2022 年 10 月，中国移动与中国广电初步沟通后达成合作意向。技术方面，联合推动端到端产业链成熟，共同提升终端普及率，制定企业标准、推进行业标准；建设方面，公众网络统一规划、统一建设，政企专网协同规划、协同建设。双方梳理合作细则、协商协议文本，在年底前，各自履行汇报决策流程、完成合作协议签署。

（6）国际业务合作情况

2022 年 10 月，中国移动和中国广电就国际业务合作实施方案达成共识，由中国移动帮助中国广电进行国际话务和短信业务的转接。由双方共同协商协议文本，力争尽快完成决策流程，签署合作协议，并进行组织实施。

（7）4G 网络全量共享北京试点

2022 年 9 月，中国广电向中国移动提出，为了高效解决网络优化问题、降低网络维护协同压力，希望中国移动向中国广电开放共享全量 4G 网络。

中国移动支持中国广电发展，与中国广电的共建共享共赢合作必须坚持"推进高质量发展、维护行业价值"的基本原则。

针对中国广电的需求，中国移动建议先在北京五环区域内实施向中国广电开放共享全量 4G 基站的试点。试点期间，监控中国广电用户网络质量和业务指标、监测北京地区中国广电市场发展情况及对中国移动公众市场的影响、监督中国广电高质量发展原则执行的具体情况。根据试点情况，聚焦网络、市场两个方面综合研判，提出向中国广电开放共享 4G 网络的最终策略。

2. 应用

中国移动与中国广电在快速部署 5G 基础网络覆盖的同时，5G 应用也进入规模化发展阶段。

（1）面向 toC 领域

根据电信运营商发布的运营数据，截至 2022 年 11 月底，中国移动发展 5G 套餐用户数约为 5.95 亿户，中国电信 5G 套餐用户数约为 2.63 亿户，中国联通 5G 套餐用户数累计为 2.09 亿户，中国广电 5G 套餐用户数累计为 500 万户。

从整体来看，四大电信运营商 5G 套餐用户数已经累计达到 10.72 亿户，整体 5G 套餐用户渗透率已经超过 60%。

如何提升 5G 用户服务体验，让用户充分感知到 5G 网络的优势，真正成为 5G 用户，是电信运营商需要发力的重点工作。如今电信运营商正在不断优化 5G 超高清、5G 云 AR/VR、5G 云游戏、5G 消息等应用体验，并推出了 5G 量子密话、5G 新通话等业务。

（2）面向 toB 领域

经过几年的发展，5G toB 基本走过了从"0 到 1"的初始阶段，正逐步走向"1 到 N"的规模复制阶段。根据 2022 年 11 月 16 日发布的《5G 应用创新发展白皮书》，5G 应用经历 4 年多的发展，在部分行业已经开始复制推广。2022 年已经实现商业落地和解决方案可复制的项目数量占比超过 56%，比 2021 年提升了至少 7 个百分点。同时，2022 年近 4000 个项目实现了解决方案可复制，与 2021 年 1874 个可复制项目同比增长了 113.4%。

不过尽管先导领域应用开始规模复制，但是推广普及仍面临芯片 / 模组等高成本、5G 融合应用产业支撑体系碎片化严重等难题。同时，行业在 5G 标准能力、应用规模化监管体系建设等方面仍需发力。

面向 toB 领域，中国移动在工业、医疗、教育、交通、港口等多个行业领域发挥赋能效应，形成多个具备商业价值的典型应用场景，已覆盖国民经济 97 个大类中的 40 个，5G 应用案例累计超过 2 万个。

例如，在工业领域已经形成"5G + 机器视觉""5G + 远程辅助"等 40 余个应用场景解决方案；在采矿领域，"5G+ 远程掘进""5G + 智能综采""5G + 井下设备远程操控""5G + 无人矿卡"等解决方案已经实现试点商用；在港口领域，"5G + 远程控制龙门吊""5G + 无人集卡"等应用解决方案逐渐成熟；在医疗领域，"5G + 急救车""5G + 远程会诊""5G + 远程院后康复治疗"等方案已在应用和部署中。

中国广电也在积极布局。一方面，此前中国广电以提供视听内容服务为主，而 5G 视听媒体应用就成为中国广电布局的一大方向。这不仅体现在各地 5G 高清视频建设和应用中，可以通过"5G 频道""直播中国"App 的推出也能反映出来。

2022 年 7 月，中国广电推出"5G 频道"体验版，包括东方 5G 频道、深视 5G 频道、天泽 5G 频道、翼享 5G 频道，频道应用中囊括卫视直播和点播等视听专区。2022 年 9 月，中国广电上线"直播中国"App。"直播中国"App 是中国广电根据全国有线电视网络整合和中国广电 5G 建设一体化发展打造的中国广电 5G 融合视听服务平台。

另外，中国广电也通过 5G 网络覆盖成本的优势和各地政企客户市场的优势，与 5G 垂直行业的头部企业合作，推动跨行业的数字化、信息化转型升级。在党政领域，中国广电围绕党建应用、平安城市、雪亮工程、智慧政务、智慧社区等不断发力。在垂直行业领域，中国广电正在不断深耕"5G + 养老""5G + 教育"等服务行业。

3. 共建共享建设实践

中国移动与中国广电在 4G/5G 网络共建共享的过程中，双方在无线接入网、核心网和承载网方面进行了深入合作。以 700MHz 频段建设为例，无线接入网部分，双方共同建设 700MHz 无线网络，中国广电提供 700MHz 频段资源，中国移动全面承担 700MHz 5G 无线网建设。另外，700MHz 频段直接建设 5G，并支持 VoNR。中国移动采用"NSA + SA"双模，中国广电直接采用 SA 单模。核心网部分，双方连接各自独立的核心网，并承担其自有核心网的网络维护工作。需要注意的是，在初期，中国移动可以共享部分核心网功能，中国广电需要优先自建计费、用户管理，客户运营等系统。承载网部分，中国移动向中国广电提供 700MHz 频率 5G 基站，可供中国广电在地市或者省中心对接点的传输承载网络使用。

中国移动以 700MHz 做广域覆盖，2.6GHz 做热点覆盖，4.9GHz 做室内覆盖，既能满足当前 toC 的需求，也能满足未来 toB 的应用。同时，可以有效减少中国移动的 5G 建设投资成本，快速形成媲美 4G 的网络覆盖能力。

中国广电将发挥城市社区管网资源庞大、市政路灯杆共享使用等优势，全面开放房屋、通信管道、社区管网、光纤、吊线、电视塔、市政路灯杆及配套设施等共享，推动"社会塔"向"通信塔"融合。

（1）某广播电视台 5G 试验站点

本次试验站点由中国广电提供塔桅资源，中国移动负责基站建设，建成后双方共享。双方规划了一个 700MHz 宏基站和一个 4.9GHz 宏基站，采用拉远方式。上端站位于距离该站点 2km 外的中心机房内，机房内新增 5G BBU，传输资源及电源配套均可利旧。下端站为某广播电视总台。总台主楼层高 64m，经现场勘察、比较，选择在楼宇顶层架设 5G 基站。

700MHz 扇区点到弧线顶端距离为 250m 左右，一般情况下，扇区半功率角为 65°。

4.9GHz 扇区点到弧线顶端距离为 250m 左右，一般情况下，扇区半功率角为 110°，前期只做 2 个扇区，第 3 个扇区 RRU 拉至楼宇内展厅部分再做临时覆盖。

配套方案选择楼顶楼梯间新增 1 个一体化综合柜，楼顶楼梯间一体化机柜示意如图 9-17 所示，用于本次 AAU 及 RRU 的取电。

在楼顶的"女儿墙"（建筑物屋顶周围的矮墙）外侧采用新增墙饰型方柱外罩，墙饰型方柱外罩示意如图 9-18 所示，用于安装天线、AAU 和 RRU。

女儿墙内侧支架围拢方式

图9-17 楼顶楼梯间一体化机柜示意

女儿墙外侧天线外罩

女儿墙内侧支架

图9-18　墙饰型方柱外罩示意

（2）建设难点

5G 建设将呈现宏基站与微基站协同、室内与室外协同、高站与低站搭配的异构网形态。

目前，各家电信运营商 5G 建设需求较大，建设规模大、基站改造内容呈现多样性和综合性、各家电信运营商的覆盖策略不一致等因素，导致作为负责机房、铁塔以及电源等配套建设和维护工作的中国铁塔，在 5G 基站建设改造过程中出现原有塔桅承载力不足、电源配套容量不足、市电容量不足、机房空间不足等问题。5G 建设的难点和痛点示意如图 9-19 所示。

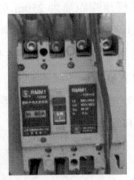

塔桅承载力不足　　　电源配套容量不足　　　市电容量不足　　　机房空间不足

图9-19　5G建设的难点和痛点示意

（3）寻求解决方案

① 寻求政策支持，获取社会资源

积极对接政府各部门，探索旅游景点、公地、绿地和垃圾站等公共资源利旧使用，充分利用建筑物楼面、墙面、路灯杆、监控杆、电力塔等社会资源，满足 5G 挂载需求，加大 5G 覆盖重点区域内的社会资源储备力度，做好社会杆塔承载能力评估，从而缓解目前 5G 建设中塔桅承载力不足的问题。目前，比较常见的做法是，考虑引入智慧灯杆一体化建设,智慧灯杆示意如图9-20所示。

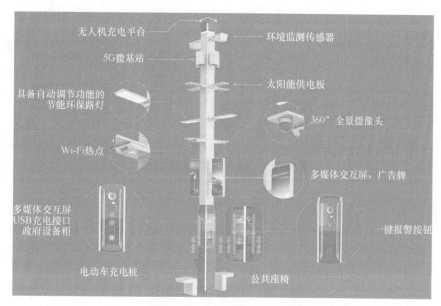

无人机充电平台
环境监测传感器
5G微基站
太阳能供电板
具备自动调节功能的节能环保路灯
360°全景摄像头
Wi-Fi热点
多媒体交互屏、广告牌
多媒体交互屏
USB充电接口
政府设备柜
一键报警按钮
电动车充电桩
公共座椅

图9-20 智慧灯杆示意

② 联合厂家测试,促进产品创新

根据目前5G基站建设遇到的蓄电池容量、开关电源容量、空调制冷量以及外市电容量不足等问题,应积极联合厂家,进行现场勘察设计,研发测试满足建设需求的产品。例如,中国移动充电站、5G液冷基站、智能开关电源柜等创新产品。5G液冷基站示意如图9-21所示。

③ 加强技术攻关

针对目前5G基站塔桅承载能力受限的问题,应通过多样化结构加固改造方式进一步提高铁塔的挂载能力。

图9-21 5G液冷基站示意

④ 电视大塔改造

中国广电当前有8000～10000个电视大塔,参考现在铁塔的租金约为每站每年4万元,利旧电视大塔可以节省租金至少每年3.2亿元。因此,在站址规划、设计和勘测中,充分利旧中国广电的电视大塔,核实电视大塔位置、配套情况以及改造实施的可能性,可以考虑在电视大塔半腰30～40m处增加平台,部署无线设备,减少租用铁塔站点,进一步降低铁塔租金。电视大塔改造示意如图9-22所示。

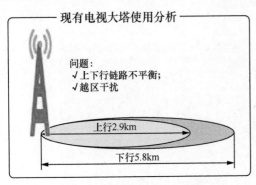
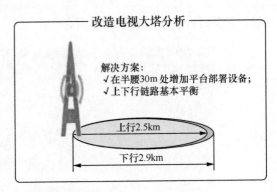

图9-22   电视大塔改造示意

其他共建共享建网方式探讨

Chapter 10

第10章

•• 10.1 分区域共建共享模式

目前，分区域共建共享模式已经成为移动网络共建共享模式中的重要形态。比较简单的一种方式是对等分区域开启移动网络共建共享，另一种方式则是根据区域不同，有选择性地开启移动网络共建共享。

10.1.1 对等分区域开启移动网络共建共享

在这种共建共享模式中，每家电信运营商负责的高价值区域、城市地区、一般区域和农村区域基本对等。完全等分这些区域不太现实，但基本上对等是可以做到的。

个别区域统计，可能漫游量不对等，差额较大。电信运营商 A 承建区，电信运营商 B 产生大量漫游；电信运营商 B 承建区，电信运营商 A 产生大量漫游。但是在集团层面统计，漫游流量基本对等，对冲掉大部分漫游流量，剩下少量差额结算。如果集团层面统计出现漫游流量差额非常大的情况，则把某一家电信运营商一些用户大量漫游到对方网络、网络的使用量占比非常大的区域，通过网络资源收购与转让，调整为该电信运营商的承建区域，可以降低漫游量，实现基本对等，对冲掉大部分漫游流量，剩下少量的差额结算。

每家电信运营商只须承担部分区域的网络建设维护，虽然在退出的区域，用户漫游到对方网络，需要向对方缴费；但是在承建区域，对方的用户漫游使用需要向承建方缴费。一增一减，总量实际上是差不多的。通过分区域共建共享，每家承担部分的网络建设维护量，网络集中度提高，网络负载率提升，降本增效，可以节省数千亿元建设维护成本，相当于数十年的利润。

既有的网络资源通过资产转让与收购，退出的一方将其调整给承建的一方。这种转让是相互的，按统一规则计价，补价差，完成资产置换，调整为使用方与承建区域一致。一部分承建电信运营商不需要的设备可以拆走搬迁，由退出的一方搬迁到其他区域补盲覆盖或者将其作为备件，性能差耗电量大的设备可以直接淘汰。

按照 4G 与 5G 深度融合、电信运营商共享频率资源、共建一张多频段立体覆盖网的原则，结合既有资源状况，对网络进行整体规划，按规划设计方案，结合 5G 网络建设，4G 网络补盲覆盖，承建区域划分，分期分批对网络进行优化调整。根据需求量变化的情况，调整规划设计，调整网络。

对等分区域共建共享按一张网的原则进行规划设计，分区域共建共享，承建区域划分、后期的承建区域调整就比较简单了。资产归属哪家电信运营商，就由哪家电信运营商负责维护等。无论谁来建设、维护、规划、设计，都一样，只需确认承建和维护电信运营商，不需要再改造网络。

针对既有的 2G、3G 网络，维持原状，继续运营，用户量少的区域率先采取区域性退网策略，逐步扩展到全国退网。新建的网络，4G/5G 融合一张网规划设计，不再考虑 2G、3G 的问题。

10.1.2　有选择性地开启移动网络共建共享

这种共建共享模式可以考虑根据城市人口、地理区域的不同，有选择性地开启移动网络共建共享。

在城市区域及部分业务热点区域，电信运营商分别按照目前合作模式进行建设。其他区域尤其是农村等需要广覆盖的区域，考虑到低频覆盖的优势，多家电信运营商共建一张低频网络。另外，toB 场景由电信运营商自己负责建设。

选择性分区域共建共享的关键在于，把数字乡村移动通信的基础设施和 700MHz 频谱资源定位于覆盖包括乡村地区人口在内的全体移动通信用户的基础公共资源，700MHz 可面向农村区域建设一张全国范围低频 5G 共享接入网。农村不是高话务量、高利润区域，每家电信运营商都承担一部分成本，从而使农村等偏远地区的网络覆盖效能更高，对任何一家电信运营商而言都是有好处的。

多家电信运营商在农村地区共建共享 700MHz 5G 网络，技术层面遇到的调整可以攻克，更重要的是，协调多家电信运营商在商业层面达成一致。

●●10.2　All In One（大一统）共建共享模式

所谓的 All In One（大一统）共建共享模式，即所有电信运营商共建共享一张移动网络。All In One（大一统）共建共享对于多家电信运营商来说，电信运营商移动网络的建设成本将明显降低，带来良好的经济效益。需要说明的是，All In One（大一统）共建共享模式网络的规划、维护、优化难度大幅度提高，将给各家电信运营商带来很大挑战。

10.3　混合组网共建共享模式

混合组网共建共享可以是分区域共建共享、共同出资共建共享，以及异网漫游等多种共建共享方式并存。

分区域共建共享适用于低价值区域和一般区域。每家电信运营商负责一些区域的接入网建设维护，接入网同时发射多家电信运营商网络标识，同时接入多家电信运营商核心网，共建共享拼接成全国覆盖网络，用户可以全国无缝漫游切换。对于电信运营商而言，只需承担一部分区域的网络建设维护，因此，整体建设、维护的成本明显降低。

共同出资共建共享适用于热点区域和高价值区域。参与的电信运营商共同分摊网络建设成本，按使用量分摊网络运维成本和电费。网络建设成本、网络运维成本和电费是可以计量的。参与的电信运营商共同监管，共同确定规则，共同认定成本核算、分摊比例，按认定的比例分摊成本，实现共建共享。这种方式电信运营商的界面比分区域共建共享要复杂一些。

异网漫游适用于没有完成共建共享改造（接入网同时发射多家电信运营商的网络标识，同时接入多家电信运营商核心网）的区域，以及归属电信运营商没有网络覆盖的区域、归属电信运营商网络拥堵、故障、终端不支持所在位置电信运营商频段和网络制式等情形。归属电信运营商网络不可用时，自动漫游切换到其他电信运营商网络。归属电信运营商网络恢复可用，自动切换回来，优先使用归属电信运营商网络。

需要说明的是，3种共建共享合作方式可以并存。分区域共建共享还是共同出资共建共享，或者是各自建设不共建，不同区域的接入网可以采取不同的合作方式。

异网漫游则可以全网、全制式、全频段开通。无论是分区域共建共享、共同出资共建共享，还是各自建设不共建的接入网，在归属电信运营商网络不可用时，都可以通过异网漫游，共享使用。

混合组网共建共享模式因地制宜，相当灵活，适合复杂的运营环境下的网络建设；在技术上并没有太大的困难，但实现的难度在于平衡各家电信运营商的商业利益，这是未来在移动网络建设上面临的重大课题。

共建共享结算

Chapter 11

第11章

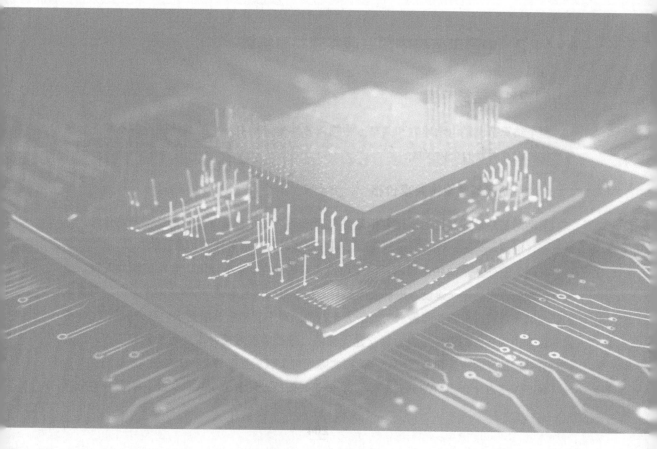

●● 11.1 概述

　　早在 2010 年前后，各地通信管理局为了加强和规范电信基础设施共建共享租赁价格结算管理，促进电信基础设施共建共享工作，维护共建共享双方企业权益，保障已共建共享的电信基础设施安全运行，在充分征求企业意见的基础上，纷纷出台共建共享租赁价格结算管理办法，从资源确定、费用结算、责任及义务等方面对当地电信基础设施共建共享租赁价格结算提出了具体要求。

　　随着 2019 年 5G 建设序幕拉开，以中国电信和中国联通实施 5G 网络共建共享为标志，为落实国家加快新型基础设施建设、推进数字化转型的决策部署，电信运营商之间本着互惠互利、公平对等的原则，在网络共建共享、资源开放和资源结算等方面展开友好合作。电信运营商向对方开放网络资源，尽最大努力满足对方共享需求，充分发挥双方网络资源互补优势，实现资源最大化共享，提升双方投资效能并节约运营成本。

　　中国电信与中国联通、中国移动与中国广电移动网络共建共享模式，二者之间的区别较大，因此，其共建共享结算方式也不同。

●● 11.2 中国电信与中国联通共建共享结算

11.2.1 结算范围

　　整个结算范围是由承建方和共享方根据双方共建共享中发生的具体的设备及其配套服务产生的相互关联的个体组成。

1. 移动网基站设施共享价格

　　移动网基站设施涵盖的范围包括基站机房、基站设备、室内分布系统、基站传输、基站配套（电源、天面）等基础设施资源。双方核实具备共享条件的站点开放共享。

　　4G/5G 室外基站的共建共享可以采用设备开通独立 / 共享载波、合路信源共天馈，或独立天馈的方式共建（建设方提供天面配套，共享方安装设备或天馈）。对于双方均有需求的新建站点，可以根据共同需求实现最大化共建。对于新增的铁塔需求，双方应按 TCO 最优的原则由优惠方向铁塔建设方提交建设需求，进行需求对接并落实后续建设工作。涉及代对方支付部分的租金和电费，双方根据实际代付金额相互结算。

　　4G/5G 室内分布系统的共建共享可以采取共信源开通独立 / 共享载波，或者共享分布系统的方式建设（共享设备优先）。如果该区域是一方未覆盖的，则未覆盖方可共享已覆盖方室内分布资源。如果该区域是双方均未覆盖的，则可由一方承建，另一方共享，或按照TCO最优原则由一方委托铁塔公司建设，开通独立载波或共享载波。自有4G/5G室内分布系统可以参照双方约定的结算标准进行结算。对于租赁铁塔公司室内分布，建议双方各自分摊一半铁塔租金，相互结算。

2. 传输通道资源共享价格

传输通道资源涵盖的范围包括干线、本传送网线路中的管道、杆路、纤芯等。

双方按照光纤到户的两项国家标准共同推进驻地网小区、商务楼宇、聚类市场共建共享工作。在工业园区、市政道路和镇区主要道路等进行管道建设时，双方及时互通信息，按照共建原则进行建设。

切实推进在管道、杆路及光缆线路等方面的深度合作，实现资源优势互补，节约投资。原则上，有共同需求的新建管道、杆路、光缆线路全部由需求方共建。对于管道、杆路及纤芯资源的开放与共享，由双方根据当地资源的稀缺性情况，协商解决。对于所租赁的管道、杆路及纤芯等资源不得用于对外出租或者经营。

3. 电源局房资源共享价格

电源局房资源涵盖的范围包括核心汇聚机房、综合业务接入点机房、业务接入机房、干线机房和相关电源设施等。

双方接入网机房资源共享，由需求方向产权方发起共享申请，并提供对机房空间、电源、配套等详细需求。产权方对机房资源摸底并反馈，具备条件的一方应积极开放共享。

4. 资源代维价格

资源代维涵盖的范围包括干线、本地网线路代维等。以线路代维为主，包括日常巡视、计划性割接、技术性改造、故障抢修等。其中，割接、技术性改造、故障抢修所需的物料由所有方负责。

5. 宽带接入资源价格

宽带接入资源涵盖的范围包括宽带接入网资源，双方互为第三方。双方互相开放宽带接入网资源，安装及相关费用由双方分公司另行协商。

11.2.2　结算标准

由于全国各省市网络共建共享情况大相径庭，各地应根据实际情况，共建共享双方协商确定结算标准和细则。本小节我们以南方某省中国电信与中国联通双方共建共享结算为例，探讨结算标准，在工程实践中供大家借鉴参考。

1. 基站配套结算标准

① 双方在确定基站站址租赁标准参照铁塔公司的定价公式时，可以考虑不计折损率和利润率。基站电费可以按照设备的典型功率当月核算，按月或者季度结算。

② 对于天线挂高在 20m 及以下的附挂社会类资源地面站址和楼面抱杆类站址的资源租赁及相关服务，按照互惠互利、费用分摊的原则另行协商。

2. 室内分布系统（无源部分）结算标准

① 由于各种场景下（地铁、商场、学校、住宅楼等）的传统室内分布系统非常复杂，结算标准采用"一点一案"的方式进行计算。

② 室内分布系统（无源部分）含直放站。

③ 室内分布系统（无源部分）按照租用和自建两种场景分别计算结算价格。其中，租用场景可以参照租费作为结算的基准值；自建场景双方共享的系统年租金可以按照资产原值，核定折旧年限，分摊支付。如果该资源为一方独享，则由一方支付。折旧年限按照双方核定的折旧年限计算。

④ 对于室内分布系统包含场租费的情况，场租费可以按照核定系数进行结算。

⑤ 直放站电费可以按照设备典型功率当月核算，核定系数进行结算。

⑥ 对于分布系统上承载多套逻辑系统的场景，在原来结算价格的基础上，可以按照共享系统的占比确定最终结算价格。

双方按照"频段 + 系统"的组合模式，进行逻辑系统场景分类（仅用于室内分布），室内分布逻辑系统场景分类一见表 11-1。

表11-1 室内分布逻辑系统场景分类一

逻辑系统	800MHz	900MHz	1800MHz	2100MHz
CDMA	CDMA	—	—	—
GSM	—	GSM	GSM	—
WCDMA[1]	—	WCDMA	—	WCDMA
CDMA2000	—	—	—	—
LTE	LTE	LTE	LTE	LTE

注：1. WCDMA（Wideband Code Division Multiple Access，宽带码分多路访问）。

3. 4G 室外和室内分布基站独立 / 共享载波结算标准

（1）室外 4G 基站独立 / 共享载波方式共享

① 租赁费用包括设备租赁费、电费分摊和铁塔租金分摊 3 个部分。设备年租赁费和资产原值、折旧年限相关。资产原值包含各项配套费用。双方核定年租赁费，共享方每年承担电费和铁塔租金。

② 承建方建议不再收取传输、光缆、铁塔配套、电费和维护费等其他费用。

综上所述，共享方根据各地实际情况，核定每站打包价格，支付租赁费用给承建方。以上费用如果实际只产生了部分费用，则按照实际情况计费。如果承建方因为共享需要进行其他重大改造而需要投资大量资源（例如，因共享载波而导致基站过忙等问题需要开通独立载波方式共享，需要对基站信源改造、增加板卡等），则双方视具体情况另行协商。

（2）室内分布系统 4G/5G 基站独立 / 共享载波方式共享

对于室内分布系统场景下，4G/5G 基站独立 / 共享载波方式共享的租赁费用分为以下两个部分。

① 传输、光缆和信源产生的费用：核定费用已包含电费和维护费等其他费用，承建方不再另行收取。

② 室内分布系统费用：参照"室内分布系统（无源部分）结算标准"中相关标准结算室内分布系统的租赁费用。

对于 4G/5G 有源分布系统，双方共享资源年租金可参考资产原值，核定折旧年限，分摊支付。如果该资源为一方独享，则由一方支付。折旧年限按照双方核定的折旧年限计算。场租费和电费均可以按照双方核定的系数进行结算。

双方共享的系统年租金可以参考资产原值，核定折旧年限，分摊支付。如果该资源为一方独享，则由一方支付。折旧年限可以按照双方核定的折旧年限计算。

对于有源分布系统包含场租费、电费的情况，双方核定分摊比例结算。

对于有源分布系统上承载多套逻辑系统的场景，在原来结算价格的基础上，按照共享系统的占比确定最终结算价格。双方按照"频段 + 系统"的组合模式，进行逻辑系统场景分类（仅用于室内分布），室内分布逻辑系统场景分类二见表 11-2。

表11-2 室内分布逻辑系统场景分类二

逻辑系统	800MHz	900MHz	1800MHz	2100MHz
CDMA	CDMA	—		
GSM	—	GSM	GSM	—
WCDMA		WCDMA		WCDMA
CDMA2000	—	—	—	
LTE	LTE	LTE	LTE	LTE

上述的室内分布定价方式可以作为参考，各地可以按照互惠互利的原则从信源折算、覆盖面积、天线数量等角度自行协商结算办法。

11.2.3 其他约定

1. 付款周期

（1）共建共享账单入账

约定每季度、每月固定时间，双方公司工作组完成当月共享资源账单核对工作，并将经双方公司签字盖章后的账单提交本单位财务部门完成相关账务处理，确认共建共享的收入和成本。

（2）结算支付

双方省公司工作组汇总共建共享的收入和成本。财务部门依据工作组提交的双方核对后的共建共享账单，开展相关支付工作。

（3）核算及税务处理

具体核算及税务处理要求按照双方公司约定文件执行。

（4）按月或按季度支付租金

如果超过约定期限（例如，3 个月）未支付租金，则承建方有权停止共享并按退租处理。由此所产生的相关责任由共享方承担。

另外，双方确定的定价均不含税，涉及税金的部分由双方根据财务规定各自承担。

2. 资源确认

双方公司的需求发起、需求评估确认、交付验收和费用起租均通过书面方式逐条签字确认。双方公司定期汇总、核对资源使用情况，核算租金，签订租赁合同。

3. 交付时限

在交付时限上，建议双方公司约定，在收到共享需求后 N 个工作日（一般为 3 个或 5 个工作日）内确认资源。资源需求确认后，在没有不可控因素影响的情况下，原则上 N 个月（建议 1 个月）之内交付。

●●11.3 中国移动与中国广电共建共享结算

11.3.1 结算范围

基于《合作框架协议》《5G 网络共建共享合作协议》《5G 网络维护合作协议》《市场合

作协议》，中国广电向中国移动支付网络使用费。这些费用包括 700MHz 无线网络运行维护费、700MHz 传输承载网使用费、2G/4G/5G 网络使用费。

11.3.2　结算标准

结算标准所称的 5G 共建共享网络使用费业务结算是指，中国移动、中国广电签署的《5G 网络共建共享补充协议》中约定的 2G/4G/5G 网络和 700MHz 传输网络使用费业务结算。中国移动、中国广电签署《权利义务转让协议》，5G 共建共享网络使用费业务结算权利义务已转移至中国广电。

中国移动负责按照网络使用费结算数据出具账单、开票、收款、联合审计工作；中国广电负责确定公众业务分省结算数据、付款、联合审计工作。

双方在网络使用费结算方面，可参考如下标准。

① 中国广电按照中国广电及其附属公司的公众用户营业收入的固定比例向中国移动支付网络使用费，增值税按照国家规定的基础中国电信业务增值税率同时计算支付。

② 中国广电及其附属公司的公众用户营业收入是指，中国广电及其附属公司利用中国移动网络为公众用户提供服务所取得的通信服务收入，具体是指根据各类通信服务办理量、资费、符合高质量发展营销要求计算的收入，不包含宽带、电视业务收入。

③ 对于包含宽带、电视业务的融合套餐使用费及相关折扣，中国广电参照企业会计准则、遵循行业市场基本规则，科学合理地制定业务收入分摊规则，结合套餐中各项业务或服务的单独售价合理分摊至套餐涉及的各单项履约义务。

④ 中国广电支付的渠道费用、向其他基础电信企业支付的网间互联互通费用等。

⑤ 中国移动、中国广电联合采购第三方审计机构，对中国广电及其附属公司的公众用户营业收入进行审计，并根据审计结果对当年结算费用进行调整。

5G 共建共享网络使用费业务结算流程包括月度出账流程、季度结算流程和年度对账流程 3 类。

1. 月度出账流程

中国广电准备结算数据。中国移动和中国广电共建共享建设总部的 5G 共建共享办公室按月通知中国广电准备公众用户营业收入数据，中国广电负责明确各单位公众用户营业收入数据、收入结算比例及增值税等必要信息。

中国移动出具月度结算账单。中国广电在每月固定工作日向中国移动提供中国广电及其附属公司的公众用户营业总收入数据及各单位收入数据、收入结算比例及增值税等必要信息。经双方核对后，总部 5G 共建共享办公室将月度结算数据及暂估结算数据上传至 IT

运营管理平台，由信息技术中心出具上月结算账单和本月暂估结算账单并分发至各单位。

2. 季度结算流程

双方交换季度结算账单。 总部 5G 共建共享办公室于每自然季度末要求中国广电提供上季度结算数据，双方当面交换上一个结算周期的结算账单。

双方确定季度结算金额。 总部 5G 共建共享办公室根据已交换的季度结算账单，与中国广电确认该结算计费周期的结算金额。

发票开具及寄送。 中国移动各省公司按自然季度向中国广电或中国广电相应附属公司开具发票，收集汇总后统一送达中国广电。

资金结算。 总部 5G 共建共享办公室应于每个结算计费周期结束后依据结算协议要求中国广电支付结算资金。中国广电做好资金规划，支付结算资金。总部将收到的资金通过财务公司支付给各单位，各单位按结算单金额收款。

3. 年度对账流程

开展联合审计。 中国移动、中国广电双方联合聘请第三方审计机构按照年对中国广电公众用户营业收入进行审计。联合审计工作包括审计机构采购、制定审计规则标准、审计过程跟踪、审计结果确认等工作。

确定年度结算金额。 每自然年度的次年一季度，中国移动、中国广电以审计后的数据为准计算、确定上年度中国广电应向中国移动结算的最终金额，结算差额在下一自然季度结算周期进行调整处理。

●● 11.4　其他共建共享结算模式探讨

由于电信运营商之间的网络共建共享方式不同，各方在共建共享过程中扮演的角色也有所区别，所以共建共享结算模式有所差异。

前文详述了中国电信与中国联通、中国移动与中国广电的共建共享方式以及对应的结算模式。此外，是否还有其他的共建共享结算模式呢？在这里我们简单探讨一下。

11.4.1　共建一张网的结算

所有电信运营商共建一张网，这在业界看来是比较难以实现的课题，但是在农村偏远地区需要广泛推动 5G 网络快速覆盖，基于 700MHz 频段建设一张全国范围低频 5G 共享接入网，由多家基础电信运营商共享接入使用，尽可能避免重复建设。

就降本增效而言，农村不是高话务量、高利润区域。如果每家电信运营商都承担一部分成本，那么移动网络在农村等偏远地区的效能会更高。这对任何一家公司而言都是有好处的。多家电信运营商在农村地区共建共享700MHz 5G网络，技术层面将遇到挑战，但不会形成根本性制约。最主要的博弈是各家电信运营商在商业层面的问题。

其实，如果电信运营商"共建一张网"，那么结算起来就方便多了。在移动网络共建共享的基础上，电信运营商之间可以选择免结算。

在共建一张网的基础上，可以叠加异网漫游的架构。按"5G异网漫游"的标准，多家电信运营商不仅将共同制定5G异网漫游的相关技术标准、技术方案，还会对异网漫游结算价格等问题进行磋商。当一家电信运营商用户在自己入网的电信运营商没有5G网络覆盖的地方时，也能通过异网漫游方式接入另一家在当地有5G网络覆盖的电信运营商移动网络中去。需要说明的是，使用了异网漫游方式后，漫出方电信运营商就得向漫入方电信运营商支付网间结算费。

11.4.2 基础设施共建共享结算

2020年6月，工业和信息化部联合国资委印发《关于推进中国电信基础设施共建共享，支撑5G网络加快建设发展的实施意见》，部署推进铁塔等站址设施共建共享，加强杆路、管道等传输资源共建共享，加强住宅区和商务楼宇共建共享。通过引入铁塔公司建设电信基础设施，电信运营商租用并定期付费。中国铁塔与电信运营商之间的合作，有助于电信运营商快速高效地建设无线网络，支撑业务高品质发展。通过共同使用通信铁塔及相关资产，电信运营商将得益于共享资源的优势，同时有助于节省资本开支，进一步实现降本增效，推动企业高质量发展。

通信基础设施共建共享是信息通信行业发展壮大过程中，解决资源环境约束突出问题，实现集约化、可持续发展的重要选择。

●● 11.5 结算模式分析

本章所介绍的共建共享结算模式，有的是按照电信运营商各自约定标准进行结算，例如，中国移动与中国广电共建共享结算；有的是电信运营商对等租用资源，租金抵消，例如，中国电信与中国联通在各自承建区域对等规模建设，费用免结算；有的是共建一张网免于结算，例如，电信运营商约定在农村广覆盖区域共建共享700MHz 5G网络；还有的是漫出方电信运营商向漫入方电信运营商支付网间结算费，例如，电信运营商之间的异网漫游模式。另外，在基础设施共建共享方面，中国铁塔通过电信基础设施建设、电信运营商租用的方式，高效建设移动网络，加快打造绿色低碳数字信息基础设施，有效节省资本开支和运营成本。

虽然多家电信运营商网络现状存在较大差异，但应本着"顾大局、算大账"的宗旨，在全国范围内移动网络充分共建共享之后，建议对等共享资源部分免于结算。差额的部分可选择多方约定的结算标准再进行结算。这种方法可以最大程度地实现网络建设降本增效，为后期的共维共优提供有利的先决条件。随着网络共建共享的发展，相信未来一定还有创新的共建共享结算方式，有待于大家共同开发和利用。

基于共建共享的科技创新及成果转化

chapter 12

第12章

12.1 5G 应用发展回顾和展望

2021 年是中国 5G 商用取得重大突破的一年。这一年里，中国的 5G 网络覆盖从城市扩展到县城乡镇。5G 手机在新上市手机中的渗透率突破 75%。值得一提的是，5G 商用首先聚焦行业及应用，经过 2 年多的培育发展，行业级应用完成从"0"到"1"的突破，在国民经济 97 个大类中已经有 39 类应用。5G 行业级应用开始商用落地，部分行业级应用已开始在制造、能源、采矿、港口等先导行业进行复制推广。同时，新型融合应用产业支撑体系也初步建立。这标志着中国 5G 商用发展正在步入良性循环阶段，在创新应用开发和产业生态营造方面迈出了坚实的步伐。

随着 5G 商用的发展，5G 对经济社会的影响逐步显现。当前，这一影响突出体现在对数字产业发展的带动上，5G 对实体经济转型升级的支撑作用，随着应用的创新已初现端倪。根据中国信息通信研究院相关报告，2022 年 5G 直接带动的经济总产出约为 1.45 万亿元，间接带动的总产出约为 3.49 万亿元，间接带动经济增加值约为 1.27 万亿元，体现了 5G 的巨大经济价值。

5G 对经济社会影响的充分释放，有赖于 5G 应用的蓬勃发展，而这在很大程度上取决于支撑应用创新的产业生态体系能否逐渐成熟完备。为了实现这一目标，在政府的引导下，电信运营商、设备供应商、内容提供商、方案解决商、行业客户等产业界各方力量正在逐渐聚合，沟通用户需求，探索统一协调、性能优良、成本低廉的 5G 产品和服务模式。未来 1 ~ 2 年仍是 5G 应用产业生态逐步完善的关键时期，仍需要产业界齐心协力、共克难关。

12.1.1 5G 应用发展回顾

1. 有为政府与有效市场有机协作，推动形成 5G 应用发展合力

5G 顶层设计逐步完善，为应用发展指明方向。工业和信息化部深入贯彻落实党中央、国务院决策部署，按照 2021 年《政府工作报告》要求，加大 5G 网络和千兆光网建设力度，丰富应用场景。工业和信息化部联合中央网络安全和信息化委员会办公室、国家发展和改革委员会等九部门印发《5G 应用"扬帆"行动计划（2021—2023 年）》，从面向消费者（toC）、面向行业（toB）以及面向政府（toG）3 个方面明确了 2021—2023 年重点行业 5G 应用发展方向，大力推动 5G 赋能千行百业。相关文件《关于推动 5G 加快发展的通知》《"双

千兆"网络协同发展行动计划（2021—2023 年)》《工业和信息化部办公厅关于印发"5G ＋
工业互联网"512 工程推进方案的通知》，从网络建设、应用场景等方面加强政策指导和支持，
引导各方合力推动 5G 应用发展。

全国各地政府部门积极释放政策红利。根据中国信息通信研究院统计数据，全国各省
市发布 5G 相关政策达 320 余个，各地因地制宜，结合地方经济产业特点，明确 5G 产业和
重点应用发展方向和目标。

另外，5G 产业链合作愈发紧密。目前，工业和信息化部连续举办了 5 届"绽放杯"5G
应用征集大赛，5 年累计征集到超过 4.8 万个项目，参赛企业达 1.7 万家，极大地激发了
5G 应用创新热情。通过主办国际移动电信 -2020（International Mobile Telecommunications
2020，IMT-2020）(5G) 大会、中国国际信息通信展览会等活动，依托 5G 应用产业方阵
等行业组织，搭建"政、产、学、研、用"交流平台，畅通产融对接渠道，促进 5G 产业链、
创新链、资金链、人才链深度融合，营造合作共赢的产业环境。

2. 5G 发展基础扎实，网络建设和用户发展跑出中国速度

5G 网络建设坚持适度超前建设原则，截至 2023 年 6 月底，全国已建成开通 5G 基站
累计达到 293.7 万个，覆盖全国所有地级市城区，超过 97% 的县城城区和 50% 的乡镇镇区；
工业园区、港口和医院等重点区域已建成超 2300 个 5G 行业虚拟专网，加快形成适应行业
需求的 5G 网络体系；5G 用户群体已初具规模，终端设备类型逐渐丰富；5G 终端连接数达 4.8
亿，5G 网络分流比超过 50%。

3. 5G 融合应用实现从"1"到"10"，应用赋能千行百业成绩显著

个人应用方面，行业龙头企业积极探索 5G 个人创新应用，超高清视频、云游戏、AR/
VR 等领域均有布局。行业应用方面，基础中国电信企业与垂直行业企业共同探索 5G 应用
试点，逐步筛选出协同研发设计、远程设备操控等 10 个重点场景，并已在电子设备制造、
钢铁、采矿、电力等行业初步具备规模复制的条件。重点行业 5G 应用的技术和场景验证
已初步完成，形成多个具备商业价值的典型应用场景，在国民经济 20 个门类中覆盖了 15 个，
97 个大类中覆盖了 39 个，5G 赋能效果逐步显现。

12.1.2 5G 应用面临的挑战

随着 5G 与千行百业融合应用的不断深入，重点行业和典型应用场景逐步明确。然而，
5G 应用到规模化发展还存在一定差距，在融合深度、产业供给、融合标准及内容供给等方
面仍面临突出问题和困难。

1. 5G 技术与应用的融合深度不足

5G 技术与行业既有业务的融合仍处于初级阶段，尚未实现行业核心业务的承载。目前，5G 技术主要应用于辅助生产类的业务及信息管理类的业务，多数行业企业的生产控制核心业务仍由传统网络承载，亟须开展融合技术创新及试验验证，形成 5G 技术与行业业务的深度融合。

2. 5G 与融合应用的供给能力不足

行业新型业务对 5G 技术提出了更高的要求，需持续演进以满足融合应用承载需求。同时，5G 面向个人应用的内容供给亟须增强。当前，内容生产环节较为薄弱，内容制作的技术门槛较高，存在制作复杂、设备昂贵等痛点。

3. 5G 与行业融合应用的标准缺乏

跨部门、跨行业、跨领域融合应用的标准统筹尚未形成，亟须开展 5G 行业应用标准体系建设及相关政策措施制定，从而加速推动融合应用标准的制定。

12.1.3 5G 应用发展展望

1. 5G 个人应用将分批次实现突破

5G 个人应用将经历 3 个发展阶段。根据消费级市场目前的终端、内容等配套产业的发展状况，我国 5G 个人应用将经历体验优化创新、交互应用创新、新型终端创新的"三步走"阶段。一是体验优化创新阶段：此阶段针对 4G 基础上发展较为成熟的应用，例如，视频应用，基于 5G 网络特性进行技术升级或优化服务，提升用户的体验。二是交互应用创新阶段：此阶段基于当前主流的智能手机终端，通过创新应用模式，满足用户与应用内容的互动需求，提供"身临其境"的体验。三是新型终端创新阶段：随着 AR/VR 等新型终端技术逐渐成熟、普及率提升，基于"5G + 新型终端"的创新应用将大规模绽放，革命性地改变现有的人机交互模式。

我国 5G 个人应用正在积极探索交互应用创新模式。当前，我国 5G 网络、用户、终端等基础条件较为完备，行业龙头积极推进体验优化创新，并探索尝试交互应用创新。云视频是大众信息消费的主要产品形态，以优化用户体验与改善生产效率为主要目标。例如，中国电信天翼超高清应用充分利用 5G 网络高带宽特性，提供 5 ~ 25Mbit/s 码流服务，较 4G 网络码流峰值提高 50% 以上，累计注册用户达到 6520 万户。云游戏作为下一代游戏演进的新方向，利用 5G 网络低时延特性，提供与游戏主机等同的操控体验，将推动游戏产业重构升级和规模化增长，逐渐形成新的业态模式和发展趋势。另外，行业企业正在积极挖掘 5G 网络潜能，探索实践扩展现实（Extended Reality，XR）产品形态，提供更高画质观影与游戏服务，提升用户体验感与获得感。总体来看，5G 个人应用短期内将以商业模式创新为切入点，重点发展新型交互体验应用，长期持续推动基于 XR 的沉浸式体验应用发展，分阶段逐步推进个人应用走深向实。

5G 个人应用将分批次实现突破。预计未来 1～2 年，基于 5G 网络，当前发展较为成熟的短视频、网络直播等视频类应用，将实现更高的清晰度及流畅度，大幅度优化用户体验。以 2022 年北京冬奥会等大型赛事为契机，基础电信运营企业、互联网企业等将进一步推动交互类应用发展，云转播、智慧场馆、全景 360°直播、VR 观赛等典型 5G 应用实现更多场景突破，满足用户与内容之间的互动需求，提供给用户"身临其境"的交互体验。同时，随着 AR/VR 等新型终端技术逐渐成熟，在 2024 年后基于"5G + AR/VR"等新型终端的创新应用，将会出现为用户提供各种沉浸式的体验。

2. 5G 行业应用将逐步迈入规模发展阶段

5G 行业应用的发展不能一蹴而就，需遵循技术、标准、产业逐次导入的客观规律，持续渐进发展。从 5G 技术应用到各行业领域来看，需遵循商业化和产业化规律，阶段性特征更明显，结合 5G 技术演进和新技术产业化规律，可分为 4 个阶段。**一是预热阶段：**在 5G 技术基础版本 R15 标准冻结后，5G 技术产品完成研发，并主要基于增强移动宽带和部分低时延场景开展技术验证。**二是起步阶段：**5G 产业与各行业进入磨合期，行业龙头开始与 5G 产业深度合作，尤其是结合 R16 在低时延和定位场景共同探索 5G 应用场景和产品需求，进行大范围场景适配，筛选出一批具有商业化价值的产品和解决方案，开始小规模试点。5G 融合应用产业链雏形出现，产业链上下游开始初步合作。**三是成长阶段：**5G 行业应用的解决方案和产品不断与各行业进行磨合，进一步优化，产品开始小批量上市。同时，随着 5G 技术标准的逐渐演进，5G 产品形态更加丰富，与解决方案在行业中进行充分适配，应用商业模式逐步清晰。**四是规模发展阶段：**5G 融合应用在行业内可实现规模应用，相关产品实现规模量产，应用范围从龙头企业进入中小企业，对重点行业的赋能作用凸显。

未来 1～2 年，各行业融合应用会逐步向下一阶段迈进。我国 5G 应用已做大量探索，产生了许多优秀试点示范，为千行百业赋能、赋智、赋值。由于各行业信息化基础参差不齐，发展路径各不相同，5G 行业应用的发展节奏有快有慢。对照 5G 应用整体发展规律，目前我国发展迅速的先导行业，例如，工业制造、电力、医疗等行业已步入成长阶段，5G 应用产品和解决方案不断与各行业进行适配磨合和商业探索。而在融合媒体、智慧城市等行业，其需求正在逐步清晰，有望成为下一批进入成长阶段的行业。文旅、交通等有潜力行业的发展紧随其后，正在探寻行业用户需求，明确应用场景，开发产品并形成解决方案，进行场景适配。随着 5G 标准演进和产业化发展，5G 展现的技术外溢效应会远远超过前几代通信技术，将催生更多的应用场景和商业模式，通过全产业链、全价值链的资源链接，以数据流带动信息流，促进资金流、物资流、人才流、技术流等要素重组，驱动商业模式、组织形态变革，重塑产业发展模式，为数字产业化发展注入活力。

随着 5G 应用的深入推进，行业应用发展具有倍增效应。越来越多的产业力量集结起来探索发展 5G 应用的配套支撑产品，虚拟现实终端、行业模组和终端、行业平台和解决方案等发展将出现新趋势。据测算，我国 5G 产业每投入一个单位将带动 6 个单位的经济产出，溢出效应显著，推动产业发展质量变革、效率变革、动力变革。解决方案提供商参与力度的持续加大反映了 5G 产业链各方积极投入 5G 应用推进工作，相关企业在孵化 5G 应用解决方案时的能力更加完善，能够更好地满足行业应用单位的需求。但目前来看，其解决方案供应能力仍然与传统运营企业存在差距。原有行业解决方案供应商的体量往往更小，能变通采用多种、灵活的交易模式创新改善商业模式，比电信运营商及行业龙头企业牵头更加灵活多样。

●● 12.2　数字化管理提升 5G 产业发展

"十四五"规划纲领的一个突出亮点是，将"加快数字化发展，建设数字中国"纳入国家发展的主旋律。作为数字化发展的关键底座，5G 技术将融合边缘计算、云计算、物联网、人工智能、大数据等先进数字技术，为经济社会的数字化转型提供新办法、新路径、新思路，5G 的商用发展将深刻影响中国的数字化发展进程。

1. 5G 开辟数字产业发展新空间

（1）5G 推动数字产业实现新增长

5G 从投资和消费两侧推动数字产业增长。

从投资侧来看，5G 激发各领域加大数字化投资。一方面，电信运营商持续增加其对 5G 网络及相关配套设施的投资，进而带动通信设备制造相关产业链增长。根据公开财报显示，2022 年三大基础电信运营商 5G 资本开支总计约为 1790 亿元，较 2021 年增加了 3.8%。另一方面，随着 5G 行业应用的深入发展，国民经济的其他行业开始增加对 5G 及相关信息与通信技术（Information and Communication Technology，ICT）的投资。2022 年，中国移动数字化转型收入达到 2076 亿元，同比增长 30.3%，对通信服务收入增量贡献达到 79.5%，是公司收入增长的第一引擎。其中，行业数字化方面，中国移动 DICT（是指大数据时代 DT 与 IT、CT 的深度融合）收入同比增长 38.8%，达到 864 亿元。其中，5G 专网收入增长 107.4%，达到 26 亿元。中国电信 2022 年实现产业数字化收入达到 1178 亿元，同比增长 19.7%。中国联通 2022 年实现产业互联网收入 705 亿元，较 2021 年同期上涨 28.6%。

从消费侧来看，5G 发展促进信息消费的扩大和升级。**一是 5G 网络建设推进用户终端消费升级**。5G 网络覆盖范围的扩大推动消费者进入 5G 换机时代，使智能手机产业重回增长趋势。根据中国信息通信研究院公布的数据，2022 年国内手机出货量达 2.72 亿部，其中 5G 手机出货量为 2.14 亿部，占比达到 78.8%。**二是 5G 发展带动移动用户数据业务消费**。5G 更快的网速及超高清视频、AR/VR、云游戏等众多基于 5G 的创新数字服务，使 5G 用户的每用户平均收入（Average Revenue Per User，ARPU）相较于 4G 用户有较大提升。根据中国移动 2022 年年报，5G 的 ARPU 为 81.5 元，远超用户的平均 ARPU 值 49 元，5G 用户渗透率的提高，扭转了自 2018 年以来中国移动 ARPU 值下降的趋势；中国电信的 5G ARPU 值升至 50.8 元，5G 套餐用户渗透率达到 68.5%，移动增值及应用价值贡献持续提升，移动用户平均 ARPU 值为 45.2 元；中国联通 5G 套餐数量快速增长，5G 用户渗透率达 66%，移动用户 ARPU 值为 44.3 元，同比提升 0.1%。

（2）5G 推动关联数字技术的更新迭代和普及商用

5G 发展带动关键器件技术快速演进。从芯片来看，手机芯片需求已成为推动半导体制程工艺延续摩尔定律的最大驱动。随着 5G 终端对高性能、高速率和低功耗的需求日益提升，5G 终端系统级芯片（SoC）逐步升级到 5nm 工艺节点。高通、联发科等企业推出覆盖从高端到主流价位市场的芯片产品，满足不同消费者和厂商的需求。在顶尖制程加持下，主流手机芯片厂家还利用人工智能进行优化，配合定制化加速引擎提升专业影像、大型游戏等各类进阶应用体验。在射频方面，5G 的频率范围从 700MHz 扩展到毫米波（mmWave）频率，对射频器件提出更高的要求，集成大量高性能滤波器、功率放大器、低噪声放大器、开关等器件的射频模组成为行业竞争焦点。

5G 开启万物互联新趋势，推动跨终端技术创新成为重要方向。手机终端从 4G 向 5G 的迁移正在衍生万物互联时代的多终端互联生态，面向这一发展前景，各终端厂家积极探索微内核等可适配多类型终端的操作系统新技术。2020 年 12 月，华为正式发布面向智能手机的鸿蒙开源操作系统版本。鸿蒙的分布式架构可实现跨终端的无缝协同体验，同时，凭借多终端集成开发环境（Integrated Development Environment，IDE）和多语言统一编译等技术，使开发者可以基于统一工程构建多端自动运行 App，在跨设备之间实现生态共享。

5G 推动新型数字技术在经济社会各领域的普及应用。为了更好地推广 5G 技术，基础电信运营商和 ICT 技术厂商纷纷在 5G 网络中融合人工智能、大数据、物联网、云计算、室内外定位、AR/VR、数字孪生等技术，为行业用户提供一体化的 ICT 解决方案，既为用户创造了价值，也促进了新型数字技术在各行业各场景中的应用。同时，基础电信运营商、华为和中兴等 ICT 头部企业拥有通达全国各县市、覆盖各行业的庞大网络，这是传统面向行业的 ICT 技术服务商所不具备的，这一优势也有助于 5G 及相关新型数字技术的推广。

（3）5G 催生融合应用产业支撑新体系

5G 具有显著的技术深度，拥有开发创造新业态、新产品、新工艺和新技术的巨大潜力。自正式商用以来，5G 在各行业的深入应用促进了 5G 技术与行业技术、设备的融合，已逐渐催生出由终端产业、网络产业、平台产业、应用解决方案产业和安全产业五大版块构成的新型融合应用产业支撑体系，为数字产业发展带来更多增长机会。5G 与行业应用融合如图 12-1 所示。

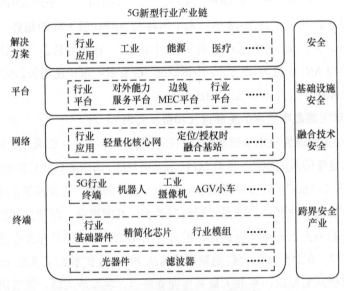

图12-1　5G 与行业应用融合

一是 5G 新型行业终端产业链。由行业终端、模组、芯片 3 个产业环节构成的行业终端产业链稳步发展，成为产业关注重点。5G 行业终端包括工业网关、工业路由器、工业摄像机、AR/VR 等。工业和信息化部发布 2023 年 1 月—6 月电子信息制造业运行情况，数据显示，截至 2023 年 6 月底，全球 448 家终端厂商发布 2662 款 5G 终端。其中，包括 1350 款手机、344 款 5G CPE、313 款 5G 模组、104 款平板计算机等。

单从国内市场来看，我国共有 278 家终端厂商、1274 款 5G 终端获得工业和信息化部进网许可，5G 终端全球占比为 47.8%。

然而，受限于高成本和碎片化，行业终端产业链仍需要通过统一技术标准来促进其规模化发展。

二是 5G 新型行业网络产业链。5G 应用方阵组织开展的《5G 行业虚拟专网总体技术要求》的标准制定，形成 5G 行业虚拟专网网络架构、服务能力、关键设备及关键技术的总体标准框架。针对行业低成本及"共管共维"的需求，分别开展了行业定制化 UPF 及服务能力平台等网络设备系列标准的制定。同时，针对网络指标确定性保障、与既有网络融合等需求，开展了无线 SLA 保障、5G 局域网（5G LAN）关键技术的研究。在行业定制化标准方面，已面向电力、钢铁、矿山等行业开展网络模板标准的制定及立项工作，将形成包括行业 5G 网络需求、行业融合网络架构、行业关键保障能力等的标准化。

支撑 5G 行业虚拟专网的网络设备产品也逐步发展。基础中国电信运营企业、华为、中兴等均推出行业定制化 UPF 或定制化核心网，以适应不同行业的特色网络需求。同时，为了满足能源、交通领域定位授时需求，解决制造业领域上行带宽不足等问题，华为、中兴等设备商也在积极研制上行增强、融合定位授时等技术的 5G 行业基站。

目前，虚拟专网产业的规模化发展主要受限于行业虚拟专网的成本高、运维难、监测体系缺失等问题。

三是 5G 新型行业平台产业链。 新型行业平台产业链包括对外能力服务平台、行业自有平台和边缘业务 MEC 平台，行业 5G 平台是实现 5G 融合应用落地的重要枢纽。其中，对外能力服务平台可开放部分 5G 网络能力，支撑实现行业自运维、自管理。随着对外服务能力平台标准不断成熟，三大电信运营商根据标准开展平台建设来满足行业需求。行业自有平台是支撑行业数字化转型的生产运营平台。例如，电网的业务平台、钢铁行业的信息化平台等，国家电网、宝钢、海尔等积极开展自有平台与 5G 网络平台的对接或融合研究，借此充分发挥 5G 网络能力。边缘业务 MEC 平台是保障行业安全、应用高效的重要产业环节，通过融合人工智能、大数据、行业机理模型等技术环节赋能行业 5G 应用。中国移动、中国联通、华为等相继推出边缘 MEC 平台，并通过积极构建应用开发者环境，促进 MEC 在 5G 行业应用中的落地。当前，行业 5G 平台的快速发展仍需要克服不同行业需求差异化及生态多样化问题。

四是 5G 新型行业解决方案产业链。 5G 新型行业解决方案属于融合创新领域。一方面，以三大基础电信运营商、设备商为代表的 ICT 企业，积极开展 5G 应用场景创新、网络建设及应用项目落地，成为重要参与者。另一方面，行业解决方案企业也不断融合 5G 网络技术，实现传统数字化解决方案的升级，例如，宝信软件积极开展 5G 钢铁制造领域的网络建设模板与应用创新，海尔、美的、格力、TCL 等开展各具特色的 5G 家电制造应用创新等。总体来看，现阶段适配 5G 技术标准并融合新型数字技术的创新解决方案数量仍然较少，融合 5G 与行业技术的解决方案商也有待进一步丰富。

五是 5G 新型行业应用安全产业链。 该子产业链由网络基础设施安全产品、垂直行业应用安全产品和安全支撑服务体系构成。在网络基础设施安全产品方面，电信运营商重点在网络设备安全、虚拟化设施防护、MEC 平台防护、数据安全管理、安全态势监测等方面加强基础设施能力建设，满足提供垂直行业差异化需求的安全能力，并在行业亟须的网络安全能力开放、细粒度资源和切片隔离等方面持续完善和强化安全解决方案。在垂直行业应用安全产品方面，电力、矿业、医疗等头部行业的 5G 应用安全能力建设和部署进度较快，5G 应用安全风险评估、解决方案研制、产品研发和安全平台等加快建设，接入认证、态势监测、边界防护、切片安全隔离等多种安全防护手段逐步通用化和体系化，并在实际应用中发挥成效。

2. 5G 推进数字经济与实体经济不断融合

随着 5G 行业应用的逐步深入和扩散，5G 对实体经济赋能作用开始释放。5G 提供覆盖范围更广、连接更稳定可靠的无线接入方式，帮助工厂、园区、矿山、港口等改进现有网络，打通内部生产和管理环节，同时配合智能化技术，可实现不同生产环节的高效协同，使产业数字化转型的智能感知、泛在连接、实时分析、精准控制等需求得到满足，推动生产自动化、操作集中化、管理精准化、运维远程化，从而为传统产业生产各环节效率的提升提供了新的途径。

（1）5G 为生产自动化、柔性化提供新方式

工业是 5G 行业应用的重要领域之一，而生产制造环节是整个工业的核心。从目前的应用发展情况看，5G 技术在经过适应性改造后，通过对原有网络的替代，已逐渐在设备自动化控制、企业柔性化生产、产品质量管控、生产物流自动化等方面产生影响。

一是 5G 为企业的柔性化、远程化生产提供技术支撑。在柔性化方面，5G 可以在电子制造、纺织、家电等行业，将数控机床和其他自动化工艺设备、物料自动储运设备等接入网络，实现设备连接无线化。同时，基于 5G 网络获取的产线设备、物料、产品加工进度、人员等实时数据，与企业资源计划（Enterprise Resource Planning，ERP）、制造执行系统（Manufacturing Execution System，MES）、仓储物流管理系统（Warehouse Management System，WMS）等相结合，动态制定最优生产方案，满足小批量、多品种的柔性生产需求。在远程化方面，在钢厂、矿山、港口等领域推广普及，利用 5G 的大带宽和低时延能力，结合边缘计算、自动控制、AI 等技术，通过设备操控系统对现场工业设备进行实时精准操控。

二是 "5G + 机器视觉检测" 支撑质量管控高度自动化。 "5G + 机器视觉检测" 是目前 5G 赋能智慧工厂最广泛的场景之一，可普遍应用于装备工业、消费品工业、电子信息制造、原材料工业等领域。机器视觉检测系统不仅可以通过部署在边缘服务器上的专家系统，实时对产品的质量进行检测分析，还可以将聚合后的数据上传到部署在云上的企业质量检测系统，完成模型迭代后再通过 5G 网络下发至边缘服务器，实现多生产线的共享，从而不断提高检测的精度和效率。

三是 5G 支持生产区域物流实现智能化。通过对厂区、矿区、港口等生产区域的自动化物流设备，进行 5G 网络接入，部署智能物流调度系统，结合边缘计算和高精定位技术，可以实现物流终端控制、运输、分拣等作业全流程自动化、智能化，进而提高物流效率、节约物流成本。

（2）5G 助力生产管理和服务环节实现升级

与生产制造环节对比，由于不涉及核心生产数据，5G 在生产园区管理、设备安装运维等环节的应用更为广泛和全面，目前在很多行业得到普及。

在生产园区管理方面，5G 可以为各种类型的监测设备提供有效的网络支撑，并可以结合其他技术对异常行为进行预警和处理。例如，"5G + 视频监控系统"结合 AI 技术，可以帮助厂区、园区对人员的日常行为进行规范。"5G + 智能巡检"可以利用巡检机器人或无人机等移动化、智能化安防设备进行巡逻值守。"5G + 数字孪生"可以帮助园区、厂区、车间等管理人员构建基于 3D 和 AR/VR 的仿真数字孪生系统，实现生产设备、流程、工艺、环境等可视化展现、模拟和仿真。

在设备安装运维方面，5G 可以与智能终端配合，构建人与物的新型交互界面，实现设备安装检维的远近协同，从而降低设备使用运维门槛，提高设备运行效率。例如，"5G + 智能防爆手机巡检""5G + AR 远程辅助维修"可以让产线工人佩戴"5G + AR"眼镜，将现场和设备情况以第一视角传到后台专家和工程师，专家和工程师实时看到现场画面，可通过实时标注方式，协助指导问题快速解决，最大化地利用相关资源，随时随地解决产线问题。

（3）5G 为产品和设备创新带来新元素

整体来看，5G 目前的行业应用水平处于起步阶段，尚不支持传统产业进行大规模的创新，但 5G 的一些能力已开始被人们探索应用于产品工艺的设计改良和创新之中。**一是 5G 促进远程控制设备的发展。**由于 5G 对实时精准远程遥控具有较为强大的支持功能，一些企业已开始考虑结合这一特性对自己生产的机器设备产品进行改造。**二是 5G 支持制造设备云化和定制化。**借助"5G + MEC"，可对可编程逻辑控制器、产业机器人等设备进行改造，将其控制逻辑与传统专用的硬件功能解耦，将其控制逻辑和功能设置等放置在云端，从而构建可自编程、自定义的控制系统，提高设备的灵活性和通用性。**三是"5G + MEC"为设计协同提供平台和算力支撑。**企业通过搭建 5G 专网，将三维设计软件部署在 MEC 边缘云上，实现云上数据存储、数据交换，以及模型的计算、模拟和仿真，通过交互式并行设计，提高产品的设计水平、可制造性以及成本的可控性。

3. 5G 创造更美好的数字生活

与 4G 相比，5G 凭借大带宽、低时延、超链接、强融合等技术优势，正在促进新一轮移动互联网和物联网业务的创新发展，并与各行业各领域相结合，为人们的工作、学习和生活带来极大的便利和更多的惊喜。

（1）5G 助力改善工作环境、降低工作风险

借助于 5G 应用，一些高危行业的高危岗位的工作环境正在得到改善。智慧矿山是 5G 融合应用快速渗透的一个领域，通过 5G 井下通信网络融合部署、智能监控、综采设备远

程操控、无人运输，露天矿区无人挖掘等应用，将操作工人的作业地点从高危现场转移到相对舒适的室内，改变了工人在井下、矿区的生产方式，降低了采矿作业的安全风险，助力采矿作业实现无人化、少人化和智能化。智慧港口也是 5G 融合应用发展迅速的行业，全国已有上百个港口开始部署包括高清视频回传、龙门吊等机械远程控制、智能理货、自动驾驶等在内的 5G 应用，将人员从高空作业、重物作业的环境中解放出来。

（2）5G 为精准智能的数字治理探索提供新手段

5G 时代的到来为政府治理精细化、智慧化发展带来新机遇，人们正在积极探索基于 5G 的治理手段创新。"5G + 无人机"应用有望在巡检监控、交通管理、应急响应、遥感测绘、环保执法等方面发挥重要作用。"5G + 视频监控系统"正在进一步升级，多种"5G + 无人监控设备"正在持续探索中。

（3）5G 助力远程医疗快速发展

医疗服务是影响人民生活幸福感和获得感的重要公共服务。近几年，面对疫情，"5G + 智慧医疗"应用特别是远程医疗类应用得到了迅速发展。远程医疗类应用包括远程会诊、远程超声、远程急救、远程监护、远程示教、远程手术等。远程医疗可以打破时间、空间和连接三重限制，不断拓展医疗服务空间和内容，构建覆盖院内、院间、院外，诊前、诊中、诊后线上线下一体化医疗服务模式，实现普惠医疗，大大改善人们的医疗体验。目前，全国已有超过 600 个三甲医院开展了"5G + 应急救援、远程急救、远程会诊"等应用，有效提升了诊疗服务水平和效率。

（4）5G 为消费者创造生活新体验

5G 为消费者创造生活新体验将经历 3 个发展阶段。**一是体验优化创新阶段**。该阶段是针对 4G 基础上发展较为成熟的应用，例如，视频应用，基于 5G 网络特性进行技术升级或优化服务，提升用户体验。典型应用包括超高清视频、高帧率视频、高动态范围（High Dynamic Range，HDR）视频等，但受限于终端显示条件等，用户的体验感与 4G 相比没有质的变化。**二是交互应用创新阶段**。基于当前主流的智能手机终端，通过创新应用模式，满足用户与应用内容的互动需求，提供"身临其境"的体验。典型应用包括云游戏、空间 / 互动视频，手机 AR/VR 等。这一阶段用户将有不同于 4G 的明显体验感。**三是新型终端创新阶段**。随着 AR/VR 等新型终端技术逐渐成熟、普及率提升，基于"5G + 新型终端"的创新应用将大规模开启，改变现有的人机交互模式。

总体来看，5G 消费级应用短期内将以商业模式创新为切入点，重点发展新型交互体验应用，长期持续推动基于 XR 的沉浸式体验应用发展，分阶段逐步推进个人应用走深向实。

4. 电信运营商数字化转型之路

当前，以网络化、智能化、低碳化为标志的数字化转型已经成为经济社会发展的大势所趋，数字经济正推动生产方式、生活方式和治理方式深刻变革，成为经济社会高质量发展的强大动力。对我国电信运营商来说，数字化转型既是顺应新一轮科技革命和产业变革的必经之路，又是拥抱数字经济时代变革的必然选择。

中国移动锚定"打造世界一流信息服务科技创新公司"新定位，践行创世界一流"力量大厦"新战略，全力推进新基建、融合新要素、激发新动能，不断深化基于规模的价值经营，CHBN[C（Customer）代表个人移动业务，H（Home）代表家庭业务，B（Business）代表政企业务，N（New）代表新兴业务] 全向发力、融合发展，加快构建基于"5G＋算力网络＋智慧中台"的"连接＋算力＋能力"新型信息服务体系，从提供"连接、流量"服务向提供"连接＋算力＋能力"服务转变，以数字化转型引领开拓更为广阔的"蓝海"市场空间。

中国电信积极践行建设网络强国、数字中国和维护网信安全的初心使命，全面实施"云改数转"战略，以用户为中心，强化科技创新核心能力，加快建设云网融合、绿色、安全的新型信息基础设施，夯实绿色发展和网信安全底座，构建数字化平台枢纽，打造合作共赢生态，深化体制机制改革，为用户提供灵活多样、融合便捷、品质体验、绿色安全的综合智能信息服务，满足人民对于美好信息生活的需要，持续推动企业做大做优做强，打造世界一流企业。

中国联通积极主动服务和融入国家战略，坚决扛起网络强国、数字中国、智慧社会、科技创新的使命担当，围绕"数字信息基础设施运营服务国家队、网络强国数字中国智慧社会建设主力军、数字技术融合创新排头兵"新定位，传承历史，补齐短板，发挥优势，战略升级为"强基固本、守正创新、融合开放"，聚焦"大联接、大计算、大数据、大应用、大安全"主责主业，实现发展路径、方式和模式全方位转变，开辟新的发展空间。

多年来，我国电信运营商一直担当信息通信基础设施建设的"主力军"，提供移动通信、有线宽带、固定电话等主营业务和服务，直接带动上游主设备、传输网设备、元器件等产业发展。电信运营商之间及与互联网企业之间竞争日趋激烈，电信运营商管道化、边缘化趋势越来越明显。电信运营商传统的战略定位、业务模式、服务方式、技术能力、机制体制等面临巨大的挑战。电信运营商一直以来都走在时代技术发展的前沿，引领并促进技术进步，特别是新一轮科技革命和产业变革推动数字技术大行其道，这为电信运营商转型发展提供了千载难逢的时代机遇。

善谋者行远，实干者乃成！我国几大电信运营商能否充分把握5G、大数据、人工智能、云计算等数字技术快速普及和融合应用的时代契机，一方面重新定义新角色，明确新定位，制定新战略，亮出新名片，高度重视并加强顶层设计，实现自身数字化转型；另一方面凭借技术能力和转型实践，实现数字技术的规模化商用，为经济社会各领域的数字化转型、智能化升级、融合化创新深度赋能。这关系到电信运营商能否彻底改变自身传统定位和发展模式，走出一条新路；能否在激烈的市场竞争中独占鳌头，闯出一片"蓝海"；能否全面提升用户、企业和社会价值，打造一方新天地。

●● 12.3　5G 共建共享区块链平台

12.3.1　5G 共建共享区块链应用场景需求

随着区块链技术发展，区块链已经开始在各行各业中广泛使用，区块链在各行各业的应用场景见表 12-1。

表12-1　区块链在各行各业的应用场景

行业 / 领域	案例	案例说明	部署方式
金融	比特币	一种 P2P[1] 形式的虚拟货币，采用区块链技术实现其交易的安全性（比特币）	"去中心化"部署
	跨境清算	通过区块链平台与海外分行（包括收购的银行）点对点跨境汇款（招商银行）	"去中心化"部署
供应链	供应链金融	供应商、核心企业、银行、金融机构等多方参与，运用区块链技术，为应收账款确权，进行质押（减少中间环节、帮助企业融资），防止出现票据造假、重复质押等风险（永久审计追踪）（易见区块链）	中心化部署
	物品追溯	阿里巴巴食品安全追溯等	"去中心化"部署
存证	数字存证	信息系统工作过程中产生与流转的数据区块链的接口调用，实现完整、不易篡改、可追溯的数据记录，作为电子凭证	中心化部署
物联网	设备管理	Trusted IoT[2]（信任物联网）联盟以区块链技术为基础建立信任的物联网网络，第一阶段目标利用区块链实现安全的设备注册和验证	"去中心化"部署
文化娱乐	数字版权	视频版权存证、音乐版权、数字内容存证	中心化部署

注：1. P2P（Peer-to-Peer Computing，对等计算）。
　　2. IoT（Internet of Things，物联网）。

我们以多家电信运营商为例来说明区块链平台在 5G 共建共享建设中的应用场景。

5G 共建共享区块链平台的目标是，在 5G 共建共享过程中，构建共建共享双方互信的技术基础，满足约定共识、承诺、协议等执行过程中需要自证，或者需要他证的需求，从而减少信息不对称造成的误解和沟通成本，提高协作效率。

作为非常典型的需求，在 5G 共建共享场景下，5G 网络资源的统计、5G 网元设备的配置管理，以及网络优化对承建方和共享方而言都是非常重要的。这些都会涉及资源分配、资源结算、用户行为、网络质量、业务发展等方面。5G 网络共建共享资源可能包括 5G 无线网、传输网、5G 端到端跨域资源分析、5G 能耗统计管理等多个方面。

　　由多家电信运营商作为参与方搭建的区块链平台，可以为共建共享的上述场景提供各自记录、账单等数据的存证和溯源能力，通过智能合作实现共同协作下对共享设备管理设置的下发和溯源，以及网络优化逻辑的自动可信执行。

　　随着 5G 共建共享的大规模商用，已有区块链应用场景中的需求会逐步细化和迭代优化，新的应用场景会不断涌现。区块链平台将成为多家电信运营商以及其他参与方之间业务协作的重要互信基础设施，并需要伴随多种需求的提出、需求的深化而持续迭代优化。基于区块链技术构建可信共享网络构想如图 12-2 所示。

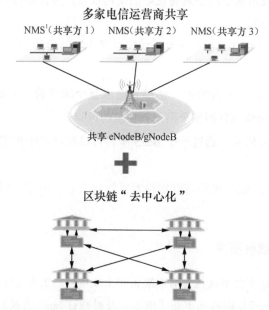

1. NMS（Network Management System，网络管理系统）。

图12-2　基于区块链技术构建可信共享网络构想

12.3.2　5G 共建共享区块链平台建设要求

　　5G 共建共享区块链平台由多家电信运营商共同研发与建设，用于支撑 5G 共建共享的规划、运营，是双方构建互信、安全、信息共享的底座。

1. 整体建设原则

　　双方共同开发一条链，一个区块链即服务（Blockchain as a Service，BaaS），核心能力自主可控，研发成果共享，节点"去中心化"部署。

2. 区块链平台建设的内容

区块链平台建设的内容包括底层区块链平台建设及 BaaS 平台建设。

底层区块链平台的选型需要满足如下要求。

① 成熟度。该技术选型应该是经过市场上大量项目广泛检验的，是成熟可用的。同时，该技术的生态体系应该是丰富且活跃的，具有广泛的参与性。

② 先进性。该技术选型应该不仅能满足用户当下的需求，更应该在未来也是相对先进的。

③ 可商用性。该技术选型应该有一定的性能保障，具备商用的性能要求、稳定性要求，以及可靠性要求。

④ 可演进性。该技术选型应该具备良好的架构设计，方便进行技术的修正和升级，能够逐步演进到更优的阶段。

BaaS 平台建设的要求：BaaS 平台主要实现对区块链网络的创建、运维和监控的功能，它需要满足如下要求。

① 安全性。避免 BaaS 平台的单一化部署造成整个网络的核心控制信息泄露的风险，避免因为攻破 BaaS 平台从而获得整个网络管控权的风险。

② 区块链节点跨云部署。通过一个 BaaS 平台可以实现在中国电信云和中国联通云上跨云部署区块链网络。

③ 功能完备。通过 BaaS 平台可以实现对区块链节点、网络、用户、证书等区块链资源的管理与监控。

3. 技术服务持续性要求

5G 共建共享区块链平台不仅包含前期准备和上线运行，更多是伴随着业务需求的提出、场景的验证和迭代优化而长期持续更新［例如，及时修订 bug（错误）和新增功能，不影响 5G 业务的正常运行］。这要求中国电信和中国联通双方要组建一个长期稳定且专注的技术服务团队。

在运维工作方面，要能提供"7×24"小时的运维服务。

4. 源代码开放性要求

作为区块链网络的参与方，只有掌握相关运行程序的源代码，才能有效履行其在区块链网络的职责，并对区块链网络拥有足够的信任。否则，如果区块链网络参与方执行的是"黑盒程序"，则其无法确保可以达成是按照既定设想实现的共识，更无法确保区块链账本的内容是真实可靠的。如果这些都需要"黑盒程序"的提供者来证明其可信性，那么信任的根源将集中在该提供者身上，该区块链网络与以该提供者为中心的第三方记账无异。

因此，底层链和 BaaS 平台源码应该采取共同研发、共有产权、共享成果的最优措施。

12.3.3 底层链选型及建设规范

经过双方电信运营商和第三方专家的集体论证，从成熟度、先进性、可商用性、可演进性进行论述，选择了 Hyperledger Fabric（是由 Linux 基金会发起创建的开源区块链分布式账本）作为底层链的技术选型。

底层技术关键基于密码学算法，目前，开源版本仅支持国际密码学算法，不支持国密算法，中国境内有颁发中国密码算法标准。中国电信与中国联通 5G 共建共享项目底层技术应支持国家标准密码学算法。

12.3.4 BaaS 平台建设规范

1. 平台概述

为了快速实现 5G 共建共享区块链创新应用示范落地，经过专家们共同论证，采取区块链 BaaS 平台应用架构。区块链 BaaS 平台应用如图 12-3 所示，即在电信运营商 A 的云环境和电信运营商 B 的云环境各部署同等数量的区块链节点，由一个统一的 BaaS 平台进行区块链网络的创建、管理和运维。

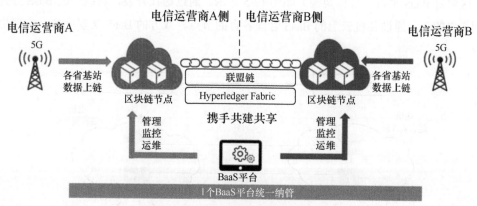

图12-3 区块链BaaS平台应用

区块链 BaaS 平台满足开放性要求，通过建立标准接口规范并提供应用编程接口（Application Programming Interface API）供第三方开发单位开发上层区块链应用。在安全方面，该平台支持国密算法；在可靠性方面，该平台支持底层资源，具体包括计算、网络、存储、容器等完全对用户透明开放、方便用户颗粒度的管理和控制。

（1）初期架构版本

考虑到研发周期和上线要求等因素，初期架构版本进行分阶段实施。区块链 BaaS 平台（初期架构）如图 12-4 所示。初期在物理上部署一个 BaaS，通过技术手段进行双方权限安全隔离。双方通过自己的账户，对各自云上部署的节点进行管理、监控。

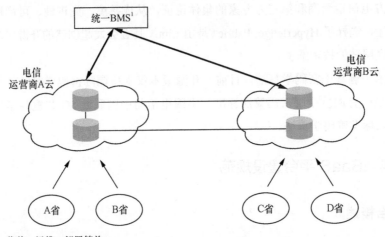

优势：运维，部署简单
劣势：BaaS 中心化，可信度存疑

1. BMS（Billing and Management System，计费和管理系统）。

图12-4　区块链BaaS平台（初期架构）

（2）目标架构版本

区块链 BaaS 平台（目标架构）如图 12-5 所示。通过迭代开发，将统一的 BaaS 分开部署到各自的云，通过各自云上的 BaaS 管理各自的节点。双方的 BaaS 实现同步，实现协同共治。

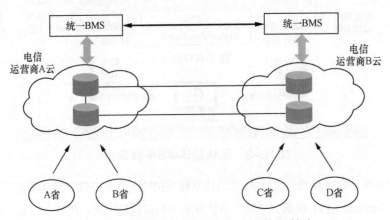

图12-5　区块链BaaS平台（目标架构）

2. 平台架构

区块链基础平台总体架构主要包含物理资源层、核心平台层（区块链 BaaS 层）、接入和管理层、应用层，各层的具体说明如下。

（1）物理资源层

物理资源层主要用于部署区块链系统的基础设施，这部分由各家电信运营商分别提供。物理资源可以是公有云、私有云、混合云以及用户自己搭建的物理服务器等。

（2）核心平台层（区块链 BaaS 层）

平台的底层支撑主要是区块链，核心平台层主要是区块链系统的核心功能控制区域，例如，共识机制、国密支持和跨链跨云等。

（3）接入和管理层

接入和管理层主要用于区块链系统构建部署相关的管理功能，例如，区块链网络管理、合约管理、通道管理和用户管理等，通过统一 API 各类应用接入区块链网络。

（4）应用层

应用层主要是基于区块链网络构建的各类应用。

3. 系统功能

（1）主机管理

主机管理是对部署区块链网络基础资源的管理，实现对多种计算资源的兼容和管理。在正式部署区块链网络之前，需要录入部署主机或集群的信息，方便后续进行一键部署。主机管理主要包括主机列表和录入两个功能模块。

区块链网络是用于在主机上创建、部署区块链网络的模块，支持 Hyperledger Fabric 和区块链框架，并实现国密改造。区块链网络主要包括区块链网络列表、新建和一键部署 3 个功能模块。其中，区块链网络列表主要展示的是已经创建的区块链网络，可进行相应的部署操作；新建主要是用来设置区块链网络的信息，例如，选择共识算法，设置成员信息等；一键部署主要是帮助用户录入区块链、组织等关键信息，一键式快速创建和部署生产级区块链环境，提供图形化的区块链管理运维能力，简化区块链的部署流程和应用配置。

（2）智能合约管理

通过图形化界面可视化管理组织和业务通道上的智能合约（即链码），覆盖安装、实例化、升级等智能合约的全生命周期。

（3）应用接入管理

提供应用接入的方式为：Restful API 网关或软件开发包（Software Development Kit，

SDK)。

提供 Restful 接口调用功能，应用可以通过 Restful 接口直接调用链代码。

提供 SDK 配置文件下载功能，内置连接信息和证书，加速应用与区块链网络的开发对接。

网关管理：网关是为上层应用提供的封装好的 API，上层应用通过调用 API 实现与底层区块链网络的交互。网关管理之用于配置相关信息的模块，包括网关列表和部署两个功能模块。其中，网关列表主要展示的是配置好的网关；部署主要用来配置网关信息，对网关进行创建。

（4）区块链浏览器

区块链浏览器提供区块链相关信息的查询，包括区块链网络、节点、账本、区块数量、交易数量、通道和链码等统计信息，以及节点状态、区块列表、交易列表、区块详细信息及交易详情信息等，帮助用户了解区块链的整体情况，为区块链基本的维护提供数据支撑。

（5）区块链监控

区块链监控是为用户提供可视化的区块链信息展示，提供区块链监控大屏功能，通过图形化展示数据的变化、状态，让用户非常直观和形象地了解区块链系统的运行情况。区块链监控不仅包括区块链的信息，例如，区块高度、交易信息、区块趋势、交易趋势以及加入区块链网络的各个节点和状态等，还展示了资源的使用情况，例如，主机的 CPU 使用率、内存使用率、磁盘使用率以及集群的监控运行情况等。

（6）用户管理

用户管理是用来管理 BaaS 平台用户信息的，管理员可以为其他员工创建相应的账号，为账号分配相应的操作权限，方便其他员工使用。用户管理主要包括用户列表和新建两个功能。其中，用户列表主要展示管理员创建的账号信息，可对账号进行编辑、停用、删除、重置密码等操作；新建即创建一个新的账号，输入账号相关的信息，分配账号访问区块链网络权限、平台操作权限等，即可创建一个新的账号。

（7）存量站点信息盘点

区域内共建共享所需双方信息实现上链透明可见，共建共享区域相关工程参数上链，形成站址库（4G/5G 站点）。网管区域内 4G 负载，流量信息上链，统一整合（所有 LTE 频点）。数据上链后双方共同盘点无误，作为后续策略生成和站点规划输入。

存量站点信息盘点示意如图 12-6 所示。

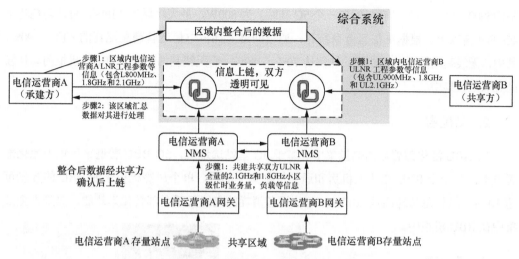

图12-6　存量站点信息盘点示意

12.3.5　小结与展望

通过区块链赋能共建共享云调度平台，电信运营商的规模建设、规模运营，双方高效公平地调度使用，实现数据互通互信联合调度。存证、配置确权、策略智能下发三大应用场景，提升效率，降低成本，形成统一技术架构、标准、交互设计电联链。底层核心技术自主可控，实现跨云组链，满足国家密码局认定的标准国密密码学算法。

基于区块链"去中心化"思想技术解决方案及 BaaS 分布式自治进行规划，最终实现将统一的 BaaS 分开部署到各自的云，通过各自云上的 BaaS 管理各自的节点。双方的 BaaS 实现同步，实现协同共治，进行 BaaS 联盟标准化接入，对行业推出 BaaS 联盟标准，并进行相关知识产权保护。

●●12.4　节能减排"双碳"应用

12.4.1　行业背景

据统计，2024 年年初，国内电信运营商 5G 基站的数量将达到 300 万个。由于 5G 基站能耗是 4G 基站能耗的 3 ~ 4 倍，所以电信运营商在投入海量资金部署 5G 基站时，还需要为 5G 网络的高能耗支付巨额电费。

1. 功耗大

4G BBU 典型功耗的平均值为 400W，5G BBU 典型功耗的值普遍超过 1kW。以华为

BBU5900 为例，典型功耗（配置一个 5G 基站）为 800W，最大功耗为 2.1kW，总体功耗将是 4G 的 4 倍以上。根据电信运营商统计，通信网络能耗占电信运营商总能耗的 80%～90%，其中，无线基站能耗占总能耗的比例达 70%～80%，而无线基站中的 5G BBU 机柜的功耗较高且热量较集中。

2. 站址密

5G BBU 池化部署后的热量集中。鉴于 5G 基站选址难，5G BBU 普遍采用集中池化部署方案。几十个 BBU 在接入机房和通信机楼集中部署，单个风冷机柜满配 BBU 的数量可达 10 台，单柜总功耗超过 10kW。BBU 设备消耗的电能几乎全部转化为热能，热量也全部集中在 BBU 机柜中。

3. 散热难

传统 5G BBU 机柜散热示意如图 12-7 所示，传统 5G BBU 风冷机柜的散热能力不足。5G BBU 风冷机柜的最佳散热功率为单柜 6kW，如果单机柜功率超过 6kW，则风冷散热能力不足。目前，中国移动在 C-RAN 建设中，单机柜最多配备 7 个 BBU，BBU 之间需要预留风道。

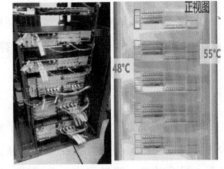

图12-7　传统5G BBU机柜散热示意

数据中心 2025 年用电量约占全社会总用电量的 5%，随着数据中心投产规模的增加，这一占比将持续上升。中国将提高国家自主贡献力度，采取更加有力的政策和措施。

为了解决 5G 网络高能耗的难题，产业界均在积极探索，包括实现网络共建共享、基站设备采用新技术新工艺、基于"大数据 + AI"的网络节能算法、清洁能源、新型空调等新型节能手段。

新型基础设施节能减排如图 12-8 所示。

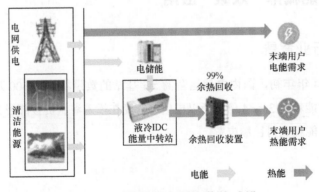

图12-8　新型基础设施节能减排

12.4.2　基站级节能降碳

产业界在设计 5G 无线网络标准之初，就开始高度重视能耗问题，包括引入 Massive MIMO 等新型空口技术优化频谱效率，降低能耗。Massive MIMO 技术使 5G 基站载频发射机和接收机（Transmitter & Receiver，TRX）链路大幅增加，5G 基站额定满载功耗约为 4G 基站的 3 ～ 4 倍。基站功耗由前置放大器（Pre Amplifier，PA）功耗、RF 功耗和 BBU 功耗组成。其中，PA 功耗和 RF 功耗是 AAU 功耗的主要部分。相比 4G 基站，5G 基站引入 Massive MIMO 技术，每个天线单元都有 PA 和 RF 单元，天线单元变多，TRX 链路增加。同时，BBU 的计算功耗也随着 TRX 链路的增加而上升，因此，基站总功耗随之上升。电信运营商在一线测试的数据显示，5G 基站单站满载负荷功率接近 3700W 左右，约是 4G 单站功耗的 2.5 ～ 3.5 倍。其中，5G BBU 功耗在 300W 左右，5G AAU 功耗在 1150W 左右，AAU 是 5G 基站功耗增加的主要原因。

根据中国移动研究院发布的《5G 基站节能技术白皮书》，功耗随着业务负载的变化而变化，各功能模块的功耗比例也随之发生变化。在满载条件下，功率放大器的功耗占比最高，平均约为 58%；在空载条件下，数字中频部分的功耗占比最高，平均约为 46%。因此，在设备级节能技术领域，不仅要提升功率放大器的效率，而且要降低功率放大器的功耗。在 5G 初期负载较低的情况下，需要降低小信号和数字中频模块的基础功耗。

在基站设备中，能耗最高的是射频功率放大器，需要进一步提升功率放大器在整机中的工作效率，以及在低负载下保持较高效率的能力，并增强数字预失真（Digital Pre-Distortion，DPD）算法的稳定性，支持功率放大器在配置实时调整状态下线性工作。数字器件的集成度和芯片处理能力也会大幅影响设备功耗。其中，数模转换芯片集成度下一代产品需支持 8 通道，数字中频下一代产品需支持 32 通道，基带处理芯片需单颗支持 2 载波 NR64 通道。在芯片处理能力提升的同时，数字中频和基带处理部分需要进一步优化算法，降低处理的复杂度和功耗。

1. 节能

无线基站设备能耗占整个无线网络能耗相当大的比例。因此，在进行无线基站主设备选型时，应充分考虑节能减排的要求，将通信设备的耗电量和工作温度指标等纳入设备选型入围的重要参考因素。加强设备功耗、工作温度等节能指标的考核评估力度，对耗电量大、效率低的设备一律不予使用，推动厂家进行设备改造及新设备开发。

基站设备的节能主要是从设备选型、站址的设置、合理组织网络、优化网络和积极采用各种节能新技术等方面进行考虑的。

235

（1）基站设备选型符合的要求

① 在满足技术和服务指标的前提下，优先选用高度集成化、低功耗、节能技术的设备。

② 在满足设备正常运行、维护要求的基础上，优先选用自然散热产品，减少风扇的使用。

③ 宜选用能够根据业务量负荷自行关闭、开启基站载频等部件的设备，在网络负荷较低时关闭部分载频等部件。

④ 推广采用分布式基站（包含 BBU）和室外一体化基站等新技术、新设备。

⑤ 5G 设备应可与 4G 设备共用 BBU，减少 BBU 配置的数量，建议采用同时支持 4G/5G 的 RRU/AAU 双模设备。

（2）站址设置的要求

站址设置应充分利用已有站址的配套资源，共享机房、电源和空调等设施。

（3）网络架构符合的要求

① 顺应通信技术演进的趋势，使用 IP 技术架构网络。

② 优化网络设计，简化网络结构，提高网络利用率，避免设备出现闲置等情况。

③ 制定无线网络方案时，应在满足覆盖指标和质量要求的前提下，尽量减小基站覆盖的重叠区域，合理采用各种覆盖增强技术，从而最大限度地节省基站站址及设备资源。

2. 电磁环境保护

（1）电磁辐射强度计算

以工程建设中常见的 2.1GHz FDD NR 基站为例，其频率范围为 30 ～ 3000MHz；3.5GHz TDD NR 基站的频率范围为 3000 ～ 15000MHz。根据《电磁环境控制限值》（GB 8702—2014），公众曝露控制限值见表 12-2。

表12-2　公众曝露控制限值

频率范围 /MHz	电场强度 E/（V/m）	磁场强度 H/（A/m）	等效平面波功率密度 Seq /（W/m²）
30 ～ 3000	12	0.032	0.4
3000 ～ 15000	$0.22/（f_1/2）$	$0.00059/（f_1/2）$	$f/7500$

根据现行行业标准《辐射环境保护管理导则 电磁辐射环境影响评价方法与标准》（HJ/T 10.3—1996）有关规定，对于非国家环境保护部门负责审批的大型项目，可采取等效平面波功率密度限值的 1/5 作为评价标准。电磁辐射设备的公众曝露控制限值和环境管理目标值见表 12-3。

表12-3　电磁辐射设备的公众曝露控制限值和环境管理目标值

设备名称	GB 8702—2014 控制限值 /（W/m²）	本项目控制限值 /（W/m²）	本项目环境管理目标值 /（W/m²）
2.1GHz FDD NR 基站	0.4	0.4	0.08
3.5GHz TDD NR 基站	0.47	0.47	0.09

电磁照射强度预测：下面以一个典型的 2.1GHz NR 基站，以定向发射天线为中心，对天线辐射主瓣方向 50m 范围内电磁照射强度进行预测计算。基站主要情况的相关说明如下。

① 基站设备

2.1GHz FDD NR 设备，4 发 4 收天线（4T4R），发射频率为 2110～2150MHz，机顶最大功率为 80W。

② 基站天线

基站天线的挂高为 25m，天线下倾角为 8°（含内置下倾）。

天线主要参数：天线增益为 17.5dBi，水平面波瓣宽度为 65°，垂直面波瓣宽度为 7°，天线尺寸为 1360（mm）×500（mm）×158（mm）。

③ 馈线

1/2 英寸（1.27cm，1 英寸 ≈ 2.54cm）跳线 3m，馈线加接头损耗约为 0.5dB。

天线近场区满足的边界距离的计算如下。

$$r \leqslant \frac{2D^2}{\lambda} = 26.51(\text{m}) \tag{12-1}$$

式（12-1）中，r 为待测天线到近场区边界的距离，λ 为电磁波的波长，单位为 m。D 为天线的长度，单位为 m。

远场区电磁照射强度的预测计算如下。

在观测点靠近地面时，在远场区某观测点的功率密度可以按照下式计算。

$$S = \frac{P_T \times G}{4\pi \cdot r^2} \cdot F(\theta,\varphi) \cdot (1+\rho)^2 \left(\text{W/m}^2\right) \tag{12-2}$$

式（12-2）中，$F(\theta,\varphi)$ 为相对于各向同性辐射的天线相对增益系数，其取值为 0～1。P_T 为天线输入功率，单位为 W。

G 为天线最大增益（倍数）。

θ 为天线间连线与天线最大辐射方向的垂直夹角。

φ 为天线间连线与天线最大辐射方向的水平夹角。

ρ 为反射系数的绝对值，取值为 0～1，一般取值为 0.5。

r 为观测点与天线之间的距离，单位为 m。

在观测点靠近地面 1.5m 处，地面观测点与天线的水平距离不同，可以计算与天线水平的夹角，同时根据天线垂直面方向图，考虑观测点处的波束损耗。天线主波束远场区功率密度预测计算值见表 12-4。

表12-4　天线主波束远场区功率密度预测计算值

到天线的水平距离 /m	25	30	35	40	45	50
功率密度 /（W/m²）	0.011	0.013	0.012	0.014	0.018	0.023

根据计算结果，2.1GHz NR 基站在天线辐射主瓣方向 50m 范围内，远场区功率密度低于《电磁环境控制限值》（GB 8702—2014）和《通信工程建设环境保护技术标准》（GB/T 51391—2019）规定中要求的公众曝露控制限值。

以上预测方法适用于板状天线，不适用于智能天线。智能天线的波束分为广播波束和业务波束两种。其中，广播波束实现了对整个小区的覆盖，业务波束则针对用户形成定向跟踪波束。相较于板状天线，智能天线最大的特点是方向图可控，实现了对移动台的定位。考虑到 3.5GHz NR 基站普遍采用智能天线的情况，分析 3.5GHz NR 基站的电磁辐射情况，结合实际电磁辐射测试结果，在天线辐射主瓣方向 50m 范围内的地面环境中，远场区功率密度低于《电磁环境控制限值》（GB 8702—2014）和《通信工程建设环境保护技术标准》（GB/T 51391—2019）中要求的公众曝露控制限值。

（2）电磁辐射防护措施

在基站选址和建设过程中，基站周围的建筑物只要满足水平保护距离和垂直保护距离的要求即可。

移动通信基站选址宜避开对电磁辐射敏感的建筑物，例如，幼儿园、中小学、医院等。在无法避开时，移动通信基站的发射天线水平方向在 100m 范围内，不应设有高于发射天线的电磁敏感建筑物。

在居民楼上设立移动通信基站，天线应尽可能建在楼顶较高的建筑物上（例如，楼梯间）或专设的天线塔上。

在移动通信基站选址时，应避开电磁环境背景值超标的地区。如果超标区域的面积较大，无法避开，则应向环保主管部门提出申请进行协调。

对于电磁辐射超过限值的区域，可采取调整设备技术参数的措施，降低电磁辐射强度，例如，调整设备的发射功率、更换天线类型、调整天线的高度、调整天线的俯仰角和水平方向角。

12.4.3　网络级节能降碳

网络级节能降碳主要是基于节能降碳目标，一方面，通过网络精准规划，共建共享，BBU 集中放置 / 云化等多种方式，优化基础网络形态，降低整体网络能耗的基准水平；另一方面，通过网络基础节能参数配置、AI 智慧节能等，引入"AI + 大数据"精准预测、配置，评估"一站一策"级的节能方案，进一步优化基站功率资源分配，降低网络能耗。

1. 网络精准规划，共建共享

为了降低移动通信网络重叠产能和重复投资，推动节能减排建设，我国不断深化共建共享。从最早的站址级共享、机房资源级共享，到网络设备级共享，从 2019 年中国电信与中国联通共同规划建设维护优化一张 5G 无线网络，再到 2021 年中国移动与中国广电共同宣布 700MHz NR 共建共享，可以说，国内的共建共享力度不断强化，程度不断加深。两家电信运营商通过共建共享一张网络，相当于整体网络规模减小近一半，因此，整体能耗也大幅下降。"十四五"期间，中国电信与中国联通将实现 4G/5G 网络共建共享节电量超过 450 亿 kW·h。一方面，基于业务、网络等多维度大数据，精准规划、高中低频协同、4G/5G 协同等；另一方面，加快淘汰 2G/3G 低效落后设备，加强"去冗余"和退网设备，强化节能挖潜改造。在满足 5G 业务发展和用户需求的前提下，针对不同的业务场景，合理配置设备选型。

2. BBU 集中放置 / 云化

5G BBU 机房是 5G 网络下承担 BBU 设备安装空间的节点机房，重点满足 5G 无线基站接入汇聚，同时兼顾满足部分综合业务接入需求。

根据行政规划、分区性质和自然形式，对 5G BBU 机房作汇聚区域的整体规划。机房覆盖区域划分应能适应各地市的市政建设计划，并考虑中长期的业务发展需求，避免频繁地优化调整 5G BBU 区域。

5G 网络中 BBU 集中部署，可以减少机房数量，实现配套资源共享（GPS、电源、蓄电池、传输、空调等），减少能耗和排放，降低建设成本和运营成本。同时，集中设置更容易实现站间协作，实现更高频谱效率，提高容量。集中式基带池可以灵活扩展，实现弹性容量，可以更好地体现 5G 网络的优势。与 4G BBU 相比，5G BBU 设备在处理能力大幅提升的同时，功耗大大增加，将对机房、机柜、电源和空调等相关基础配套设备和设施提出了要高的要求。

根据区域内 BBU 部署的数量及机房的容量，可以将 BBU 机房分为以下 4 种。

（1）基站机房

BBU 直接部署在基站机房或大型室内分布系统专用机房内，BBU 集中部署的数量通常为 2～5 台。

（2）小 C-RAN 机房

结合 4G 集中机房、原模块局、接入点的设置，BBU 集中部署在接入机房内，一般位于接入光缆主干层与配线层交界处。BBU 集中部署的数量通常为 5～10 台。

（3）中 C-RAN 机房

结合综合业务接入区的设置，BBU 集中部署在一般机楼内，一般位于中继光缆汇聚层与接入主干的交界处（通常对应县区级业务局站或条件较好的分支局）。BBU 集中部署的数量通常为 10 ～ 30 台。

（4）大 C-RAN 机房

结合综合业务接入区的设置，BBU 集中部署在一般机楼或核心机楼内（通常对应地市级综合业务局站），BBU 集中部署的数量通常为 30 ～ 80 台。

按照 TCO 最优原则，综合考虑网络安全因素，5G BBU 应采用集中化部署。BBU 设置示意如图 12-9 所示，以综合业务接入区为单位，制定 BBU 集中设置方案，通过 AAU/RRU 拉远距离结合前传光模块配置具体确定，一般不超过 10km。

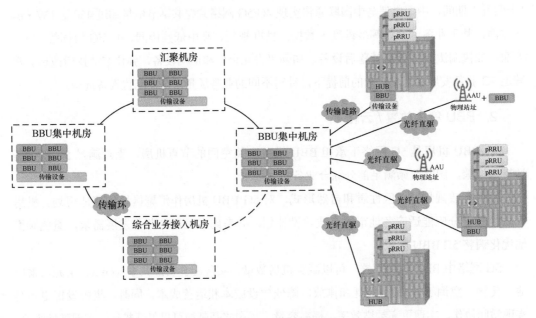

图12-9　BBU设置示意

① BBU 集中部署采用分片相对集中的方式，根据集中度不同，可以考虑采用"大集中"或"小集中"方式。

② 综合业务区内的各综合业务局站应作为 BBU 大集中点，接入综合业务区内的大部分基站（10 个以上）。BBU 大集中点接入的基站必须位于该综合业务接入区内，不得跨区接入。

③ 综合业务接入区内有接入点机房时，接入点机房应作为 BBU 小集中点，覆盖接入点机房周边 5 ～ 10 个基站。BBU 小集中点与其接入的基站必须在同一个主干光缆环上，不得跨环接入。条件较好的基站机房也可以作为 BBU 小集中点，接入附近的 2 ～ 4 个基站。

为了避免成片的业务中断，BBU 集中机房务必做好后备电源等保障措施。

④ 由于 5G 的 BBU 功耗大、发热较严重，所以建议每个机架总功耗不超过 5kW，需要考虑 BBU 安装空间、功耗、散热、机架承重等情况。单个 BBU 机柜最多安装 5 台 5G CU-DU 设备，上下部分需留出足够空间，便于设备散热。

3. 网络基础节能参数配置

在保障用户感知的前提下，通过合理配置无线网络基站节能参数，可以关断部分空闲的无线资源，从而实现基站节能。比较常见的基础节能方法包括能耗采集、符号关断、通道关断、深度休眠和载波关断等。

（1）能耗采集

5G 基站能够采集 BBU 及 AAU 的功耗并通过无线接入网网元统一管理平台（OMC-R）上报，测量精度误差控制在 5% 以内。

（2）符号关断

基站检测到部分下行帧（符号）无数据发送时，在此周期内关闭功率放大器等射频硬件，降低静态功耗。功能生效时间的颗粒度为微秒级别。

帧（符号）关断主要适用于低负荷场景，实验室测试显示整机功耗可降低 10% 左右。目前，已开展现网商用验证。另外，4G/5G 共模场景，建议支持 4G/5G 联合调度，实现更优的节能效果，并降低对时延敏感类业务的影响。

（3）通道关断

室外宏基站通过关闭（或休眠）部分发射射频通道，以达到降低功耗的目的。关断或开启的时间颗粒度为秒级。通道关断功能主要用于部署 64 通道、32 通道宏基站的区域，实验室测试可节省约 15% 的能耗。目前，已开展现网商用验证。当前，通道关断为网管静态配置，建议支持基于用户覆盖和容量的需求，动态实现最佳的通道关闭策略。

（4）深度休眠

基站关闭 AAU 功率放大器、绝大部分射频及数字通路，仅保留最基本的数字接口电路，使 AAU 进入深度休眠状态以达到降低功耗的目的。

深度休眠适用于 5G 负荷不高的场景或者时段，该功能基本不影响用户体验。AAU 启动深度休眠为秒级，从深度休眠状态中恢复的时间约为 5 ～ 10 分钟。当宏基站及其覆盖范围内的微基站承载的业务量均降低到一定阈值时，还可以将微基站进行深度休眠，由宏基站承载全部业务量，以节省能耗，目前，已开展现网商用验证。当前，深度休眠采用网管静态配置生效时间段，建议支持基于网络状态自适应启动 / 关闭该功能，并将 AAU 从深度休眠状态恢复时间进一步控制在 5 分钟以内。

（5）载波关断

当有多频小区同覆盖时，可将其中的一层作为覆盖层，其他层作为容量层。在小区负荷低的情况下，关断容量层，保留覆盖层，降低整体功耗。载波关断节能效率较好，关断 / 开启都是秒级速度，对业务影响较小。

（6）4G/5G 共模基站协作关断

在 4G 和 5G 网络重叠覆盖区域下，引入 4G/5G 共模基站协作关断功能，根据业务量高低智能关断 5G 载波，实现节能效果。

（7）下行功率优化

5G 支持基站下行基于用户级调整发射功率，在保证用户感知不下降的前提下，减小基站对部分用户的下行发射功率，达到节能的效果。

（8）智能节能

将 5G 节能与人工智能相结合，引入智能业务预测算法，提高针对每个小区、不同时间点的预测准确度，从而精细化制定相应的节能策略，形成"节能智能大脑"，做到"一站一策、一时一策"，在保证用户正常体验的前提下，充分挖掘节能潜力。

（9）设备关断

在深度休眠的基础上，通过优化网管告警流程和远程操控，进一步"下电"关断 AAU，实现零业务、零功耗。该功能需要频繁开关设备，需要提升设备的可靠性。目前，部分电信运营商已联合一些主设备厂家开展相关技术验证，存在凝露等问题，后续需联合产业界研究具体的适用场景。

以上基础节能功能相互独立，可同时叠加部署，增加节能效益。除了以上基础节能参数，通过合理的上行功率控制、下行功率动态分配、资源调度、上行预配置等算法，优化相关参数配置，也可以在一定程度上降低网络及终端能耗。

4. AI 智慧节能

传统的基站节能参数配置主要是通过人工在网络设备上配置定时节能策略，由于参数繁多、配置条件复杂，所以电信运营商此前对小区休眠等深度节能参数的应用较谨慎。为了降低上述不利影响，目前，业界通过大数据和 AI 技术实时智能分析基站负荷情况，根据不同节能场景制定"一站一策"的节能策略，同时，实现跨厂商、跨网络的节能自动化执行与节电量自动评估，减少人工维护的工作量。

目前，国内几大电信运营商均有自己的网络智慧节能平台，中国移动有智能协同方案 iGreen（绿色通行），能够通过多模多频协同休眠、聚类分析、深度学习等算法，达到实时节能参数自适应的目的。中国联通有无线网智能节能平台，依托网管平台等互通数据，支持节能指令下发、执行、性能监控等功能。中国电信基站 AI 智慧节能系统，充分发挥电信运营商多源融合数据优势，借助 AI 赋能和数据驱动，实现全网统一的基站智慧节能体系，建立从网络感知、智能分析、智能决策、自动控制、自动评估、策略优化的闭环节能体系，实现 4G/5G 基站自动精准、高效安全的节能，做到节能效率和运维效率双提升，实现能耗和成本双降低。

12.4.4　机房配套级节能降碳

为了保证基站主设备的稳定运行，机房需要提供稳定的电源及适宜的工作环境，机房配套级节能降碳即从供电、散热制冷等环节入手，提供高效低碳的机房环境。为了保持适宜的工作环境，一方面可以通过改进配套机柜工艺提升散热能力；另一方面可以降低制冷环节的能耗来实现节能降碳。

1. 低功耗液冷机柜

液冷技术原理如图 12-10 所示，液冷技术就是通过液体直接冷却设备，液体将设备发热元件产生的热量直接带走，以实现服务器等设备的自然散热。

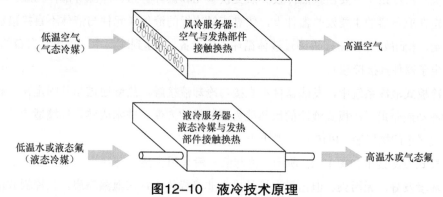

图12-10　液冷技术原理

与传统风冷相比，液冷技术带走的热量更多，同体积液体带走的热量大约是同体积空气的 3000 倍。温度传递更快，液体导热能力是空气的 25 倍。噪声品质更好，同等散热水平时，液冷系统的噪声比风冷噪声降低 10 ~ 15dB。二者在节能省电方面相比，液冷系统约比风冷系统节电 30% ~ 50%。

传统风冷数据中心与液冷数据中心能量流如图 12-11 所示。

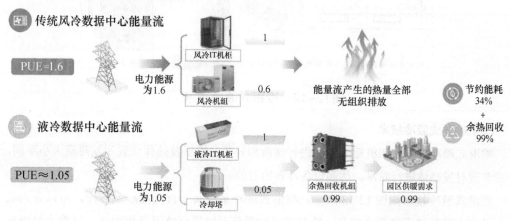

图12-11　传统风冷数据中心与液冷数据中心能量流

按照液体与发热器件的接触方式，液冷方式大致分为冷板式、喷淋式和浸没式 3 种。其中，浸没式又可以分为相变液冷和单相液冷两种。

相关数据显示，采用风冷系统的数据中心，有接近 30% 的能耗用来应付冷却系统。其电能利用效率（Power Usage Effectiveness, PUE）值很难控制在 1.3 以下，而且单机柜的功率密度最高一般不能超过 15kW。采用液冷技术的数据中心，在冷却系统的能耗可以明显降低，其 PUE 值甚至可以低至 1.1。和前者相比，机房的整体能效将有 30% 以上提升，IT 设备的稳定性大大提高，单机柜的功率密度可以达到 100kW 以上。

（1）冷板式液冷技术

冷板式液冷系统主要由换热冷板、热交换单元和循环管路、冷源等部件构成。将液冷冷板固定在服务器的主要发热器件上，依靠流经冷板的液体（元件与液体不直接接触）将热量带走，达到散热的目的，再通过液体循环带出设备，传递到冷媒中（冷媒有自身的通路，并不与电子器件直接接触）。

在冷板式液冷系统中，发热器件不直接与冷却液接触，热量通过与其固定在一起的冷板中的冷却液带走。冷板式液冷的散热能力强、维护方便、技术成熟、环境适应性强，其冷却方式属于间接接触，PUE 值一般小于 1.2。

冷板式液冷技术如图 12-12 所示，冷却液一般采用去离子纯净水，其主要优点是价格低廉，环境友好，无污染。但由于水极易成为非绝缘体、存在泄漏隐患，且冷板式液冷对设备的改造要求难度较大，因此，目前很少在 5G BBU 场景下应用。

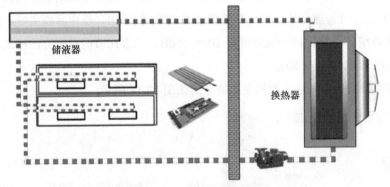

储液器

换热器

图12-12 冷板式液冷技术

（2）喷淋式液冷技术

喷淋式液冷技术是在机箱的顶部进行储液和开孔，根据发热体位置和发热量大小不同，让冷却液对发热体进行喷淋，达到设备冷却的目的。

喷淋式液冷技术如图 12-13 所示，喷淋式液冷系统属于直接接触型液冷，可以分为机柜系统和室外散热系统两个部分。冷却液通过循环泵输送至喷淋机柜内部，以重力势能对 IT 设备中的发热器件或与之相连的导热材料进行喷淋制冷。被加热后的冷却液通过循环泵进入室外散热系统与外界环境进行热量交换，并重新进行下一个制冷循环。由于喷淋的液体和被冷却器件直接接触，所以其冷却效率更高。

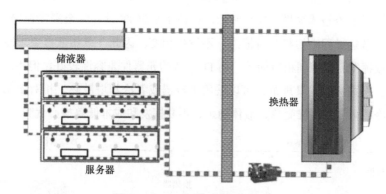

图12-13　喷淋式液冷技术

（3）浸没式液冷技术

浸没式液冷系统是将 IT 设备完全浸没在机柜中的绝缘冷却液中，通过冷却液的流动将发热元器件的热量带走，通过换热器将热量传递给室外散热系统（冷却塔或干冷器），散热系统将热量散发到室外环境。根据冷却液形态的变化可以分为相变浸没式液冷技术和单相浸没式液冷技术。

浸没式液冷技术如图 12-14 所示，冷却液在循环散热过程中发生了相变，冷却液带走服务器热量后发生相变气化，气态冷却液被冷凝器冷凝重新变成液态回到液冷槽内。冷凝盘管中的水温度不需要太低，采用干冷却器就可以满足换热的要求，把热量带走，相变液冷由于电子冷却液发生了相变，其相变过程中的压力会发生变化，对容器要求很高，因此，初始投资成本较高、运维成本较大，较少在 5G BBU 节能场景下应用。

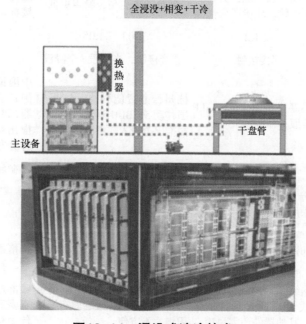

图12-14　浸没式液冷技术

245

单相浸没式液冷技术如图12-15所示，该技术是将IT设备完全浸没在绝缘冷却液中，冷却液在循环散热过程中始终维持液态，不发生相变。因此，单相液冷要求冷却液的沸点较高，冷却液挥发流失控制相对简单，与IT设备的元器件兼容性较好，但相对于两相液冷其效率较低。根据应用场景规范，可以采用干冷器或者冷却塔散热。相对于相变式液冷技术，单相液冷技术具有运维简单、液体稳定、不易挥发和成本低等核心优势。

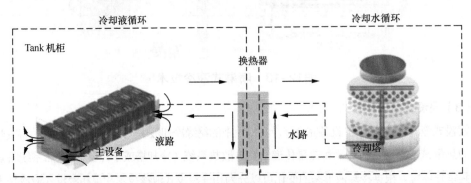

图12-15 单相浸没式液冷技术

从全国范围来看，北方地区建议以冷板式液冷为主，南方地区建议以浸没式液冷为主。3种液冷方式技术的特点比较见表12-5。

表12-5 3种液冷方式技术的特点比较

对比指标	冷板式液冷	浸没式液冷	喷淋式液冷
技术特性	散热能力强，维护方便，技术成熟，环境适应性强	散热效率更高，噪声更低	液体和被冷却器件直接接触，冷却效率高
PUE	< 1.2	1.03 ～ 1.05	< 1.1
冷却方式	间接接触	直接接触，半浸没/全浸没	直接接触
相关应用/测试场景	中科曙光推出了GreenLP液冷服务器等	杭州云酷智能科技对杭州中国移动5G BBU测试，中兴公司推出全浸入式液冷服务器	中国长城研发出我国首台国产化喷淋式液冷服务器，珠海华跃（广东合一）推出喷淋液冷BBU池化解决方案
冷却液类型	去离子纯净水	氟化液	矿物油（甲基硅油）
主设备改造	部分改造，CPU/GPU/内存采用液冷，其余热源采用风冷	取消风扇器件	改造风扇板件
优势	冷却液价格低廉，环境友好、无污染	冷却液绝缘且不燃，惰性	价格适中，绝缘，无味无毒，不易挥发
劣势	非绝缘体，存在泄漏隐患；解决发热量大器件的散热，其他器件还需风冷	冷却液价格昂贵；介质用量大，影响承重；改变原有维护习惯，不方便	喷淋过程遇到高温物体会有飘逸和蒸发现象；对光传输有一定影响

2. 新型竖插机框

从 3G、4G 时代采用分布式基站起，主流设备厂商的 BBU 设备工艺设计就基于当时的低功率和低密度，充分考虑了安装和维护的需要，采用了"侧进侧出"的通风方式。具体包括支持挂墙竖装、室外机柜横装、室内机柜横装等。所有单板、模块、光缆均支持前面板维护，BBU 风扇支持热插拔，支持前面板更换。

4G BBU 机框摆放如图 12-16 所示，4G BBU 一般采取横装堆叠形式安装。

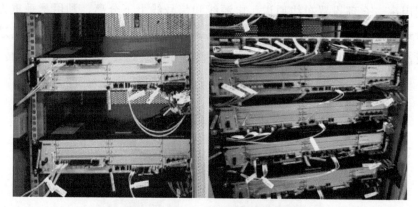

图12-16　4G BBU机框摆放

相比于 4G BBU，5G BBU 不论是其设备部署集中度还是设备功率密度均有大幅提高。单机柜的功率也随之阶跃性上升，由 4G 时的 150 ～ 300W 增长到 5G 的 500 ～ 1200W，而设备气流设计工艺并未改进。当 BBU 设备集中部署时，单机柜功率可达 3 ～ 5kW，甚至更高。这带来了电力容量及空调制冷能力方面的新问题，尤其是后者，通常的基站、接入机房及现有机柜条件均无法满足该要求。这给机柜内设备的通风散热和机房的电源保障均带来了明显的压力，同时也对设备安装工艺、机柜规格及布线工艺、机房空调配置与气流组织、电源设备配置等提出了更高的要求。

而现网安装的情况是，由于机柜侧板与 BBU 之间的间距偏小，造成左右两侧进风和出风的风量不足，无法形成有效的气流组织，所以热气回流（短路），严重影响机柜的散热效率。

究其原因，无外乎存在这几种情况：一是设备进出风不畅，运行温度偏高；二是机柜安装立柱、侧板加强筋、电缆走线均对侧面风口有遮挡；三是机柜内气流组织混乱，短路严重，设备冷量不足；四是不同厂商设备进出风的方式不一样，造成气流紊乱；五是并列安装的机柜侧板热量聚集，相互影响。

5G BBU 如果采用横装堆叠形式安装，易产生通风不畅、散热效果差等问题。中国电信根据 5G BBU 安装现状及存在的问题，自主研发了竖插 BBU 机框，改变了综合机柜中气流的流动模式。

5G BBU 插框改造如图 12-17 所示，每台 BBU 具有独立风道，互不干涉，有效增加了进出风量，提高了散热能力。其主要的设计思路是气流组织设计、五合一机框设计和通用性设计。气流组织设计中，这种方式改变了原有左进右出风向，变为前（下）进后（上）出，减少 50% 以上的气流转弯，且集中了气流，明显提升了柜门气流的穿透性。每台 BBU 具有独立风道，互不干涉，有效增加了进出风量，提高了散热能力。出风口可选配脉冲宽度调制（Pulse Width Modulation，PWM）温度调速风扇，在大功率时辅助散热。五合一机框设计中，单个子框可以安装 5 个 BBU 设备，有效提高了机架利用率。合理设置布线通道，电源线和信号线上下分离，利用悬垂重力对信号线成束管理，每台设备可独立拆装，不影响其他设备。通用性设计中，通过进风可调节导流板，可适应主流厂家 BBU，也可用于侧进侧出其他设备形式（例如，传输设备）的安装。

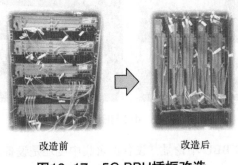

改造前   改造后

图12-17   5G BBU插框改造

根据相关测试结果，不论是在简配、半配和满配情况下，还是在空调正常、故障以及柜门通风不畅等情况下，竖插机框的通风制冷效果均远优于横装堆叠形式。以半配 BBU（3 块基带板）为例，在采用常规机柜且机房空调正常情况下，每台 BBU 年均节电量为 500kW·h（可以按照华为和中兴的实际平均值，PUE 按 1.6 计算），年节约电费约为 400 元。节能的主要原因在于：合理、顺畅的气流组织，集中、低阻的冷热风通道和柜门开孔气流阻滞的克服。

在 BBU 堆叠机房，应根据机房、设备的实际情况，采用合理的方式。侧面进出风的 BBU 建议采用竖装的方式，使 BBU 的送风方式改变为下（前）进上（后）出。每个机柜可配置 1 ～ 2 个竖装插框。如果是前进后出送风的 BBU，则采用横装的方式。对于基站机房内机柜空间有限（通常为利旧），难以安装竖插框的场景，且将来增扩 BBU 设备的可能性不大，也可以采用横装方式安装侧面进出风的 BBU 设备，但每个机柜内安装的设备数量不宜超过 2 台，每台功率不宜超过 300W。

目前，竖插机框已在实际工程项目中广泛被采用，BBU 安装示意如图 12-18 所示。

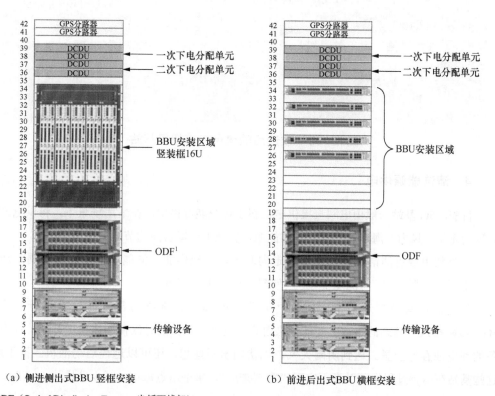

（a）侧进侧出式BBU 竖框安装　　　　　　（b）前进后出式BBU 横框安装

1. ODF（Optical Distribution Frame，光纤配线架）。

图12-18　BBU安装示意

3. 极简基站

随着 5G 网络建设的深入，C-RAN 建站模式已经成为 5G 网络建设的主要模式。BBU 均集中放置在汇聚机房，基站侧只有 AAU/RRU 设备，通过全室外化电源给 AAU/RRU 供电成为极简基站供电的主要方式。

站点极简化需要配置新型无线接入网网络架构，实现配套设施能耗的降低。例如，C-RAN 的集中部署网络架构能够通过减少基站的数量及配套设备，降低对空调和备电的需求，从而将网络能耗降低 30% 以上。

另外，室外型基站可以通过升级改造来实现绿色极简超级基站，改造后的绿色极简超级基站如图 12-19 所示。

2022 年 8 月，通过采用华为"智慧超级站"解决方案进行了升级改造，将原来分布在 6 个柜子中的电源、设备、电池统一收编，集成在 1 个柜子里，实现"1 柜替 6 柜"。而节省出 80% 的占地面积，用来安装华为智能光伏发电系统。该系统自发自用，每年节省电费支出 1.3 万元，相当于减少碳排放 8 吨，可以实现节能减排的目标。

图12-19　改造后的绿色极简超级基站

4. 清洁能源供电

目前，5G 基站一般由电网直接供电，属于传统能源供电。在适用场景下，将供电方式转变为光伏、风力、海洋能等绿色清洁能源，实现电信运营商的节能减排。

充分利用绿色清洁能源，让整站走向联动，实现供能、储能、用能高效协同，能够真正实现"电随业动""能随业动"，使整站能耗大幅降低。

某电信运营商打造的全国首批"零碳"5G 基站，在某海岛开始试点运行，这座5G"零碳排放"基站的日常主要能源来自光伏发电，风大的时候使用风电做补充，还有后备的锂电池存储能量。遇到阴雨天气，光伏输出不理想，还可以远程启动油机。据了解，这些基站在运行过程中可以真正实现"零碳排放"，单个站点每年能减少碳排放 14.5 吨。

12.4.5　绿色节能 5G 共享基站应用举例

为了推动人们践行绿色低碳发展，借助 4G 一张网及 5G 共建共享契机，东部沿海某地中国电信与中国联通双方通过使用光伏及风力发电互补新能源技术，建设了近海岛屿覆盖广、网速快、感知好、效能高的 4G/5G 中国移动精品网，全面深化网络资源共建共享，并达成了战略合作。

1. 基本情况介绍

某岛离岸 50km，是中国领海基点之一，是重要的海上地理位置。该岛周边海域有从事养殖捕捞的渔民、过境货轮等。由于该岛离岸 50km，原居民用电都是通过柴油发电机发电，岛屿的电力设施建设难度大，投资高。为了解决岛屿无线信号覆盖弱的问题，该地区的中国电信与中国联通双方多次与当地海事部门沟通。双方分公司共同决定通过共建共享模式开通该岛 4G/5G 基站，实现岛屿 4G/5G 信号覆盖，为岛上的渔民及过境货轮提供网络服务。

2. 方案实施验证

该地区的中国电信与中国联通双方网络部组织各专业及相关厂家人员通过对日照时长、

风力因素、设备能耗、设备充放电时长及传输方案等建设要素进行多次论证分析，制定了实施方案。

① 日照时长验证：该岛日平均日照时间为 4 小时，蓄电池放电 48 小时后，需在两个日照日（8 小时）后充满。负载按 3kW 计算，从放电开始至充满电后，供给放电 64 小时，放出电量 192kW·h，其计算方法为 3×64=192（kW·h）。考虑损耗，太阳能极板按照转换效率 0.9 计算，需要配置太阳能极板功率为 30kW，其计算方法为（192/8＋3）/0.9=30（kW）。

② 风力利用验证：考虑到无光时候给负载供电，新增 10kW 风力发电机，此时光伏系统容量相应减小。该岛风机年利用小时数约为 1700 小时，10kW 风机年发电量约为 17000kW·h，日均发电量约为 46kW·h，可以满足基站用电需求，防止长时间无光照及异常天气导致通信中断。

③ 设备功耗取值：考虑到基站运行依靠光伏、风力供电系统，本次无线方案定为使用 5G NR 2.1GHz 双频设备，开通 4G/5G 业务，最大限度地降低 BBU 及基站设备使用功耗。

④ 充放电时长验证：直流负载按照 50A 考虑、备电 48 小时测算，需要电池容量为 2400Ah，其计算方法为 50×48=2400（Ah），考虑放电余量，配置两组 1500Ah 电池。

⑤ 传输方案：基站链路通过 300MHz 微波发射系统与陆地实现信号传输。

该岛基站和光伏/风电结合方案示例如图 12-20 所示。

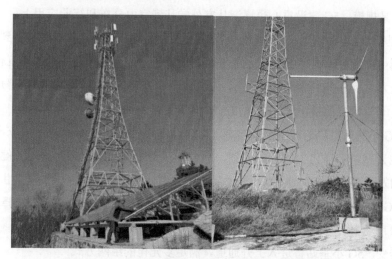

图12-20 该岛基站和光伏/风电结合方案示例

3. 共享方案实施效果

目前，该岛基站已经完成无线 4G/5G BBU 及微波设备安装，直流负载 29A，年用电量约为 1.5 万 kW·h。

2022 年 8 月 4 日该岛的 4G/5G 基站开通。经该地区中国电信与中国联通双方共同测试，5G 下载速率为 150 ～ 200Mbit/s。通过中国电信与中国联通 4G/5G 共享实施后，双方网络整体覆盖提升明显，成功实现"1 + 1 > 2"的效果。用户在岛屿上可以打电话、看视频直播等，有效满足了岛上及周边海域的 4G/5G 业务使用，岛上的居民网络生活更便捷。5G 测试指标示例如图 12-21 所示。

使用光伏 / 风力基站，一方面节约基站自身用电成本，另一方面集具无排放、无污染等优点，为落实"节能减排"提供实践路径，通过共建共享模式建设实现运营成本的降低。

图 12-21　5G 测试指标示例

●●12.5　5G 融合组网应用

12.5.1　5G 小基站

目前，我国 5G 基站总数已超 290 万个，已经是全球最大的 5G 网络，我国 5G 室外连续覆盖已初具规模，5G 建设重心也逐渐从室外转移到室内分布和行业应用上。

5G 小基站一直以体积小、易部署、智能化、灵活敏捷、可视运维等优势得到业界瞩目。同时，5G 小基站还可以作为宏基站的补充，有效增强室内深度覆盖，深入垂直行业细分场景，具有极大的潜力和广阔的应用前景。业界预计到 2025 年，全球小基站部署规模将达到 1025 万个。可以确定的是，5G 小基站的"春天"已经到来。

作为 5G 小基站发展的最主要推动者，电信运营商早在 2020 年就联手多家产业生态厂商发起无线云网络多样化生态行动计划，联合推动无线云网络生态向平衡、健康、丰富、有序的方向发展，促进并加速 5G 小基站生态的发展，携手打造端到端的产业生态。5G 小基站是在 5G 大规模宏基站建设基础之后进一步"补盲补热"的低成本高效选择，在 5G 甚至整个通信市场中的定位十分重要，对电信运营商宏基站也是一种重要补充。随着网络建设重心的转变，5G 小基站将进入上升通道，满足多元化的组网方式。

1. 5G 小基站架构

根据 3GPP 规范定义，移动通信基站按照功率分为三大类，分别为广域基站（宏基站）、中等覆盖范围基站（微基站）和局域基站（皮基站和飞基站）。其中，微基站、皮基站和飞基站统称为小基站。移动通信基站功率及对应覆盖能力见表 12-6。

表12-6 移动通信基站功率及对应覆盖能力

类型	单载波发射功率	覆盖能力
宏基站	＞10W	＞200m
微基站	500mW～10W	50～200m
皮基站	100～500mW	20～50m
飞基站	＜100mW	10～20m

小基站是一种在产品形态、发射功率、覆盖范围等方面，相比于传统宏基站都小得多的基站设备，用于流量热点区域的覆盖。在5G网络建设中，小基站的作用就是提供5G容量覆盖，在其覆盖范围可以按需提供大容量、低时延、高可靠的5G网络服务。

5G小基站构造示意如图12-22所示，5G小基站由基带处理单元、扩展单元和远端单元3级架构组成。其中，基带处理单元支持星形和链形连接多个扩展单元，通过扩展单元支持连接多个远端单元。基带处理单元支持小区分裂和合并，可以满足不同场景差异化覆盖和容量需求。扩展单元连接基带处理单元和远端单元，支持级联，完成数据分路和合并。远端单元主要完成射频处理及无线信号的收发。

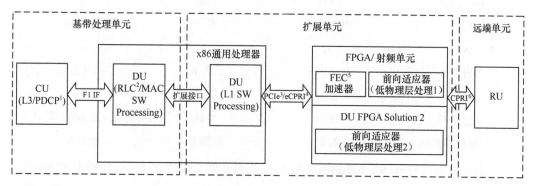

1. PDCP（Packet Data Convergence Protocol，分组数据汇聚层协议）。
2. RLC（Radio Link Control，无线链路控制协议）。
3. PCIe（Peripheral Component Interconnect express，高速串行计算机扩展总线标准）。
4. eCPRI（enhanced Common Public Radio Interface，增强型通用公共无线接口）。
5. FEC（Forward Error Correction，前向纠错）。
6. CPRI（Common Public Radio Interface，通用公共无线接口）。

图12-22 5G小基站构造示意

2. 5G小基站与宏基站、DAS对比分析

宏基站和DAS是5G无线网络建设的重要组成部分，与5G小基站的功能具有一定相似性。5G宏基站由CU、DU和AAU组成。AAU通常支持32T32R（32发32收）或64T64R（64发64收）。宏基站通常安装于室外，用于室外广覆盖和多用户接入。因此，宏

基站发射功率大、收发通道多、体积大、功耗大，需要专门的站址、供电系统等。DAS主要由功分器、合路器、耦合器、馈线和天线等无源设备组成，收发通道为单路或双路。DAS通常安装于室内，用于室内深度覆盖和小区域覆盖，DAS发射的功率小、收发通道少、成本低，不需要专门的站址。5G小基站与宏基站、DAS对比分析见表12-7。

表12-7　5G小基站与宏基站、DAS对比分析

分类	宏基站	5G 小基站	DAS
发射功率	大于 10W	100 ～ 500mW	100 ～ 500mW
收发通道	32T32R 或 64T64R	2T2R 或 4T4R	单路或两路
性能要求	高	中等	一般
覆盖范围	大于 200m	20 ～ 50m	20 ～ 50m
功耗	大于 3000W	约 100W	几十瓦
可靠性	高	中等	较高
扩容升级	方便灵活	方便灵活	不方便
室内外协同	支持	支持	不支持
网络演进	支持	支持	不支持
质量	约 100kg	小于 10kg	小于 10kg
体积	大	小	小
建设成本	几十万元	几万元	十万元级
部署施工	复杂	简单	复杂
可管可控	便捷	便捷	因采用无源器件不能管控
专门站址和机房	需要	不需要	不需要

由表12-7可以看出，5G小基站在收发通道、扩容升级、室内外协同、网络演进、部署施工、可管可控等方面优于DAS；在功耗、质量、体积、建设成本、不要专门站址和机房等方面优于宏基站，因此，特别适用于室外建设成本过高的热点地区和盲区以及室内覆盖区域。

3. 5G 小基站相对 4G 小基站的优势

事实上，在4G网络建设时期就已经有了小基站的身影，不过由于4G宏基站可以承载70%以上的流量，小基站的使用量不多。进入5G网络建设阶段，特别是对于室内网络建设，高容量覆盖是目标，而5G小基站正好可以更好地满足该需求，能够适用于几乎所有的室内场景，例如，车站、展馆、商场、酒店、办公楼、学校和公共服务场所等。

相对于4G，5G小基站有哪些异同呢？对于室内小基站而言，4G时代可以分为一体化皮站、拓展化皮站和分布式皮站3种。其中，4G以无源设备为主，分布式皮站作为最主要的补充，拓展化皮站和一体化皮站没有发展起来，主要依靠非宏基站厂商的设备。5G微基站和皮站产

品架构和 4G 类似，借鉴 4G 一体化皮站部署中遇到的困难，5G 有源室内分布将以分布式和拓展型为主。

与 4G 小基站相比，5G 小基站有明显的不同，具体说明如下。

第一，应用场景更广泛。 4G 皮站定位在中低价值、小面积区域，例如，一体化皮基站的发射功率小、覆盖范围有限、小区容量低，主要应用于企业、办公室、营业厅等室内场所，而 5G 皮站更多的是拓展全业务、多类型、各类价值解决方案，例如，2T2R/4T4R、多小区、多频多模等。

第二，技术要求更高。 5G 的应用场景更广泛，同时也决定了对 5G 皮站的要求会更高，5G 皮站的带宽更宽、功率更大、小区数量更多、站型更丰富。

第三，网络结构更简化。 从 4G 小基站部署经验来看，不同的厂商有不同的网管，在运维方面存在很大的问题。相比于 4G，5G 皮站基于 3 层架构，直接接入核心网，不需要接入网关，另外，标准化南向接口，部署统一智能网管。

第四，功能更丰富。 小基站作为云网协同的站点，要具备 DICT 融合的能力、数据创新应用的能力，要能感知用户数据、感知环境，在此基础上做创新性的应用，通过云平台更好地为行业提供更多适配性的服务、更丰富的功能。

4. 5G 小基站应用场景

5G 小基站应用场景如图 12-23 所示，5G 小基站主要有三大应用场景：第一类是大型场馆、商场、酒店、医院、超市、写字楼等室内区域；第二类是景区、步行街、居民区、道路等室外非连续覆盖的热点区域；第三类是垂直行业应用场景，例如，矿山矿井、产业园区、生产制造和仓储物流等。

图12-23　5G小基站应用场景

在第一类应用场景中，例如，商场、酒店、医院等人群密集、流量需求远高于普通地域的区域，宏基站往往难以提供足够的流量，此时，5G 小基站可以发挥很好的补充作用。另外，5G 小基站不用考虑诸多限制因素，例如，协调建网成本、传统设备安装位置受限、铺设传输困难、天面资源紧张等问题，尤其是在人群密集区，其优势更明显。因此，通过 5G 小基站来解决室内和热点区域的覆盖和容量问题，成为一种可靠的选择。

室内场景环境复杂、覆盖需求多样化，高业务量、中业务量、低业务量场景分布不均，因此，5G 室内网络覆盖方案应通过多种形态网络设备，以满足差异化的室内网络部署需求。未来，"宏基站 + 小基站"的多元化模式，有望成为更低成本、更强覆盖的组网方式。

在第二类应用场景中，室外 5G 小基站的功能主要是实现"吸热"和"补盲"。在流量需求大的高热点地区，例如，体育场馆、交通枢纽、会展中心和高校园区等，由于高密度建设宏基站的成本太高，所以可以采用高密度建设成本较低的 5G 小基站来满足容量需求，提高覆盖的同时节省投资。5G 小基站的应用可以从技术源头解决信号覆盖和容量问题，克服传统室内覆盖方案的局限性。5G 小基站具有收发通道多、网络容量大、部署施工难度小、扩容灵活以及运维可视化等优点，在 5G 室内覆盖应用中具有广阔的前景。

在第三类应用场景中，由于垂直行业众多，其需求具有碎片化、复杂化的特点，很难用统一的网络部署方式满足所有差异化的客户需求。例如，智慧工厂的关键需求是数据不出厂的安全需求、大带宽低时延需求，以及泛在网络融合的需求。智慧医院的关键需求是医疗数据不出院的安全需求、均衡上下行的大带宽需求，以及稳定的低时延需求。智慧矿山的关键需求是井下远程高清视频、危险作业面的稳定可靠的无人挖矿、矿井设备运行状态监控、井下人员资产信息的实时定位，以及自动化巡检等。不同行业应用的关键需求点的多样性，造成对设备的成本、性能、功耗、体积以及认证的差异化需求。

面对碎片化、差异化的行业需求，需要真正高效、全面、经济地满足其应用场景的所有需求，达到提高生产效率和降低成本的目的。由于宏基站在建设成本和站址灵活性方面不如小基站，而垂直行业应用多在封闭或局部区域环境中，所以设立小基站将成为 5G 行业专用网络建设的主要解决方案，具有经济、快速、灵活的优势。

5. 5G 小基站的发展前景

在小基站产品领域，中国厂商在产品设计、产品性能、商用经验方面均走在世界前列，但产业链发展仍面临挑战，特别是小基站芯片国产化程度相对不高。另外，在整机功耗、通信性能等方面也有较大技术优化空间。

其中，芯片和模块是关键基础，也是中国信息产业发展有待提升的领域，今后将加强 5G 芯片、高速无源光网络（Passive Optical Network，PON）芯片、高速光模块等技术攻关，提升制造能力和工艺水平，推动中国信息通信产业自立自强。同时，着力保障网络质量，今后将做好 5G 和 4G 网络协同发展，通过频率重耕和优化升级，提升网络资源使用效率，开展多模基站设备研制和部署，保障广大用户在城市热点地区、高铁、地铁沿线等区域对不同制式网络的使用需求。

12.5.2　Wi-Fi6

1. 发展历程

Wi-Fi 是一种允许电子设备连接到一个无线局域网（Wireless Local Area Network，WLAN）的技术。从 1997 年第一代 Wi-Fi 技术产生至今已有 20 多年的历史。随着人们对网络传输速率的要求不断提升，目前，Wi-Fi 技术经历了 6 代的革新发展。1997 年电气电子工程师协会（Institute of Electrical and Electronics Engineers，IEEE）制定出第一个无线局域网标准 802.11，数据传输速率仅有 2Mbit/s。但这个标准的诞生改变了用户的接入方式，使人们从线缆的束缚中解脱出来。1999 年 IEEE 发布了 802.11b 标准。802.11b 运行在 2.4GHz 频段，传输速率为 11Mbit/s，是原始标准的 5 倍。1999 年，IEEE 又补充发布了 802.11a 标准，采用了与原始标准相同的核心协议，工作频率为 5GHz，最大原始数据传输速率为 54Mbit/s，达到了现实网络中等吞吐量（20Mbit/s）的要求。2003 年，IEEE 发布了 802.11g，其载波的频率为 2.4GHz（与 802.11b 相同），原始传送速率为 54Mbit/s，净传输速率约为 24.7Mbit/s（与 802.11a 相同）。2009 年，IEEE 发布了 802.11n，同时工作在 2.4GHz 和 5GHz 频段，经过多次改进后，引入了 MIMO、安全加密等新概念和基于 MIMO 的一些高级功能，其传输速率达到 600Mbit/s。2013 年，IEEE 发布了 802.11ac，其工作频率为 5GHz，引入了更宽的射频带宽（提升至 160MHz）和更高阶的调制技术［256- 正交调幅（Quadrature Amplitude Modulation，QAM）］，传输速率高达 1.73Gbit/s，进一步提升了 Wi-Fi 网络的吞吐量。2019 年，IEEE 发布了 802.11ax，同时工作在 2.4GHz 和 5GHz 频段，引入上行 MU-MIMO、正交频分多址（Orthogonal Frequency Division Multiple Access，OFDMA）、1024-QAM 高阶编码等技术，将用户的平均吞吐量提高至少 4 倍，并发用户数提升 3 倍以上。国际 Wi-Fi 联盟组织（Wi-Fi Alliance，WFA）在 2019 年，采用"Wi-Fi + 数字"的方式把 802.11ax 命名为 Wi-Fi6，并将前两代技术 802.11n 和 802.11ac 分别更名为 Wi-Fi4 和 Wi-Fi5，同时还更新了 Wi-Fi 的图标。例如，用户可以根据手机上出现变化的 3G 和 4G 信号标识，可以判断当前使用的技术标准和速率等级。

2. 关键技术

Wi-Fi6（802.11ax）继承了 Wi-Fi5（802.11ac）所有的先进 MIMO 特性，并新增了许多针对高密部署场景的新特性。Wi-Fi6 核心新特性的说明如下。

（1）OFDMA 频分复用技术

802.11ax 之前，数据传输采用的是 OFDM 模式，用户是通过不同时间片段区分出来的。每个时间片段，一个用户完整占据所有的子载波，并且发送一个完整的数据包。

802.11ax 引入了一种更高效的数据传输模式，叫 OFDMA（因为 802.11ax 支持上下行多用户模式，因此，也可以称为 MU-OFDMA）。它通过将子载波分配给不同用户，并通过采用在 OFDM 系统中添加多址的方法来实现多用户复用信道资源。迄今为止，它已被许多无线技术采用，例如，3GPP LTE。另外，802.11ax 标准也仿效 LTE，将最小的子信道称为"资源单位（Resource Unit，RU）"。每个 RU 当中至少包含 26 个子载波，用户是根据时频资源块 RU 区分出来的。我们首先将整个信道的资源分成一个个小的、固定大小的时频资源块 RU。在该模式下，用户的数据是承载在每个 RU 上的，因此，从总的时频资源上来看，每个时间片上，有可能有多个用户同时发送。

相比 OFDM，OFDMA 具有以下 3 个方面的优势。

① 更细的信道资源分配。特别是在部分节点信道状态不太好的情况下，可以根据信道质量分配发送功率来更细腻化地分配信道时频资源。OFDMA 与 OFDM 工作模式对比如图 12-24 所示，不同子载波频域上的信道质量差异较大，802.11ax 可以根据信道质量选择最优 RU 资源来进行数据传输。

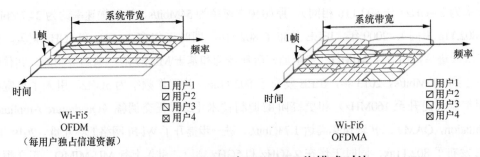

图12-24　OFDMA与OFDM工作模式对比

② 提供更好的 QoS。因为 802.11ac 及之前的标准都是占据整个信道传输数据的，如果有一个 QoS 数据包需要发送，则其一定要等之前的发送者释放完整个信道才行，因此，会存在较长的时延。在 OFDMA 模式下，由于一个发送者只占据整个信道的部分资源，一次可以发送多个用户的数据，所以能够减少 QoS 节点接入的时延。

③ 更多的用户并发及更高的用户带宽。OFDMA 与 OFDM 模式下多用户吞吐量仿真如图 12-25 所示，OFDMA 通过将整个信道资源划分成多个子载波（也可称为子信道），子载波又按照不同 RU 类型被分为若干组，每个用户可以占用一组或多组 RU 以满足不同带宽需求的业务。802.11ax 中最小的 RU 尺寸为 2MHz，最小子载波带宽是 78.125kHz，因此，最小的 RU 类型为 26 子载波 RU。以此类推，还有 52 个子载波 RU、106 个子载波 RU、

242 个子载波 RU、484 个子载波 RU 和 996 个子载波 RU。RU 的数量越多，发送小包报文时多用户处理的效率越高，吞吐量也越大。

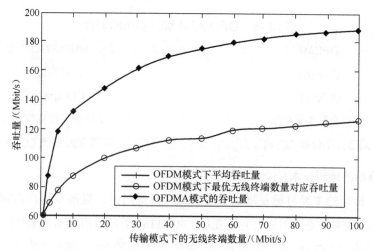

图12-25　OFDMA与OFDM模式下多用户吞吐量仿真

（2）DL/UL MU-MIMO 技术

MU-MIMO 使用信道的空间分集在相同带宽上发送独立的数据流，与 OFDMA 不同，所有用户都使用全部带宽，从而带来多路复用增益。终端受天线数量和尺寸的影响，一般来说，只有 1 个或 2 个空间流（天线），比接入点（Access Point, AP）的空间流（天线）要少，因此，在 AP 中引入多用户 MIMO（Multiple user MIMO, MU-MIMO）技术，同一时刻就可以实现 AP 与多个终端之间同时传输数据，大大提升了吞吐量。

MU-MIMO 在 802.11ac 就已经引入，但只支持 DL "4×4" MU-MIMO（下行）。在 802.11ax 中进一步增加了 MU-MIMO 数量，可支持 DL "8×8" MU-MIMO，借助 DL OFDMA 技术（下行），可同时进行 MU-MIMO 传输和分配不同 RU 进行多用户多址传输，既增加了系统并发接入量，又均衡了吞吐量。

UL MU-MIMO（上行）是 802.11ax 中引入的一个重要特性。UL MU-MIMO 的概念和 UL 单用户 MIMO（Single User MIMO, SU-MIMO）的概念类似，都是通过发射机和接收机多天线技术使用相同的信道资源在多个空间流上同时传输数据，二者唯一的差别在于，UL MU-MIMO 的多个数据流来自多个用户。802.11ac 及之前的 802.11 标准都是 UL SU-MIMO，即只能接收一个用户发来的数据，多用户并发场景的效率较低，802.11ax 支持 UL MU-MIMO 后，借助 UL OFDMA 技术（上行），可同时进行 MU-MIMO 传输和分配不同 RU 进行多用户多址传输，提升多用户并发场景效率，大大降低了应用时延。

虽然 802.11ax 标准允许 OFDMA 与 MU-MIMO 同时使用，但不要将 OFDMA 与 MU-MIMO 混淆。OFDMA 支持多用户通过细分信道（子信道）来提高并发效率，MU-

MIMO 支持多用户通过使用不同的空间流来提高吞吐量。OFDMA 与 MU-MIMO 对比见表 12-8。

表12-8　OFDMA与MU-MIMO对比

OFDMA	MU-MIMO
提升效率	提升容量
降低时延	每用户速率更高
最适合低带宽应用	最适合高带宽应用
最适合小包报文传输	最适合大包报文传输

（3）更高阶的调制技术（1024-QAM）

802.11ax 标准的主要目标是增加系统容量，降低时延，提高多用户高密度场景下的效率，但更好的效率与更快的速度并不互斥。802.11ax 更高阶的调制技术如图 12-26 所示，802.11ac 采用的 256-QAM 正交幅度调制，每个符号传输 8bits 数据（$2^8=256$）。802.11ax 将采用 1024-QAM 正交幅度调制，每个符号位传输 10bits 数据（$2^{10}=1024$）。从 8 到 10 的提升是 25%，也就是相对于 802.11ac 来说，802.11ax 的单条空间流数据吞吐量又提升了 25%。

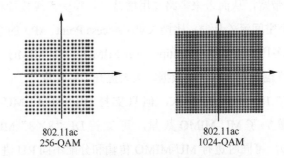

802.11ac
256-QAM

802.11ac
1024-QAM

图12-26　802.11ax更高阶的调制技术

需要注意的是，802.11ax 中成功使用 1024-QAM 调制取决于信道条件，更密的星座点距离需要更强大的误差矢量幅度（Error Vector Magnitude，EVM）（用于量化无线电接收器或发射器在调制精度方面的性能）和接收灵敏度功能，并且信道质量要求高于其他调制类型。

（4）空分复用技术（SR）& BSS Coloring 着色机制 [1]

Wi-Fi 射频的传输原理是在任何指定时间内，一个信道上只允许一个用户传输数据。如果 Wi-Fi AP 和客户端在同一信道上侦听到有其他 802.11 无线电传输，则会自动进行冲

---

1. 该机制最初在 802.11ah 中引入，用于为每个基站子系统（Base Station Subsystem，BSS）分配不同的"颜色"。

突避免，推迟传输。因此，每个用户都必须轮流使用。由此可知，信道是无线网络中非常宝贵的资源，特别是在高密度场景下，信道的合理划分和利用将对整个无线网络的容量和稳定性带来较大的影响。802.11ax 可以在 2.4GHz 或 5GHz 频段运行（与 802.11ac 不同，只能在 5GHz 频段运行），高密度部署时，同样可能会遇到可用信道太少的问题（特别是在 2.4GHz 频段）。如果能够提升信道的复用能力，则会对系统的吞吐容量提升起到很大作用。

802.11ac 及之前的标准，通常采用动态调整空闲信道评估（Clear Channel Assessment，CCA）门限的机制来改善同频信道间的干扰。通过识别同频干扰强度，动态调整 CCA 门限，忽略同频弱干扰信号实现同频并发传输，提升系统吞吐容量。

由于 Wi-Fi 客户端设备具有移动的特性，Wi-Fi 网络中侦听到的同频干扰不是静态的，它会随着客户端设备的移动而改变，所以引入动态 CCA 机制是很有效的。

802.11ax 中引入了一种新的同频传输识别机制，叫 BSS Coloring 着色机制。在物理层（Physical，PHY）报文头中添加 BSS Color 字段对来自不同 BSS 的数据进行"染色"，为每个通道分配一种颜色，该颜色标识一组不应干扰的基本服务集（BSS），接收端可以及早识别同频传输干扰信号并停止接收，避免浪费收发机时间。如果颜色相同，则认为是同一 BSS 内的干扰信号，发送将推迟。如果颜色不同，则认为二者之间无干扰，两个 Wi-Fi 设备可同信道同频并行传输。以这种方式设计的网络，那些具有相同颜色的信道彼此相距很远，此时我们再利用动态 CCA 机制将这种信号设置为不敏感，事实上，它们之间也不太可能会相互干扰。无 BSS Color 机制与有 BSS Color 机制对比如图 12-27 所示。

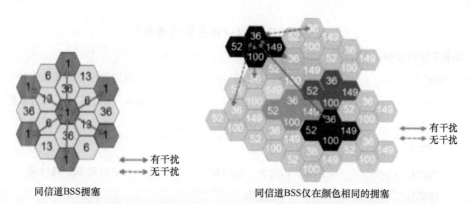

同信道BSS拥塞   同信道BSS仅在颜色相同的拥塞

图12-27 无BSS Color机制与有BSS Color机制对比

（5）扩展覆盖范围

由于 802.11ax 标准采用的是 Long OFDM symbol（长正交频分复用符号）发送机制，每次数据发送持续时间从原来的 3.2μs 提升到 12.8μs，更长的发送时间可降低终端丢包率。另外，802.11ax 最小可使用 2MHz 频宽进行窄带传输，有效降低了频段噪声干扰，提升了终端接收的灵敏度，增加了覆盖距离。Long OFDM symbol 与窄带传输带来覆盖距离提升如图 12-28 所示。

图12-28 Long OFDM symbol与窄带传输带来覆盖距离提升

3. Wi-Fi6 与 5G

长期以来，Wi-Fi 与蜂窝网络彼此竞争且势均力敌。Wi-Fi 主要应用于室内，蜂窝主要应用于室外。Wi-Fi 以其流量价格便宜的特点，一直是蜂窝网络室内覆盖的补充。目前，Wi-Fi 技术已经发展到第 6 代，5G 蜂窝网络已经发展到第 5 代。未来，这两种技术在特定场景会存在互补替代，但仍将长期共存。

（1）应用场景

随着 5G 和 Wi-Fi6 技术的互相学习和互相追赶，预计未来两种技术的主战场不会发生变化，但是可能产生细分差异。5G 和 Wi-Fi6 主要场景差异见表 12-9，除了对移动性要求高的场景，预计在偏重低干扰、高 QoS、高安全、低时延、海量连接的场景，5G 更会受到青睐。而对于偏重大带宽、低移动性以及对组网成本、业务资费比较敏感等应用场景，Wi-Fi6 的应用则大有可为。

表12-9 5G和Wi-Fi6主要场景差异

场景关注的参数	5G	Wi-Fi6
频段干扰	授权频段干扰可控	频段非授权干扰不可控
QoS	可靠物理层重传	MAC[1] 重传，尽力而为承载
安全性	自底层而上，各级都有	MAC 以上层
大带宽	兼顾	有优势
低时延	空口非竞争，低时延	空口竞争，高时延
移动性	有优势	较差
广覆盖	有优势	较差
组网成本	较贵	有优势

注：1. 媒体介入控制层（Media Access Control，MAC）。

（2）技术指标

5G 和 Wi-Fi6 的主要技术都是 OFDMA，甚至用户面编码上都采用了低密度奇偶校验（Low Density Parity Check，LDPC）。可以说，这两种技术越来越趋同，频谱利用率也非常接近。但是由于偏重的应用场景差异,一些细微的技术差异仍然存在。Wi-Fi 的竞争接入特点一直是 Wi-Fi 的不足,这直接导致空口时延巨大、多用户性能难以提高。Wi-Fi6 采用上行 OFDMA 和 MU-MIMO 等技术后,拥有多用户同时发送的能力。如果对标 5G,则需要在时钟精度和时间精度方面做提高。为了保证所有工作站(Station,STA)的发送功率到达 AP 天线口大小差不多(底噪相同),需要闭环功控技术配合。

由于 Wi-Fi6 不需要高速移动,多普勒效应不明显,信道估计算法相对简单,而且相对 5G 可以获得较好的 SINR,可以通过采用较高的 1024-QAM 调制方式来提高下载速率。Wi-Fi6 覆盖范围较 5G 小,可以采用较短的保护间隔(Guard Interval,GI)。而且由于 Wi-Fi 是上下行异步双工方式,可以在单位时间只做下行来获得较高的下载速率,所以最高下行速率略显优势,更短的 GI 也有助于提高下载速率。5G 和 Wi-Fi6 主要技术指标差异见表 12-10。

表12-10 5G和Wi-Fi6主要技术指标差异

技术指标	5G	Wi-Fi6
工作频段	700MHz/2.6GHz/3.5GHz	2.4GHz/5.8GHz
系统最大下载速率	20Gbit/s@64T64R/100MHz	9.6Gbit/s@8T8R/160MHz
典型下载速率	850Mbit/s@2T2R/100MHz	950Mbit/s@2T2R/80MHz
时分复用方式	TDD 同步	TDD 异步
频分复用方式	OFDMA	OFDMA
编码方式	LDPC/Polar	LDPC
最大调制	256-QAM	1024-QAM
子载波间隔	30kHz/60kHz	312.5kHz/78.125kHz
典型符号长度	35.68μs/17.84μs	12.8μs
典型 CP/GI	2.34μs/1.17μs	0.8μs
MU-MIMO	是	是
接入网时延	0.5 ~ 5ms	10 ~ 50ms
最大覆盖范围	100km@50dBm/2.6GHz	100m@20dBm/2.4GHz
最大用户数	300 ~ 1000 个	32 ~ 256 个
典型远端成本	1000RMB@2T2R/24dBm	300RMB@2T2R/20dBm

(3)行业应用

Wi-Fi6 不仅是简单的速率提高(最高可达 9.6Gbit/s),通过引入 DL/UL MU-MIMO、OFDMA 技术,满足多用户、密集场景下的接入需求,提升了无线网络的整体效率。依靠子载波的间隔收窄、符号长度的延长、以符号开始的块(Block Started by Symbol,BSS)着色、动态公用通信适配器(Common Communication Adapter,CCA)等技术提高了抗干扰的能力,满足视频、游戏等业务对低时延的传输需求,在很多领域,可以利用 Wi-Fi6 技术构建无线接入网络。Wi-Fi6 应用于园区示例如图 12-29 所示，在园区网络中，采用 Wi-Fi6 技术构建无线接入，可以带来低成本、广覆盖、高质量的移动办公接入，据此开展各类视频办公协作业务，改善员工的网络体验，提升员工的工作效率。

图12-29 Wi-Fi6应用于园区示例

同时，Wi-Fi6 技术还可以用于室内外大型公共场所的无线接入覆盖，例如，机场应用属于典型的高密度、密集接入的公共场所，机场在向旅客提供 Wi-Fi 无线接入服务时，除了网络运维管理方面，还应该重点考虑以下 3 个方面内容。

一是考虑如何在不降低整个无线网络效率的前提下，实现大量终端用户的接入。Wi-Fi6 标准通过引入上行 MU-MIMO、OFDMA 频分多址复用、1024-QAM 高阶编码等技术，从频谱资源利用、多用户接入等方面解决网络容量和传输效率的问题。在密集用户环境中，将用户的平均吞吐量相比如今的 Wi-Fi5 提高至少 4 倍，并发用户数提升 3 倍以上，Wi-Fi6 也被称为高效 Wi-Fi（HEW）。

二是考虑如何向用户提供稳定、高质量的无线传输。随着越来越多的视频应用，例如，影视、游戏、AR/VR 应用、移动视频办公等，这些业务对网络传输质量提出了更高的性能要求：大带宽、低时延、低误码率等。Wi-Fi6 通过子载波的间隔收窄、符号长度的延长、BSS 着色、动态 CCA 等技术提高了抗干扰的能力，保障稳定高质量的无线接入传输，提高用户业务体验。

三是考虑如何向用户提供安全的接入，特别是在开放的环境下，如何向用户提供安全的数据接入和传输。虽然 Wi-Fi6 标准本身并没有指定任何新的安全功能或增强，但 WFA 推出了新一代的安全加密标准：保护无线电脑网络安全系统 3（Wi-Fi Protected Access 3，WPA3）。这是一种更安全的加密方式，已经成为 Wi-Fi6 的标准配置。WPA3 针对接入开放性网络，提出通过个性化数据加密增强用户隐私的安全性，这也是 WPA3 对每个设备和 AP 之间连接进行加密的特征。因此，通过采用 Wi-Fi6 及 WPA3 技术，为机场用户提供安全接入保障。Wi-Fi6 应用于机场示例如图 12-30 所示。

图12-30 Wi-Fi6应用于机场示例

Wi-Fi6 作为新一代高速率、多用户、高效率的 Wi-Fi 技术，将会在不同类型的行业领域中得到广泛应用。

12.5.3 5G 融合应用落地

1. 5G 融合应用发展态势

（1）全球 5G 网络持续普及，行业终端成为市场发展新蓝海

全球很多国家和地区在积极推进 5G 网络建设，截至 2022 年 12 月底，5G 已覆盖全球所有大洲，全球 102 个国家和地区的 251 家电信运营商推出基于 3GPP 标准的商用 5G 网络，5G SA 商用网络达到 32 张，5G 网络投资数达 515 张。全球 5G 网络已覆盖 33.1% 的人口，欧洲、美洲、亚洲、大洋洲地区的 41 个国家 / 地区 5G 网络人口覆盖率已超过 50%。2022 年，5G 网络建设进程明显加速，全球 5G 基站部署总量超过 364 万个，同比 2021 年（211.5 万）增长 72%。其中，中国 5G 基站数量达 231.2 万个，全球占比为 63.5%。预计到 2025 年，全球将会有超过 420 家电信运营商在 133 个国家和地区商用 5G 网络，到 2030 年，商用 5G 网络电信运营商数量会超过 640 家，5G 将覆盖全球几乎所有的国家和地区。

全球 5G 产品生态持续完善，国内新型支撑体系初步形成。随着全球电信运营商，特别是中国相继进入 5G 网络部署时期，5G 系统设备供应市场快速增长，华为产品的市场份额位居第一。我国电信运营商及设备商积极参与行业 5G 终端研发，促进 5G 终端和模组在项目中落地，初步形成 5G 新型行业终端产业链、行业网络产业链、行业平台产业链、行业解决方案产业链的 5G 融合应用产业支撑体系，为 5G 应用带来更多发

展机会。

（2）全球 5G 应用初显成效，但整体仍处于初期阶段

全球积极开展 5G 融合应用探索，围绕产业数字化、数字化治理和数字化生活 3 个方向开展，呈现垂直行业市场、传统消费市场齐头并进的态势。总体上，全球 5G 应用整体处于初期阶段，在工业互联网、医疗健康、智慧交通和城市、公共安全和应急等领域已有小范围落地应用，但大规模、可复制应用仍需进一步探索。

韩国政府强化政策支持，推进布局业务应用落地。韩国政府在 2019—2021 年围绕"5G+战略"连续发布 3 个落实计划，并在 2021 年再度发布《5G+融合服务发展战略》，在保障"5G+战略"实施的基础上，从开放创新能力、推广实施方案、构建融合生态和拓展海外业务等方面，重点强调了对 5G 融合应用的牵引策略。韩国政府通过成立先导行业委员会、强化对内容的政策扶持、成立联盟和工作组等方式，确保"5G+战略"全面实施。韩国产业界围绕"5G+战略"积极布局业务应用，探索 5G 在工厂、港口、医疗、交通和城市公共安全等领域开展试点试用，应用场景包括"5G+AI"机器视觉质检服务、远程数字诊断、病理学和手术教学、远程控制机器人和无人机的应急救援服务、防疫机器人以及基于 5G 自动驾驶的场内配送等。韩国个人应用市场保持较高水平，5G 个人用户在流量占比、渗透率、平均每户每月上网流量（Dataflow Of Usage，DOU）等方面均高于其他国家。电信运营商将 XR 内容作为突破口，通过专设机构、内容牵引、捆绑销售、打造产业生态 4 个举措驱动 5G 个人应用发展。

美国产业链主体密切合作，利用优势推动 5G 应用落地。互联网巨头、工业企业等创新主体协同，结合在边缘计算、人工智能和先进制造等领域的技术优势，利用创新中心、孵化器等实体，积极打造 5G 行业应用良好生态。值得关注的是，美国国防部重视 5G 技术的大规模试验和原型设计，正通过加大资金投入展开测试和评估，推进 5G 在美国作战人员中的应用。

日本依托 2020 年东京奥运会提供面向个人用户的 5G 创新应用，相关头部企业积极创新。机器人方面，奥组委发布"2020 东京奥运会机器人计划"，吸引丰田、松下等企业合作。丰田远端机器人 T-TR1 搭配大屏传输实时画面传输，构建"无人参赛"环境下运动员和观众们实时互动通道。赛事直播方面，奥组委与日本电信运营商 NTT、英特尔公司合作，在帆船、游泳和高尔夫球场馆采用 5G 网络和 AR 设备传输动态高清实时图像；安全保障方面，奥组委通过配备无人机和机器人，在海量人群中甄别可疑行为。

中国 5G 应用发展水平全球领先。凭借我国超大规模市场基石，我国 5G 发展动力持续增强，产业各方从产业端和消费端同时发力，我国 5G 融合应用日趋活跃，已形成系统领先优势。在行业应用领域，5G 应用从"样板间"转变为"商品房"，解决方案不断深入，项目数量和创新性都处于全球第一梯队，对我国实体经济的数字赋能作用开始释放。在个人应用领域，基础中国电信企业和互联网企业在游戏娱乐、赛事直播、居家服务、文化旅游等消费市场加大探索，推动网络用户向应用用户快速转化。

（3）我国 5G 应用正从"试水试航"走向"扬帆远航"

5G 正式商用以来，在技术标准、网络建设和产业发展等方面取得了积极进展，为 5G 应用奠定了坚实基础。目前，全国 5G 应用创新的案例覆盖 22 个国民经济重要行业，在工业制造、医疗等多个领域应用场景加速规模落地，5G 赋能效果逐步显现。工业行业围绕研发设计、生产制造、运营管理、产品服务等环节，形成"5G + 质量检测""5G + 远程运维""5G + 多机协同作业"等典型应用，已有 138 个钢铁企业、194 个电力企业、175 个矿山、89 个港口实现 5G 应用商用落地，有效推动工业智能化制造、网络化协同、个性化定制、服务化延伸、数字化管理，助力工业企业数字化、网络化和智能化转型。医疗行业中，"5G + 急诊急救""5G + 远程会诊""5G + 健康管理"的应用，有效提升诊疗服务水平和管理效率。在媒体、文旅等行业，5G 赋能 4K/8K 全景直播、景区无人接驳车和生态管理等文旅应用，提升游客体验，提高景区、场馆等智能化管理与服务水平。"5G+ 超高清视频""5G + 背包""5G + 转播车"已应用在《舞上春》《伟大征程》等大型活动中。

顶层设计逐步完善，初步形成 5G 应用推进合力。"十四五"时期是中国开启全面建设社会主义现代化国家新征程的第一个五年，也是中国 5G 规模化应用的关键时期。《中华人民共和国国民经济和社会发展第十四个五年规划和 2035 年远景目标纲要》提出"构建基于 5G 的应用场景和产业生态"。工业和信息化部深入贯彻落实党中央、国务院决策部署，按照《政府工作报告》要求，加大 5G 网络和千兆光网建设力度，丰富应用场景。工业和信息化部联合中央网络安全和信息化委员会办公室、国家发展和改革委员会等九部门印发《5G 应用"扬帆"行动计划（2021—2023 年）》。该计划统筹推进 5G 应用发展，把握 5G 应用关键环节，赋能 5G 应用重点领域，有助于凝聚各方力量，激发市场活力，形成推进合力，构筑 5G 全面赋能经济社会发展的新格局。同时，编制印发《关于推动 5G 加快发展的通知》《"双千兆"网络协同发展行动计划（2021—2023 年）》《工业和信息化部办公厅关于印发"5G + 工业互联网"512 工程推进方案的通知》。这些通知从网络建设、应用场景等方面加强政策指导和支持，引导各方合力推动 5G 应用发展，跨部门协同不断加强。工业和信息化部联合卫生健康委开展"5G + 医疗健康试点"，与国家发展和改革委员会共同组织实施《2021 年新型基础设施建设专项（新一代信息基础设施领域）》，与国家能源局、中央网络安全和信息化委员会办公室等部门联合印发《能源领域 5G 应用实施方案》，与教育部联合印发了《关于组织开展"5G + 智慧教育"应用试点项目申报工作的通知》，并正在积极与其他行业主管部门进行对接与沟通。

2. 5G 融合应用规模化发展路径与建议

目前，我国 5G 应用发展总体处于发展阶段，推进规模化发展主要存在以下 3 个方面问题。**一是应用深度不足。**我国可应用 5G 的行业众多,各行业、各企业数字化水平和发展阶段不同,需求和问题差异性较大,各行业的技术、设备、流程等与 5G 融合的深度不足,需借助国家、行业和地方力量做深做实。**二是整体生态能力不足。**5G 生态系统比 4G 生态系统更加复杂,创新协同难度加大。我国构建产业生态的基础不足,创新要素的基础存在短板(技术要素、资金要素等)。企业构建生态能力不足,能力开放、利益让渡、构建生态的意识不强。**三是联动协同效应不足。**各行业虽然发展阶段、程度不一,但路径、经验以及通用化产品级能力是可以复制的,需要行业间协同、行业间推广。对此,我们建议 5G 应用规模化发展主要从以下 4 个方面推动。

一是要建立推进体系。国家层面,通过顶层设计,持续施加"源动力"。围绕重要的相关行动计划,形成国家层面牵头的跨部委合作工作机制,持续加强并完善 5G 应用推广政策体系建设和评估。行业层面,推动跨行业经验交流合作机制,通过先导行业总结经验、知识,提炼共性技术和平台,逐步向其他行业传递等。其他行业吸收环境中产生巨大的放大、增长效应,全面赋能落实业务,通过国家牵引,形成行业间"发展共振"。地方层面,推动中央与地方联动,构建跨部门、跨行业、跨领域协同联动的机制,做好标准、产业、建设、应用、政策等方面有机衔接,形成政府部门引导、头部企业带动、中小企业协同的 5G 应用融通创新模式,促进 5G 融合应用加快落地。通过 5G 应用引领区,结合地方产业经济特色,推动行业应用走深向实。

二是重点行业分类施策。我国可应用 5G 行业的数字化水平参差不齐,需求差异性较大,个性化尤为突出,推进 5G 应用规模化发展必须一个行业接着一个行业推广,持久发力。抓住能源、工业等重点行业,集中力量进行技术攻关,推动行业标准。通过专项资金等不断降低成本,形成可以迅速复制和推广的解决方案,以量变带动质变。打通商业模式闭环,与行业头部企业携手创建产业生态。对于潜力行业,应加强 5G 应用试点示范。与行业主管部门合作,创造良好发展环境。推广优秀案例和试点项目,加大宣传和推广力度。持续丰富场景,明确需求,推动重点应用规模复制。对于待培育行业,应持续孵化和培育应用场景,引入低成本、易部署、难度低的解决方案,持续开展试点示范。对于待挖掘行业,鼓励开展行业合作,推动技术和场景适配。引入先导和潜力行业的成熟技术、解决方案及成功经验,加速 5G 需求挖掘。

三是重点应用梯次导入。推进 5G 应用规模化发展,要立足我国国情,结合 5G 标准客观发展规律和行业数字化转型需求,走出中国特色的 5G 行业的应用推进路线。5G 必须与行业特有的技术、知识、经验紧密结合,以点带面、纵深推进重点行业规模化复制应用。联合产业各方,由浅入深、循序渐进,由生产监测、远程服务、智慧物流等基础环节向数字化研发精准控制等关键环节延伸,成熟一批、推广一批、复制一批,最终通过示范引领促进行业应用规模化落地,探索形成先导行业试点孵化应用场景,梯次向有潜力、待培育行业渗透推广,带动 5G 与需求待挖掘行业深度融合的发展模式,助推行业应用形成规模化发展正向循环。

四是建设应用产业大生态。5G 应用产业生态涉及的角色众多，需要优化现有合作机制，维护各方利益，打造"共生、互生、再生"的 5G 产业生态圈。鼓励商业模式创新，开展优秀商业实践评选。推动电信运营商、设备商、行业解决方案提供商建设基于生态的运营模式，探索能力开放和共性能力平台建设。持续推动解决方案供应商培育工作，鼓励头部企业孵化创新能力强、带动效应明显的领先供应商。先锋企业在此期间应充分发挥担当作用，凝聚产业链上下游多方主体广泛参与，各方优势互补，开展"团体"合作，打通技术、标准、产品、方案等各个环节，持续推动形成 5G 应用的大融合、大生态。

12.6 新技术促进资源高效利用

12.6.1 超级时频折叠

2022 年 5 月 10 日，中国电信联合华为共同举行了"5G-Advanced 超级时频折叠技术创新方案"发布会。作为最新的成果，双方携手推出"5G-Advanced 超级时频折叠技术创新方案"，通过融合 TDD 大带宽和 FDD 空口"0 等待"优势，一网多能满足行业对 5G 的更高确定性能力要求。

众所周知，当前的 5G 行业应用，多集中在辅助生产环节，这一类行业应用占比 50%，现有 5G 技术基本能够满足。但在核心生产环节，对网络的大带宽、低时延、可靠性要求更为苛刻。例如，远程控制、机器间协作等场景，网络保障等级要求为 4ms 时延，6 个 9 的可靠性（即99.9999%），满足大带宽上行对数据的要求。机器运动控制，高精度行为等场景，网络保障等级要求为 0.5 ～ 2ms 时延，可靠性在 6 个 9（即 99.9999%）以上，满足大带宽上行和下行对数据的要求。显然，现有 5G 网络能力无法满足上述行业核心生产环节的要求。为了更好地满足行业数字化对确定性网络能力的要求，业界明确将 5G-Advanced 作为演进目标，针对 5G 现有三大应用场景持续增强，新增带宽实时交互、上行超宽带、通信感知融合三大场景，将 5G"三角形"扩充为 5G-Advanced"六边形"，全面优化和提升 5G 确定性网络能力。

中国电信联合华为提出的"5G-Advanced 超级时频折叠技术创新方案"，该方案可提供4ms 的时延，99.9999% 的可靠性，1Gbit/s 大带宽的确定性网络能力，能够满足 80% 的行业应用生产环节，旨在持续贡献 5G 和行业深度融合的新技术和新方案，为产业数字化转型持续提供技术源动力。

1. 超级时频折叠技术

从 2017 年开始，中国电信和华为提出上行是 5G 发展的关键瓶颈，在 5G 产业发展初期，在原来4G TDD使用4∶1配比的基础上,双方提出了7∶3新时隙配比的增强上行能力方案,带来近50%的频率资源和增益。

2019年6月,双方共同提出"超级上行"创新解决方案,通过C-Band与现有一个FDD 20MHz载波互补提升网络的上行带宽能力,实现上行体验2倍提升。双方提交的"超级上行"核心技术进入3GPP R16,成为5G R16标准的关键特性之一;同时,"超级上行"得到海思、联发科、展锐等厂商支持,在全国20多个城市规模商用,服务10多个行业。

2021年2月,中国电信与华为联合发布"超级频率聚变",进一步聚合FDD存量频谱,将多个离散的频谱高效形成频谱云化,进一步提升上行带宽,实现了上行体验3倍提升。"超级频率聚变"已成功在R18首批立项,并且获得中国移动、中国联通、沃达丰等30多家产业伙伴的支持。

中国电信和中国联通一共拥有300MHz的C-Band资源,未来,新引入的6GHz和毫米波频谱也将按照TDD模式发放,基于超大带宽的TDD频谱上行创新由此被提上日程。"超级时频折叠"正是双方在这一领域的创新成果。

"超级时频折叠"技术与传统TDD技术对比如图12-31所示,"超级时频折叠"一方面基于7∶3配比工作的载波1,例如,3.4GHz的100MHz;另一方面配置3∶7的时隙配比的载波2,与载波1完全互补,例如,3.5GHz的100MHz。通过双载波时域互补,模拟FDD全时隙上下行空口,得到一个上下行全时隙大带宽的网络,上行等效带宽可以达到100MHz以上。通过时频折叠实现空口重构,时延降低60%以上。由此推广,同样的方式也可以使用到未来的6GHz和毫米波中。

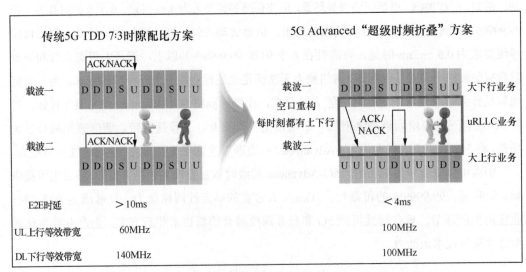

图12-31 "超级时频折叠"技术与传统TDD技术对比

经验证,使用C-Band频谱折叠互补增加上行带宽,上行体验超过了1Gbit/s。相对于原来的 TDD 7∶3 的单载波，上行速率提升接近 5 倍。这个创新方案已经纳入 R18 的上行增强的候选方案中。

除了有效提升上行的吞吐率，"超级时频折叠"的全时隙上下行的特征还能有效降低时延。单载波 7∶3 配比的端到端时延是 10ms，超级时频折叠可以实现端到端时延小于 4ms，降幅达到 60%，高效支持 5G 进入核心生产环节。例如，可以同时满足工业 3D 机器视觉和工业 AR 检测所需的 Gbit/s 大上行速率，以及机器协同所需的小于 4ms 时延。

2. "超级时频折叠"技术破局

产业互联网应用普遍要求带宽、时延、可靠性兼顾的确定性网络能力，但无线接入网环境开放，易受干扰，网络波动大，特别是带宽、时延、可靠性多个方面难以兼顾。例如，TDD 频谱是连续大带宽，但其端到端时延相对较高；FDD 频谱时延相对较低，但其带宽相对较小。

受"虫洞理论"的启发，通过时空弯曲折叠实现星际穿越。将 TDD 半双工频谱大容量的优势和 FDD 全双工低时延的优势相结合，TDD 时域信息折叠到频域，调整 TDD 半双工载波上下行资源，实现 TDD 双载波时域互补，这样就在 TDD 上重构出 FDD 全双工方式。

通过时频折叠，可以映射出 TDD 大带宽和 FDD 低时延的双重效果，实现集低时延、大容量、高可靠为一身的确定性网络能力，赋予 TDD 频谱一网多能的能力。经典的 5G TDD 频段，例如，2.6GHz/3.5GHz/4.9GHz 频段，都可以适用"超级时频折叠"方案。

"超级时频折叠"方案将 TDD 的载波折叠，通过双载波上下行的时域互补，模拟 FDD 全时隙上下行空口，再通过时域、频域、空域三域协同和跨层业务调度，保障系统容量不下降。最终达到端到端时延 4ms 以内，时延降低 60% 以上，上下行等效带宽 100MHz，可靠性提至 99.9999%，更好地支撑了空口可靠性和增强性的特性部署。

可以说，通过"超级时频折叠"，解决了低时延、高可靠、大容量多个方面难以兼顾的问题，提升了 5G 确定性网络能力，可以更好地赋能产业数字化。

3. 技术前景

"超级时频折叠"融合 TDD 大带宽和 FDD 空口"0 等待"优势，一网多能高效支撑多种业务能力、满足行业极致网络性能需求，助力产业互联网实现业务价值。

基于 5.5G 演进构想，"超级时频折叠"技术充分发挥中国电信共建共享 3.5GHz TDD 300M 大带宽优势，通过 TDD 双载波上下行互补模拟 FDD 双工方式，降低空口等待时延，将 TDD 大带宽优势与 FDD 空口"0 等待"时延优势集于一身，一网多能高效支撑低时延、高可靠、大上行、超大容量等多种业务能力，同时满足企业园区、生产车间各类综合应用对于 uRLLC/ 大上行 / 大下行的网络能力需求，真正做到让设备"开口说话"、让机器自主运行、让职工更轻松工作、让企业更有效率运行，从而帮助产业互联网企业实现核心业务数字化价值。

12.6.2 "超级频率聚变"

2021 世界移动通信大会（Mobile World Congress，MWC）上海展期间，中国电信携手华为成功召开"超级频率聚变"联合创新发布会。双方联合提出"超级频率聚变"创新技术，即对多个离散频段进行统一联合的载波管理，降低系统开销，简化管理流程，从而提升系统频谱的利用效率，满足 5G 千行百业新业务场景下的低时延、大连接、广覆盖、深穿透等新需求，携手产业伙伴共同推动标准化和产业化进程，打造全球 5G toB/toC 最佳实践网络。

1. 技术优势

"超级频率聚变"技术将 2G/3G/4G 释放出的中低频、小带宽离散频谱进行池化共享，实现频谱间灵活调度和资源高效利用，解决全球电信运营商 5G 网络部署中面临的高频覆盖受限、中低离散频谱无法有效利用等难题。其中，极简控制信道技术、快速载波激活技术等在理论上可以提升较大的系统容量，保障上下行业务更好的体验，为广覆盖、低时延、大连接的新兴业务提供创新解决方案。

（1）极简控制信道技术

极简控制信道技术如图 12-32 所示，该技术可以节省下行控制信息（Downlink Control Information，DCI）开销，增加可以用于 PDSCH 的资源，提升网络容量与 UE 体验。

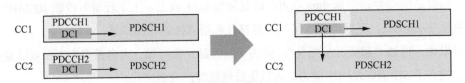

图12-32 极简控制信道技术

具体来说，考虑到相邻频段可以共享定时、路径损耗、耦合损耗、RSRP、QCL 等信息，系统信息和寻呼等公共信道可以只在多个下行载波中的一个载波承载。其中，系统信息可以包含每个载波的必要信息，例如，频率、带宽、子载波间隔、随机接入信道（Random Access CHannel，RACH）资源等。另外，通过一个 PDCCH 同时调度多个载波数传降低控制开销，一体化全信道设计还包括数据信道与导频信号、测量等。

（2）快速载波激活技术

快速载波激活技术如图 12-33 所示，可免除 band 激活时的同步流程与测量流程，使能 band 快速激活。

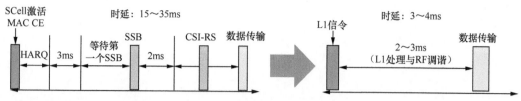

1. 从小区（Secondary Cell，SCell）。

图12-33　快速载波激活技术

在突发高流量激活 SCell 时，由于相邻频段可以共享同步信息并具有相似的信道状态，聚合的多个载波不需要进行 SCell 搜索、时间和频率同步，以及自动增益控制（Automatic Gain Control，AGC）建立的 RSRP 测量等流程，可以通过类似 BWP 操作，迅速激活用户的传输载波，实现在没有数据传输的情况下快速关闭 UE 的部分载波，从而降低 UE 能耗，达到在多个载波上零传输、零功耗的效果，而在突发数据到达时，快速激活多个载波，达到即时宽带传输的效果，提高 UE 体验的速率。

全球 5G 网络需要考虑进一步引入中、低频段，只有发挥好高、中、低各频段的优势，才能满足未来 5G toB/toC 各类场景下新的业务需求。"超级频率聚变"技术将实现资源随选、切片灵活、效率提升，助力全球电信运营商降低 5G 建网和运营成本。

2. 应用情况

2022 年 5 月 17 日，中国电信浙江分公司在杭州开展了 5G "超级频率聚变" 技术的创新验证。这是全国首个超级频率技术的外场验证，有助于打造领先的 5G 共建共享精品网络，为用户提供高品质服务。本次外场测试主要验证了 "超级频率聚变" 技术中的 SingleDCI、快速载波激活等关键特性。由于 "超级频率聚变" 可以有效减小 5G 小区控制信道的开销，并降低载波激活的时延，从而提升系统容量及用户感知，相较普通载波聚合场景，5G 用户体验速率提升约 37%。5G "超级频率聚变" 技术如图 12-34 所示。

图12-34　5G "超级频率聚变" 技术

从某试点测试效果来看，超级频率聚变技术中，极简控制信道技术能使辅载波速率增益达 20%，快速载波激活技术能使流量增益达 20% ~ 40%，总体速率增益超过 30%。

第4篇　展望篇

国外频率资源共享发展分析

Chapter 13

第13章

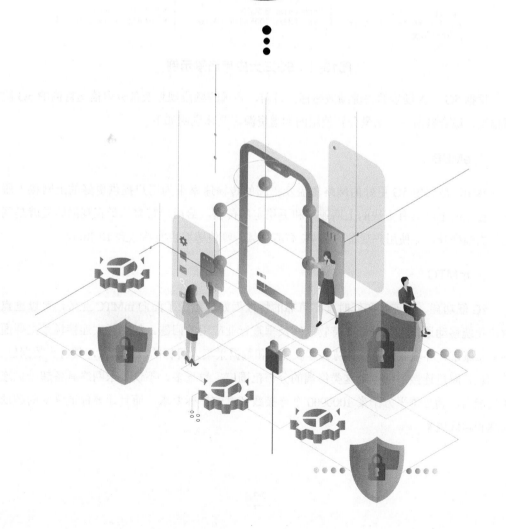

●● 13.1　业务场景与频谱框架

国际电信联盟无线电通信部门（International Telecommunications Union-Radio Communications Sector，ITU-R）发布的《5G 愿景》（ITU-R M.2083 建议书）定义 5G 系统将满足 eMBB、mMTC、uRLLC 三大类主要应用场景。5G 三大应用场景示例如图 13-1 所示。

eMBB
大容量、高需求传输带宽

Sub6GHz：3.5GHz
Sub1GHz：600MHz/700MHz
高频率毫米波

mMTC
海量连接，高需求匹配处理容量

Sub6GHz：3.5GHz
Sub1GHz：700MHz/600MHz

uRLLC
低时延、高可靠性需求

Sub6GHz：3.5GHz
Sub1GHz：700MHz/600MHz

图13-1　5G三大应用场景示例

根据 5G 三大场景的关键绩效指标，目前，各国的频段规划及部分电信运营商的 5G 测试情况，综合判断三大场景分别使用的频谱资源，具体说明如下。

1. eMBB

eMBB 是利用 5G 更好的网络覆盖及更高的传输速率来为用户提供更好的上网接入服务，使无线上网具有更快的上网速率和更稳定的传输，给用户带来的最直观的感受就是网速的大幅提升，即使用户观看的是 4K 高清视频，峰值速率也能够达到 10Gbit/s。

2. mMTC

5G 低功耗、大连接和低时延高可靠的特性很好地适应了面向 mMTC 业务，可以重点解决传统移动通信无法很好支持物联网及垂直行业应用的问题。低功耗大连接场景主要面向智慧城市、环境监测、森林防火等以传感和数据采集为目标的应用场景，具有小数据包、低功耗、海量连接等特点。这类终端的分布范围广、数量多，不仅要求网络具备超千亿连接的能力，满足每平方千米 1000000 个连接数密度的指标要求，而且还要保证终端的超低功耗和超低成本。

3. uRLLC

uRLLC 具有两个基本特点，即高可靠和低时延，可以广泛应用于 AR/VR、工业控制系统、交通和运输（例如，无人驾驶）、智能电网和智能家居的管理、交互式的远程医疗诊断等。

基于上述的愿景及关键性能指标要求，为了满足 5G 系统不同场景下的应用需求，支持多元化的业务应用，满足差异化的用户需求，5G 系统的候选频段需要面向全频段布局，低频段和高频段统筹规划，以满足网络对容量、覆盖、性能等方面的要求。

6GHz 以下中低频的频谱可以兼顾 5G 系统的覆盖与容量，面向 eMBB、mMTC 和 uRLLC 三大应用场景构建 5G 基础移动通信网络；6GHz 以上高频的频谱主要用于实现 5G 网络的容量增强，面向 eMBB 场景实现热点极速体验。

●●13.2 全球 5G 频谱动态

13.2.1 ITU 开展 5G 新增频谱研究

从历史来看，世界无线电通信大会（World Radiocommunication Conference，WRC）大约每隔 8 年进行一次重大的移动通信频谱划分。

1992 年，WRC-92 划分了 3G 核心频段，成为 3G 发展的基础。

2000 年，WRC-2000 划分的 2.6GHz 频段，这也是我国发放 4G 牌照的重要频段。

2007 年，WRC-07 划分了 3.5GHz 频段和数字红利频段，这些频段是当前全球 4G 发展的热点频段。

2015 年，WRC-15 将 470 ～ 694MHz、1427 ～ 1518MHz、3300 ～ 3400MHz、3600 ～ 3700MHz、4800 ～ 4990MHz 频段划分给部分区域或国家的国际移动通信（International Mobile Telecommunications，IMT）使用，是 5G 发展的重要中频段资源。

2015 年，无线电通信全会（RA-15）批准 "IMT-2020" 作为 5G 正式名称，至此，IMT-2020 将与已有的国际移动电信 2000（International Mobile Telecommunications-2000，IMT-2000）（3G）、国际移动通信增强技术（International Mobile Telecommunications Advanced，IMT-A）（4G）组成新的 IMT 系列。这标志着在国际电联《无线电规则》中，现有标注给 IMT 系统使用的频段均可考虑作为 5G 系统的中低频段。

同时，为了积极应对未来移动通信数据流量的快速增长，WRC-15 大会上确定了 WRC-19 1.13 议题：根据第 238 决议（WRC-15），审议为 IMT 的未来发展确定频段，并请 ITU-R 开展研究，具体包括在 24.25 ～ 86GHz 频率范围内开展 IMT 地面部分的频谱需求研究，并在 8 个移动业务为主要划分的频段（24.25 ～ 27.5GHz、37 ～ 40.5GHz、42.5 ～ 43.5GHz、45.5 ～ 47GHz、47.2 ～ 50.2GHz、50.4 ～ 52.6GHz、66 ～ 76GHz 和 81 ～ 86GHz）和 3 个尚未有移动业务划分的频段（31.8 ～ 33.4GHz、40.5 ～ 42.5GHz 和 47 ～ 47.2 GHz）开展共存研究。

该议题的研究内容具体包括频谱需求预测研究、候选频段研究以及系统间干扰共存研究 3 个方面的内容。

其中，频谱需求预测研究主要是分析新增频谱的必要性。具体而言，频谱需求预测研究基于历史数据，综合未来发展各种影响因素，结合移动通信数据增长预测趋势，考虑特定技术系统的承载能力，分析未来频率需求问题，给出不同阶段所需的频谱总量，作为新增频谱的基础。

候选频段研究是基于频谱需求的研究结论，选择并提出合适的目标频段，需要充分考虑业务划分情况、移动通信系统需求、设备器件制造能力等综合因素，初步选择合适的目标频段，各国、各标准化组织立足于本国、本地区的频率使用现状，提出初步的候选频段。

系统间干扰共存研究主要评估的是所选目标频段的可用性，主要根据所提候选频段的业务划分、系统规划和使用现状，并基于现有业务或系统的技术特性、部署场景等因素，开展移动通信系统与现有或拟规划的其他系统之间兼容性研究（毫米波频段主要以空间业务为主）。

在 WRC-15 之后的 WRC-19 第 1 次筹备组会议 CPM19-1 中，确定了 ITU-R 负责该议题的研究组是 5G 毫米波特设工作组（TG51）。该组负责兼容性共存分析，并形成关键路径法（Critical Path Method，CPM）报告，给出全球 5G 频率规划建议。同时进一步确定，由 ITU-R WP5D 完成 24.25 ～ 86GHz 频段范围内 IMT 频谱需求预测、IMT 技术与操作特性参数研究；由 ITU-R 第三研究组（Study Group3，SG3）负责共存研究所需要的传播模型。ITU-R 其他组包括 SG4、SG5、SG6、SG7 负责向 TG51 提供相关频段上原有业务的参数及保护准则等内容。

从时间进度来看，先后召开 6 次国际研究及协调会议，在 2018 年 9 月完成相应的共存分析及 CPM 报告。其中，一些关键时间点为：第二次会议之前为准备阶段，TG51 等待接收来自其他研究组提供的用于开展兼容性共存分析的系统参数、传输模型等；之后的 5 次会议，根据各国及研究组织提交的研究结果进行讨论、融合、提炼，形成最终的结论。

WRC-19 1.13 议题的主要目标是致力于为 5G 寻求全球或区域协调一致的毫米波频段，是全球开展 5G 毫米波研究的重要依托。因此，该议题研究走向对全球 5G 频率规划具有重要影响，多数国家或地区将根据议题进展及结果开展规划。从某种意义上说，如果一个国家或地区要引领全球 5G 频谱发展走向，就需要依托 WRC-19 1.13 议题，通过议题研究将国家或区域观点推广，使其达到全球化应用的目的。

13.2.2 3GPP 已加速 5G 新无线系统频段研究

2016 年 3 月，3GPP 第 71 次 RAN 全会上，通过了 "Study on New Radio Access Technology（研究新无线接入技术）" 的研究课题，以研究面向 5G NR 接入技术。目前，根据 3GPP 5G 路标，基于部署需求的 5G NR 标准制定分为两个阶段：第一阶段的标准在 2018 年 6 月（Rel. 15）完成制定，以满足 2020 年之前的 5G 早期网络部署需求；第二阶段的标准版本需要考虑与第一阶段兼容，在 2019 年年底（Rel.16）完成制定，并作为正式的 5G 版本提交 ITU-R IMT-2020。

在 5G NR 的研究课题阶段，3GPP 开展了关于 6GHz 以上信道模型的研究（3GPP TR 38.900），同时研究并确定了 NR 的需求及场景（3GPP TR 38.913），并基于此启动了 NR 技术方案评估，提出一系列 NR 接入技术方案以支持 Rel.15 标准制定。2017 年 3 月，3GPP RAN 75 次全会通过了 5G NR 接入技术的研究项目（SI）结题，正式启动了 5G 新无线系统接入技术的 Rel.15 标准制定工作。相关立项建议书中列出了拟定义的 NR 频段（包括新 NR 频段范围与 LTE 重耕频段）及 NR 与 LTE 的双连接或 CA 的频段组合，再根据需求持续更新。

13.2.3 国外 5G 频谱政策

频谱作为无线通信的基础战略资源，对 5G 产业的发展至关重要。为了引导 5G 产业发展，抢占市场先机，从 2016 年开始，包括美国、韩国、日本等在内的全球主要的几个发达国家纷纷制定 5G 频谱政策。

1. 美国实现 5G 高低频频谱布局

美国联邦通信委员会（Federal Communications Commission，FCC）分别在高、中、低频段开放频谱资源用于 5G 技术，总结起来主要包括以下 3 个方面。

（1）规划丰富高频资源

2016 年 7 月 14 日，美国全票通过将 24GHz 以上频谱用于无线宽带业务的规则法令，共规划 10.85GHz 高频段频谱用于 5G 无线技术，包括 28GHz（27.5 ～ 28.35GHz）、37GHz（37 ～ 38.6GHz）、39GHz（38.6 ～ 40GHz）共 3.85GHz 许可频谱和 64 ～ 71GHz 共 7GHz 免许可频谱。同时，2017 年 11 月 16 日，FCC 发布新的频谱规划，批准将 24.25 ～ 24.45GHz、24.75 ～ 25.25GHz 和 47.2 ～ 48.2GHz 频段共 1700MHz 频谱资源用于 5G 业务发展。至此，美国 FCC 总共规划了 12.55GHz 的毫米波频段的频谱资源。

（2）重视中频频段共享

2015年4月，美国FCC为公民宽带无线电服务（Citizens Broadband Radio Service，CBRS）在3.5GHz频段（3550～3700MHz）提供150MHz的频谱，建立了三层频谱自适应系统（Self-Adaptive System，SAS）监管模式并允许进行试验。SAS在保护已有业务的基础上发挥市场机制，引入公众无线宽带服务。美国电话电报（American Telephone and Telegraph，AT&T）公司已经正式向FCC提出在3.5GHz频段进行5G设备测试的特殊临时权限。

（3）释放低频资源

美国在WRC-15会议上通过添加脚注方式标识了两阶段数字红利频段470～698MHz为IMT系统使用，2017年4月完成了600MHz频段的拍卖，T-Mobile成为最大赢家，将其用于5G部署。

2. 欧盟发布5G频谱战略，力争抢占5G部署先机

2016年11月10日，欧盟委员会广播频谱政策小组（RSPG）发布欧洲5G频谱战略。该战略明确提出，3400～3800MHz频段作为2020年前欧洲5G部署的主要频段，1GHz以下700MHz用于5G广覆盖。在毫米波频段方面，明确将26GHz（24.25～27.5GHz）频段作为欧洲5G高频段的初期部署频段，RSPG建议欧盟在2020年前，确定此频段的使用条件，建议欧盟各成员国保证26GHz频段的一部分在2020年前用于满足5G市场需求。另外，欧盟将继续研究32GHz（31.8～33.4GHz）、40GHz（40.5～43.5GHz）频段以及其他高频频段。

3. 日本发布无线电政策报告，明确5G频谱范围

2016年7月15日，日本总务省（Ministry of Internal affairs and Communications，MIC）发布了面向2020年无线电政策报告，明确5G候选频段。其中，低频包括3600～3800MHz和4400～4900MHz，高频包括27.5～29.5GHz频段和其他WRC-19研究频段。面向2020年5G商用，日本主要聚焦在3600～3800MHz、4400～4900MHz频段和27.5～29.5GHz频段。

4. 韩国变更C频段规划，明确5G频谱高低频并重

2016年11月7日，韩国未来创造科学部（Ministry of Science，ICT&Future Planning，MSIP）宣布原来为4G准备的3.5GHz（3400～3700MHz）频谱转为5G，2017年回收已发放的3.5GHz频谱，后续作为5G频谱重新发放牌照。2018年，韩国平昌奥运会期间，3家电信运营商在26.5～29.5GHz频段部署5G试验网络，展示5G业务。

5. 德国发布5G频谱规划，涵盖高中低频4个频段

德国于2017年7月13日宣布了国家5G战略，发布更多的5G频谱规划，具体涉及

4 个频段。一是 2GHz 频段，即 1920 ~ 1980MHz/2110 ~ 2170MHz，该频段在德国主要用于 3G 业务，目前，德国相关主管机构许可其在 2025 年到期。到期回收以后，德国计划继续将其用于移动通信，作为 5G 的工作频段。二是 3.4 ~ 3.8GHz 频段，该频段用于移动通信。三是 700MHz 频段，德国已经在 2015 年 6 月完成拍卖，未来将继续把 738 ~ 753MHz 作为 SDL 划分给 5G 使用。四是 26GHz 和 28GHz 频段，与欧盟不同，德国已经确定采用 28GHz 频段作为 5G 频段，具体为 27.8285 ~ 28.4445GHz 和 28.9485 ~ 29.4525GHz。同时，德国也没有完全将 26GHz 频段排除在外，继续将其作为研究频段。

6. 英国发布 5G 频谱规划征求意见稿

英国通信管理局在 2017 年 2 月发布的 5G 频谱规划报告中表明，其 5G 频谱将与欧盟无线频谱政策小组（RSPG）一致，选择 24.25 ~ 27.5GHz、3.4 ~ 3.8GHz、700MHz 作为高、中、低频段频谱。目前，英国已经完成了 3.4 ~ 3.6GHz 频段的清理工作，正在开展 700MHz 频段的清理工作。

整体来看，全球对 5G 的频谱构架认知基本趋同，统筹高、中、低频段的频谱资源。未来，5G 网络将是高低频谱协同组网。其中，中频段主要是指 C 频段（3400 ~ 3800MHz），C 频段将是全球 5G 部署的核心，是 5G 网络的主要覆盖与容量层。24.25 ~ 27.5GHz、28GHz 和 40GHz 频段是高频段领域的热点，是 5G 网络超大容量层，用于满足大容量、高速率的业务需求。1GHz 以下，例如，700MHz 为 5G 网络的覆盖层，主要满足广域和深度室内覆盖。

●● 13.3 全球主流市场 5G 频谱规划与拍卖进展

作为新型基础设施的核心之一，5G 网络的巨大价值日益凸显，5G 的全面商用将经济拉到一个新的制高点。随着自动驾驶、智能制造、智慧医疗等新业务场景的下探和新业务生态的发展，5G 频谱成为各国各企业相互争夺的资源。

长期以来，我国一直采用政府行政审批并收取无线电频率占用费的方式，由主管行政单位将频谱资源分配给中国电信、中国移动、中国联通和中国广电四家电信运营商。而其他国家的电信运营商则是通过"拍卖"的形式来获取频谱资源。

1. 比利时 5G 频谱情况

比利时政府已经批准了中国电信监管机构向企业开放高带宽频谱，以便进行 5G 移动技术测试。比利时 3.5GHz 中频拍卖结果见表 13-1。

表13-1　比利时3.5GHz中频拍卖结果

频段	拍卖时间	带宽	授权情况	中标电信运营商	中标价格	5G 商用时间
3.5GHz	2015 年 6 月	180MHz	已授权	Gigaweb、Mac Telecom、b.lite 3 家公司	未公开	2020 年

2018 年 1 月，比利时、法国、德国、卢森堡、瑞士、荷兰签署协议，该协议同意几国在边界共同使用 700MHz。

2. 奥地利 / 匈牙利 5G 频谱情况

奥地利 3.5GHz 中频拍卖示例如图 13-2 所示。

图13-2　奥地利3.5GHz中频拍卖示例

匈牙利 3.5GHz 中频拍卖结果见表 13-2。

表13-2　匈牙利3.5GHz中频拍卖结果

频段	拍卖时间	带宽	授权情况	中标电信运营商	中标价格	5G 商用时间
3.5GHz	2016 年 6 月	80MHz	已授权	未公开	250 万美元	2020 年

奥地利政府于 2017 年 2 月发布《5G 发展白皮书》，成立 5G 指导小组，力争要做欧洲 5G 先锋，2025 年实现 5G 标准网络全国覆盖。电信运营商方面，奥地利的电信运营商在 5G 方面比较积极，在 2015 年就设立了 5G 创新实验室。

3. 英国 5G 频谱情况

英国 3.5GHz 中频拍卖结果如图 13-3 所示，平均每家电信运营商获得 37.5MHz，最少的 3UK 公司获得 20MHz。英国通信管理局已经确定 700MHz、3.4 ～ 3.8GHz、24.25 ～ 27.5GHz 分别作为 5G 的低、中、高频段。

4. 意大利 5G 频谱情况

意大利完成 3600 ～ 3800MHz 频谱拍卖，意大利 3600 ～ 3800MHz 频谱拍卖结果如图 13-4 所示。意大利电信运营商 VDF 与 Iliad/Wind 拍到 3600 ～ 3720MHz 频段，Telecom Italia 拍到 3720 ～ 3800MHz 共 80MHz 频谱。

电信运营商	中标频段	带宽/MHz	中标价格	每MHz单价
Vodafone	3410～3460MHz	50	3.78亿英镑	756万英镑
3UK	3460～3480MHz	20	1.5亿英镑	750万英镑
O2	3500～3540MHz	40	3.17亿英镑	793万英镑
EE	3540～3580MHz	40	3.03亿英镑	758万英镑
平均		37.5		764.25万英镑 （约为7007.56元）（人民币）

图13-3　英国3.5GHz中频拍卖结果

电信运营商	2G频谱	3G频谱	4G频谱	5G频谱
H3G	/	35MHz	80MHz	/
Iliad	/	30MHz	40MHz	20MHz
Telecom Italia	71.2MHz	25MHz	50MHz	3720～3800MHz
Vodafone Italia	50MHz	25MHz	50MHz	80MHz
Wind	60.4MHz	25MHz	60MHz	20MHz
Linken	/	/	3.5GHz频段中最多84MHz	/

图13-4　意大利3600～3800MHz频谱拍卖结果

5. 其他国家3.5GHz频谱已拍卖概况总结

3.5GHz为5G主流频段，产业链进展加快。多家电信运营商为此竞争激烈，频谱分配不均衡，寻求业务模式突破。部分电信运营商获取频段带宽窄，先进技术导入成为关键。

2020年，许多国家认识到5G的高度重要性，他们克服了各种困难成功完成了拍卖。

2020年6月10日，芬兰启动第二次5G频谱拍卖。芬兰无线电监管机构顺利出售了3个25.1～27.5GHz范围内的800MHz频谱块。电信运营商Elisa公司获得25.1～25.9GHz频率，Telia公司获得25.9～26.7GHz频率，DNA公司获得26.7～27.5GHz频率。

2020年7月15日，卢森堡启动5G频谱拍卖。此次将拍卖2×30MHz的700MHz波段（703～733MHz／758～788MHz）频谱，每2×10MHz频谱块的竞拍底价为562万欧元（约为4463.5万元人民币）；330MHz的3600MHz波段（3420～3750MHz）频谱，每10MHz频谱块的竞拍底价为30万欧元（约为238.27万元人民币）。

2020年8月4日，荷兰启动5G频谱拍卖。荷兰首次5G拍卖落下帷幕，电信运营商

Vodafone、T-Mobile 和 KPN 等纷纷满载而归。据报道,荷兰三大电信运营商花费 12.3 亿欧元(约为 97.69 亿元人民币)共获得 26 张牌照。

2020 年 8 月 31 日,智利启动 5G 拍卖,公布了 700MHz、1800 ～ 2100MHz、3.5GHz 和 26GHz 频段内共 1800MHz 频谱资源的招标细节。据悉,牌照有效期为 30 年,其业务需覆盖医院等公共机构,以创建全国远程医疗网络。除了政府和其他公共建筑,中标者还需要在第一部署阶段覆盖所有地区和省会城市。根据智利政府要求,这些网络的覆盖率必须达到覆盖 90% 的人口。

2020 年 9 月 15 日,奥地利启动第二轮 5G 拍卖。奥地利第二次 5G 拍卖带来近 2.02 亿欧元(约为 16.04 亿元人民币)收益,涉及 700MHz、1500MHz 及 2100MHz 频段。经过此次拍卖,到 2027 年,奥地利 2100 个未覆盖和覆盖差的地区中将有 80% 获得“高性能移动宽带覆盖”。该监管机构设计了一个比过去更加“宽松”的框架,除了频谱共用,还允许主动和被动的共享,例如,致力于促进高速公路和铁路在运输路线上覆盖方面的合作。

2020 年 10 月 6 日,法国启动 5G 频谱拍卖。电信运营商 Orange、SFR、Bouygues Telecom 和几家公司承诺斥资近 28 亿欧元(约为 222.38 亿元人民币)购买 3.4GHz 和 3.8GHz 频段上的频谱。电信运营商的最终账单还包括以 3.5 亿欧元(约为 27.80 亿元人民币)固定价格提供的 50MHz 频谱。牌照附带要求包括,到 2022 年年底,在 3000 个站点上激活 5G 服务,到 2024 年年底这一数字变为 8000 个,到 2025 年年底进一步扩大至 1.05 万个。

捷克已经完成 5G 拍卖。捷克电信办公室(CTU)表示,5G 网络特定频段的招标阶段已经完成,大部分频率都被现有电信运营商 O2、T-Mobile 和 Vodafone 3 家公司收入囊中。在 700MHz 频段,O2 获得了 2×10MHz 的区块,承诺为公共应急和安全机构提供全国漫游和服务;700MHz 频段的其他区块被 T-Mobile 和 Vodafone 收购。在 3400 ～ 3600MHz 频段,20MHz 频段资源被 O2 和 CentroNet 购得。

美国已经启动 5G 频谱竞拍。FCC 提供 3.7 ～ 3.98GHz 频段(C 波段的一部分)中的 280MHz 频谱,也是美国历史上最大规模的中频 5G 频谱拍卖。其中,Verizon 公司在拍卖中支出的金额最高。该电信运营商花费了大约 16 亿美元(约为 115.65 亿元人民币),在美国全国范围内,总共购买了 4940 个频谱牌照。AT & T 公司紧随其后,该电信运营商在 3267 个频谱牌照上花费了大约 12 亿美元(约为 86.74 亿元人民币)。T-Mobile 公司排在第三位,在 2384 个频谱牌照上总计花费 8.73 亿美元(约为 63.1 亿元人民币)。

瑞典已经完成跨年 5G 频谱拍卖。2021 年 1 月 21 日,经过一天四轮竞拍,瑞典 5G 频谱完成拍卖,此次拍卖的总收益约为 23 亿瑞典克朗(约为 20.02 亿元人民币)。Teracom 公司获得 2.3GHz 频段共计 80MHz 的频谱,Telia Sverige 公司赢得了 3.5GHz 频段的 120MHz 频谱,Net4Mobility 和 Hi3G Access 两家公司分别赢得了 3.5GHz 频段的 100MHz 频谱。

国内低频段共建共享可行性探讨

chapter 14

第14章

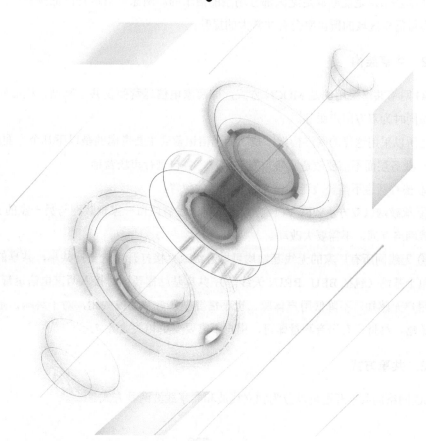

●● 14.1 中国电信和中国联通的 Sub-1GHz 共建共享

根据工业和信息化部官网公告，批准中国联通将现用于 2G/3G/4G 系统的 900MHz 频段频率资源重耕用于 5G 系统。这就为中国电信和中国联通在低频 5G 的共建共享奠定了坚实的基础。

1. 频谱策略

中国电信和中国联通各有 11MHz 低频优质频段作为覆盖打底层。其中，中国电信为 824 ~ 835MHz（上行）及 869 ~ 880MHz（下行），主要用于 C800 + L800 业务承载；中国联通为 904 ~ 915MHz（上行）及 949 ~ 960MHz（下行），主要用于 G/U900 + L900 业务承载。双方均可以开通 5 ~ 10MHz 的共享载波。

无线频率越低，无线电波的绕射能力越强，同时其覆盖能力也越强。低频频率的共享，带来最大的好处就是两家电信运营商可以采用更快的速度，更低的投资成本去完成低容量需求区域的网络覆盖。虽然低频频率的容量不是很高，但是相对这种地区的需求也不高，低频频率基站也是能够满足绝大部分场景的需求的。两家电信运营商低频基站的共享，对于低容量需求区域的覆盖率会有非常大的提升。

2. 共享架构

5G 网络共享采用的是 MOCN 方式，即两家电信运营商仅共享基站，核心网独立，共享基站同时为双方用户服务。

之所以采用这样的网络构架，是因为电信运营商主要考虑的是以下几个方面内容。

① 业务层面不需要改造，各自发展用户，各自进行市场营销。

② 核心网络不需要改造，仅涉及相关参数配置。

③ 承载网以双方承载网 VPN 方式互联，通过省或市一家承载网与另一家的 IP RAN 实现承载网络互通，不需要大改动。

④ 无线网所有厂家的无线基站均可以升级或直接打开功能支持共享，共享的最小颗粒度为单个基站（包括 BBU、RRU、天线等），共享基站需要同时接入两家电信运营商核心网，保证用户无感知，不降低用户体验，也不需要做业务开通或关闭，对于终端，基本不要求语音策略，维持原有语音测量即可，用户不需要变更相关业务。

3. 共享方式

5G 网络的共享开通可以分为独立载波和共享载波两种方式。

（1）独立载波

电信运营商之间各配置一个载波，在不同载波上广播各自的网络号。小区独立，各家电信运营商调度各家频率资源，保持与周边非共享站以同频组网为主。在各自电信运营商独立的载波做业务，不需要考虑复杂空口资源分配和控制算法。

（2）共享载波

不同电信运营商配置的同一个载波，双方共享，改造简便，小区共享需要协商分配空口资源和 QoS 策略。两家电信运营商使用同一个频点，其中，一方将引入异频组网。

密集市区等高流量区域可以选择独立载波开通，而农村、乡镇、县城的低业务量区域可选择共享载波开通。

4. 中国电信与中国联通合建 Sub-1GHz 网络的优势

中国电信与中国联通都拥有成熟和完整的网络架构，包括传输网络和核心网络，并且有成功的 4G 网络共享经验。双方在全国范围内共建一张 5G 精品网络，分区域承建，在传输汇聚层（城域网）互联互通，从而实现共享。

●● 14.2 中国移动与中国广电的 Sub-1GHz 共建共享

中国移动与中国广电的合作协议规定，双方共同确定网络建设计划，有权使用并共同所有 700MHz 频段 5G 网络，中国移动将 700MHz 频段基站对接至中国广电的地市级或省级传输承载网络。中国移动与中国广电的合作，既有基础设施和频率资源层面，又有平台和内容层面。

1. 频谱分析

3GPP 中，700MHz 频段在 5G NR 中的频段定义见表 14-1，相应的频段定义为 n12 和 n28，双工模式为 FDD。其中，n12 支持 17MHz 带宽，n28 支持 45MHz 带宽。

表 14-1　700MHz 频段在 5G NR 中的频段定义

操作频段	上行链路工作频段（UL）	下行链路工作频段（DL）	双工模式	带宽
n12	699 ～ 716MHz	729 ～ 746MHz	FDD	17MHz
n28	703 ～ 748MHz	758 ～ 803MHz	FDD	45MHz

2020 年 4 月 1 日，工业和信息化部明确上行 703 ～ 743MHz/ 下行 758 ～ 798MHz 的 FDD 制式用于中国移动通信，700MHz 频段具备 2×40MHz 的组网频率资源。中国广电之前拥有 702 ～ 798MHz 频谱资源，主要用于数字广播电视，后续需要进行全网退频重耕。

在此之前，全球范围电信运营商在 700MHz 频段获得的带宽均未超过 2×20MHz，因此，R15 中 700MHz 带宽定义为 10MHz 和 20MHz。3GPP 第 87 次接入网全会已经采纳了中国广电 700MHz 频段 2×30MHz/2×40MHz 的技术提案，并将提案纳入 5G 国际标准，因此，R16 新增了 30MHz/40MHz 带宽标准。

2. 优势分析

（1）覆盖能力

根据电磁波在自由空间中传播损耗公式，即 $32.4 + 20\lg f + 20\lg d$。式中，f 是频率，d 是距离。在同样距离的情况下，频率越高，其传播损耗越大。主流频率传播损耗对比如图 14-1 所示，通过计算可知，自由空间中 700MHz 传播损耗比 2.6GHz 低 11dB，与 2.6GHz NR 相比，700MHz NR 拥有明显的低频覆盖优势。

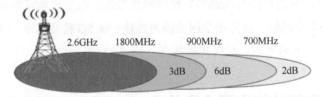

图14-1　主流频率传播损耗对比

（2）上行带宽

700MHz 上行带宽与其他频谱对比类型上行可用带宽见表 14-2。从低频频谱来看，相比中国移动（15MHz）和中国联通（11MHz），中国广电 700MHz 上行带宽（30MHz/40MHz）遥遥领先。从各家电信运营商 5G 频谱来看，中国广电 700MHz NR 上行可用资源优于中国移动 2.6GHz（100MHz 带宽）、中国电信与中国联通 3.5GHz（100MHz 带宽）和中国电信与中国联通 2.1GHz（20MHz 带宽）。

表14-2　700MHz上行带宽与其他频谱对比类型上行可用带宽

类型	中国移动 900MHz	中国联通 900MHz	中国移动 2.6GHz（100MHz，8：2 配比）	中国电信与中国联通 3.5GHz（100MHz，7：3 配比）	中国电信与中国联通 2.1GHz（20MHz）	中国广电 700MHz
上行可用带宽 /MHz	15	11	20	30	20	30/40

3. 中国移动与中国广电 Sub-1GHz 共建共享的技术路径

根据中国移动和中国广电的网络现状，中国移动和中国广电分别对建网初期和规模组网两个阶段提出不同的可能实施的方案。

（1）第一阶段

公共陆地移动网（PLMN）由政府或政府批准的经营者，将为公众提供陆地移动通信业务为目标，建立和经营网络。简单来说，PLMN 是通信电信运营商网络的代名词。从结构上看，PLMN 号由移动国家代码（MCC）和移动网络代码（MNC）组成。其中，中国的MCC 为 460，中国移动 GSM 网为 00，中国联通 GSM 网为 01。

在 700MHz NR 网络建网初期，建议双方采用漫游共享架构。漫游共享架构如图 14-2 所示。仅需连通中国移动和中国广电的核心网，中国移动共享 2G 网络、4G 网络和 5G 网络给中国广电，所有中国广电用户在中国移动网络上承载。中国移动 2G/4G/5G 小区仅广播中国移动 PLMN，中国广电核心网对自身用户进行解析，完成漫游用户的网间结算，无线侧沿用中国移动以往的 RAN 配置、频点优先级配置。

（2）第二阶段

MOCN 是指实现一个 RAN 连接到多家电信运营商的核心网节点。MOCN 主要分为两种方式：一种是多家电信运营商共同建设 RAN；另一种是其中一家电信运营商单独建设RAN，该电信运营商将 RAN 网络租用给其他电信运营商。

在 700MHz NR 规模组网后，建议双方采用 MOCN 共享架构，MOCN 共享架构如图 14-3 所示。中国移动单独建设传输网络，分别接入中国移动和中国广电核心网节点。700MHz 和2.6GHz NR 站点配置 MOCN 共享，同时广播中国移动和中国广电的 PLMN，双方用户均可接入。

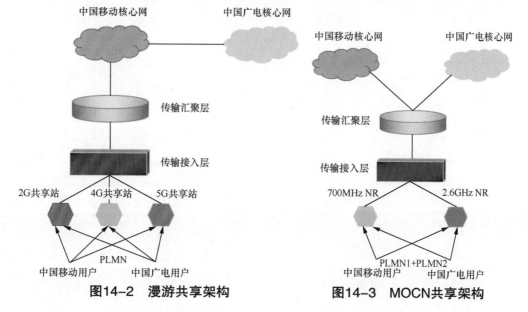

图14-2　漫游共享架构　　　　　图14-3　MOCN共享架构

中国移动和中国广电的合作可谓优势互补，各取所需。中国移动和中国广电 700MHz NR 建网初期，双方采用漫游共享架构，700MHz NR 规模组网后，采用 MOCN 共享。

国内共建共享网络运营的探索

Chapter 15

第15章

对于共建共享的电信运营商双方而言，在全国范围内开始共建共享一张5G网络，在初始阶段，由于双方存在标准、质量、指标、参数、配置的差异，所以需要在共建共享合作的基础上，达成共维共优的一致性标准。在此标准下，双方通力合作、逐步完善，致力于4G/5G全生命周期的合作，服从于双方的共同利益，共同打造一张覆盖广、速率快、体验好的4G/5G精品网。

双方共同进行网络运营和网络优化，应遵循以下注意事项。

1．总体原则

网络运营应遵循用户感知一致、业务体验一致、网络质量一致、服务支撑一致的原则，短期内确保4G/5G共建共享工作顺利承接落地，长期目标是保障4G/5G共建共享和共享网络联合运营持续健康运行。

由于共建共享网络运营的复杂性，尤其是涉及双方的工作联动，所以原则上均应通过电子化协作工单进行传递。双方在省公司层面应根据工作的重要性和工作量对协作工单进行等级区分，协商确定响应时限和闭环响应及时率的标准，承建方对共享方的响应标准应不低于对承建方自身的标准。

2．分工界面

分工界面原则上应遵循网络谁建设、谁维护、谁优化。接下来，我们按照无线接入网、承载网和核心网3个方面分别来描述。

一是在无线接入网分工界面中，承建方负责5G NR及4G共享基站的建设、维护和优化工作，并以反拉终端、网管双北向（提供给其他电信运营商进行接入和管理）或集团一点共享方式为共享方提供共享网络基站配置、性能等查询、批量导出权限。初期采用反拉终端方式实现互通，后续不断完善双北向方式互通和集团一点共享方式互通。共享方配合承建方开展4G/5G共享设备网络维护及优化，并依据评价办法对承建方网络质量实施评价。

二是在承载网分工界面中，双方以互联互通光缆资源、承载系统为界，由承载网承建方负责维护本方线路及设备设施。承载网承建方为故障处理和数据制作的主要负责方，牵头处理故障和数据制作，共享方负责配合进行故障处理和业务测试工作。

三是在核心网分工界面中，核心网专业包含5GC、EPC网络和移动IP多媒体子系统网络。双方各自负责核心网的建设及维护工作。双方协同做好端到端网络及业务（含VoLTE/

VoNR）提供。当遇到需要端到端解决的各类问题时，双方应积极配合，多专业协同，共同推动问题闭环解决。为了确保在共享网络内用户对业务感知的一致性，双方应保持在网络策略、参数等方面的协同。

3. 对接机制

为了确保共建共享工作的顺利进行，双方运营部门在集团、省、市建立三级对接机制，对 4G/5G 共建共享网络联合运营，并落实各级联合运营工作的接口人，任何一方人员如果有变更，则应及时通知另一方。

在联合运营过程中，职责划分是保障运营效率的重要因素。双方集团运维部门负责牵头制定联合运营的管理办法、流程、分工界面等，规范、督促和指导各省参与 4G/5G 共享规划方案、重大网络调整、业务开通等联合运营工作。沟通、协调和解决各省联合运营中的问题。定期组织例会，讨论和推广合作经验等，制定联合运营质量要求，分析评价机制、开展网络质量及运营评估分析等。

双方省级运营部门负责按照集团管理办法，细化和组织落实省内的联合运营工作协议、作业流程、维护标准、职责分工、操作联动机制、运维作业接口人等，指导地市开展 4G/5G 共享的网络规划，协调解决网络与通信保障等重大问题，沟通传递双方需求，细化运维质量标准，定期评估分析运营质量、协作工单等，定期组织例会，讨论协调制订下一步工作计划等。

双方地市运营部门负责联合运营的现场对接，按照集团和省公司的相关规章与流程，落实和协调现场建维优一体化相关工作、投诉处理、客户支撑和评估验收等各项作业要求，开展合作交流，沟通和解决日常运营中的协同需求。

在符合网络信息安全和安全内控相关规定的前提下，双方应积极遵循"分权不分域"的原则做好网管对接。共享方的 5G 网元访问范围应与承建方相同，即所有 5G 基站和 4G 共享基站（含共享锚点站）对共享方全部可见，不可屏蔽任何网元。承建方应负责向共享方开放 5G 全量基站和 4G 共享基站（含共享锚点站）的"只读"网管能力（包括查询、批量导出等能力）、北向接口能力和双方全量数据（包含基础数据、告警数据、性能数据、配置数据及参数），以及提供共享用户产生的用户级信令跟踪数据、无线呼叫记录等数据，并保证数据共享及时有效。承建方应该在双方约定时间内完成网管权限分配、指标查询权限分配、北向数据对接。

双方应定期召开联合运营工作例会，交换 4G/5G 共享网络的维护优化情况、需求和数据。双方集团、省、市应友好协商联合运营期间发生的分歧，优先在本层级运营部门和 5G 共建共享工作组内部沟通解决，解决不了的问题逐级升级，必要时提交集团协调处理。

4. 约束机制

为了保障双方用户业务体验的一致性，双方协商建立统一的运营质量标准和分析评价体系，双方可以从网络质量、故障处理和服务响应等方面对共享网络进行分析评估。双方定期通报分析评估结果，各自对本方省分公司共建共享维护工作的开展和配合方面进行考核。对于任意一方违反公平公正公开、对等原则或者联合网络运营总体目标的行为，一经发生应立即改正，并按照双方省分公司商定的原则进行处理，或提交 5G 共建共享工作组协调处理。

建设期间，双方应及时配置数据及参数等，以防一致性核查。在日常生产过程中，双方应定期对 4G/5G 共享网络的相关配置数据及参数进行核查，以确保配置符合对等原则。经双方沟通确认后，如果存在数据配置错误，则承建方应及时对其进行修正。参数配置类问题通过电子协作工单平台进行协同。

对于共享设备故障、影响共享业务的设备故障或造成共享设备告警的故障，按照各自故障上报机制进行上报，故障所在地市分公司在半小时内告知对方。

双方在共享过程中，如果存在网络开通、割接升级以及优化调整等操作，则必须提前与对方沟通，明确时间、方案，确保双方可以共同采取有效措施来保障网络的正常运行。

双方集团公司设定运营质量标准指标池和最低标准，重要考核指标由双方集团共同下发，双方省分公司在集团重要考核指标的基础上，协商共同选择全部指标或者部分指标，也可以新增重点指标，确定具体分析评价标准和细则，双方达成一致意见后，报双方集团公司备案。

●●15.1   中国电信与中国联通共维共优管理

日常维护期间，双方应定期开展网络监控、设备运行和故障情况分析，开展运营协同分析，实现 4G/5G 共建共享维护工作高效高质量开展。

15.1.1   无线维护要求

1. 分级管理要求

对于纳入联合运营的 5G 基站和 4G 共享基站（含锚点站），双方应根据基站的重要性，按照集团指导原则确定相应的基站维护等级。承建方对纳入联合运营的 5G 基站和 4G 共享基站（含锚点站）的维护质量应与承建方而非共享基站方保持一致。

2. 基站维护质量

原则上，4G/5G 基站故障处理时限不低于集团规定的基线标准，如果省内出现不一致情况，则双方可以协商，建议采取"就高"原则，即以高标准一方为准。

3. 日常维护要求

承建方负责实施 5G 基站和 4G 共享基站（含锚点站）设备的监控、维护操作、巡检、版本升级、代维管理、运行质量分析等日常维护作业。共享方应做好共享基站设备日常维护中的配合及网间操作联动，共同确保共享基站的安全稳定运行。

4. 业务保障要求

承建方应负责本方承建 4G/5G 基站下双方 4G/5G 用户业务质量的维护优化保障工作。具体工作范围应包括 toC 公共业务、QoS 差异化权益和 toB 用户的专属业务等。

5. 版本管理要求

双方运营部门应做好双方 4G/5G 无线网版本的管理合作与协同。

在无线网版本外场试点升级验证阶段，如果版本未来正式升级区域涉及 4G/5G 共享无线网络，则版本外场试点升级区域原则上应包含但不限于 4G/5G 共享区域，而且发起方应提前告知对方。在验证阶段被告知方应及时组织力量在 4G/5G 共享区域开展业务确认、监控用户投诉等工作，并在发起方的版本验证结果中辅助确认试点版本是否稳定运行。新版本完成试点验证后，双方集团应同步就新版本向双方各省公司发布。

在配置、性能、告警等方面的数据质量稽核、提升过程中，对于需要承建方设备、网管版本升级解决的问题，由共享方明确需求，双方协商制订方案和计划，在确保对承建方网络无影响的情况下，承建方及时组织版本升级实施工作。

6. 规建维优一体化要求

双方应通过 4G/5G 无线网规划、建设、维护、优化等规建维优全链条、全流程的合作和对接，基于运营支撑系统实现全流程数字化协同，实现 4G/5G 共建共享维护工作高效、高质量开展。

7. 共享基站入网接入要求

针对 4G/5G 无线网，承建方和共享方共同协商制定新入网 5G 基站和 4G 共享基站（含锚点站）的质量标准，双方共同对工程质量进行确认，可定期联合对一定比例的新入网站点进行质量抽查工作。

承建方应严格遵循双方拟定的标准，及时将 5G 基站和 4G 共享基站（含锚点站）纳入联合运营管理，并遵循共享设备的数据管理要求，及时将各类技术资料、基站信息等与共享方共享。

8. 巡检要求

承建方负责承建区域共享设备的日常巡检，对发现的影响共享设备正常运行的问题，应及时整改并定期通报共享方。对于共享方分析发现的问题，承建方负责进行整改，并定期通报共享方的整改进度及情况。

9. 操作联动要求

双方应根据网间故障恢复、网络割接、版本及补丁升级、新功能开通等工作需要，联合建立故障紧急恢复、网络割接协调、业务开通测试等相关工作的操作联动机制，细化落实操作联动及衔接流程，制定网间故障紧急恢复预案，确定双方具体方案的实施负责人。一旦发生协作需求，通过协作工单开展操作联动。针对故障恢复预案，双方应定期开展一定范围的应急演练，原则上按照每半年一次或按需举办。

双方应建立针对共享基站的"7×24"小时监控体系。当发生双方商定规模以上的共享基站断站时，由双方沟通和确认是否启动应急预案，如果需要启动应急预案，则指示监控或现场人员实施预案。

对涉及 5G 共享无线网的操作，由发起方牵头、双方联合制定操作实施方案和应急预案，由承建方完成数据制作、操作实施，联合做好操作前后的步骤确认、配合、协同等工作。

协作工单包括但不限于申告类、故障类、业务开通类、割接调整、网络优化类等，对于需要明确响应时限和解决率的工单，具体要求由双方省公司协商确定。故障处理全流程中，原则上双方对故障处理协作单处理流程节点可互相查询，确保故障处理过程的可见性。

原则上，双方应通过协作工单的集团一点对接，支撑各级运维单位进行共建共享协作单的派单、接单、处理等，实现 4G/5G 共建共享各项工作的电子化、流程化，落实协作工单的闭环管控，统一质量管理，提高协同效率。

10. 共享设备数据管理要求

承建方为 4G/5G 基站数据管理的第一责任人，承建方应对运行数据的准确性、完整性和实时性负责，应会同共享方通过 OMC-R 反拉终端和其他支撑系统实现 5G 基站和 4G 共享基站（含锚点站）运行数据的开放共享。

11. 网管能力开放要求

承建方有责任对共享方开放本方 5G 基站和 4G 共享基站（含锚点站）的网管能力。结合共享方的需求，承建方应开放的网管能力包括查询和订阅能力（告警及过滤规则、性能、配置等）、批量导出能力［告警及过滤规则、性能、配置、共享方用户级 TRACE（用来调试 Web 服务器连接的 HTTP 方式）等］，以及北向能力［告警、性能、配置、共享方用户级 TRACE、MR、共享方用户无线呼叫数据记录（Call Data Recording，CDR）］。OMC-R 网管能力的开放模式可以分为反拉终端、双北向或集团一点共享等方式。

承建方的 5G 基站和 4G 共享基站（含锚点站）OMC-R 网管系统应具备账号权限的分权分域设置能力，原则上要求通过省层面部署专线的方式将承建方 OMC-R 网管终端反拉至共享方，并通过有限授权账号的方式实现网管能力开放，账号数量由双方根据联合运营工作的具体需求来确定。共享方账号的管理范围仅限于 5G 基站及 4G 共享基站（含锚点基站）。其中，独立载波的配置数据应能区分 PLMN 存放不同文件，共享载波和独立载波的性能和话统数据、MR 数据能区分 PLMN 存放不同文件。操作权限以查询统计类指令为主，原则上共享方账号不提供参数调整、软件升级、设备重启与初始化等操作权限。

5G 基站和 4G 共享基站（含锚点站）的 OMC-R 网管应具备双北向接口，如果不具备双北向接口，则可以采用集团一点共享方式，能对共享基站予以特定标识。承建方应配合共享方系统采集要求，将北向采集的源数据通过双方对接的系统或采集平台透明传输给共享方。

双方应加强开放能力的 OMC-R 网管的安全管理，做好网管设备、接口、终端的安全域划分，明晰安全域边界，落实各边界接入要求及安全策略，定期开展系统漏洞、病毒防护等方面的安全加固工作。承建方向共享方提供的 OMC-R 网管用户账号、密码、权限等，应满足承建方内控要求。

12. 基站主动关停、超长断站 / 小区及迁改要求

共享基站因特殊通信或网络干扰等原因需要主动关停时，承建方负责通过协作工单知会共享方，明确共享基站主动关停时长、预计恢复时间等。站址设备恢复正常运行后，承建方需对协作工单进行结单处理，结单前，需共享方确认。共享方接获协作工单后，通知本方客服部门，做好相应服务支撑。

承建方负责建立超长断站 / 小区（超长断站标准具体省分公司协商确定，最长不得超过 72 小时）台账及处理统计，定期（至少每周一次）发送至共享方，共享方协助配合承建方推动超长断站尽快恢复原覆盖。

如果因道路施工、棚户改造、房屋拆迁等第三方原因造成光缆、基站等共享设备必须迁移或改造时，承建方应及时通知共享方，联合制定彼此利益兼顾的共享基站迁改方案或调整方案。

13. 效能提升要求

承建方和共享方应基于效能最优的原则，统筹评估双方租赁的铁塔情况，做好铁塔租赁中的协同，争取 TCO 最优。基站选址、租赁铁塔及配套设施应便于维护运营与网络优化。

双方应共同推动增大 5G 新建起租站址的直供电比例（建议最低比例不低于 90%），并具备远程抄表功能。双方各省应共同制定本地转供电电费单价最高限价，并明确统一的蓄电池配备和站址发电管理要求。

14. 故障处理流程

5G 基站和 4G 共享基站（含锚点站）设备工作异常或产生告警时，承建方应及时组织故障抢修。5G 基站和 4G 共享基站（含锚点站）的故障处理主要分故障定位、故障抢修以及故障恢复 3 个阶段。故障处理流程如图 15-1 所示。

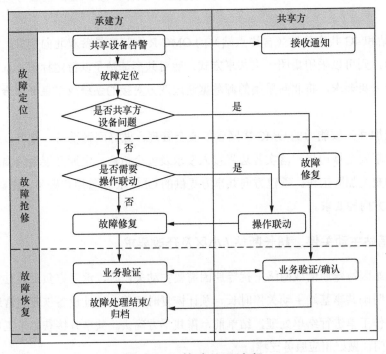

图15-1 故障处理流程

当告警发生时，由承建方开展故障的定位分析，如果故障定位在 5G 基站和 4G 共享基站（含锚点站）设备侧，承建方应按本方故障处理流程组织实施故障抢修。当故障定位在共享方的网络侧设备时，承建方应及时通过协作工单的方式告知共享方，按故障恢复流程实施抢修。

如果遇到因业主等原因引起的网络故障，则在处理过程中，承建方和共享方应积极协调配合，充分利用双方资源协调处理。

15. 共享网络调整流程

承建方或共享方进行网络割接（例如，设备/OMC入网、路由调整等）、版本升级、补丁更新以及新功能开通时，如果涉及对5G基站和4G共享基站（含锚点站）的调整（例如，硬件、参数、带宽、天线、端口等），通过协作工单处理，双方应紧密配合协同完成调整工作。共享网络调整流程主要分为制定方案、实施调整以及效果验证3个阶段。共享网络调整流程如图15-2所示。

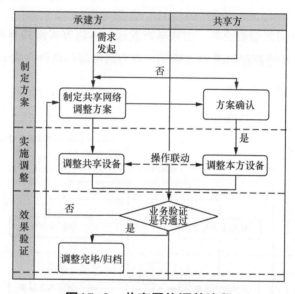

图15-2　共享网络调整流程

对于影响5G基站和4G共享基站（含锚点站）设备运行的数据调整，发起方应至少提前将调整方案报对方确认，同时协作工单接收方应按照工单处理时限要求进行处理。双方对调整方案有分歧时，遵循分歧处理制度进行处理。网络调整如果影响用户业务，则双方还应该联合制定应急预案，协同做好客户通告工作。

实施调整期间，双方应根据调整所涉及网元的产权归属，分工合作，同步实施，实现操作联动。承建方负责网络共享设备的相关调整，共享方负责本方设备的调整。

实施调整后，双方应按照网络调整方案制定的要求分工合作，进行业务验证。业务验证通过后，发起方对其进行归档。

16. 业务开通协同

双方运维部门要针对双方前端部门协同规划的业务需求，基于统一的切片业务及核心网 QoS 策略 [NSA：QCI、地址解析协议（Address Resolution Protocol，ARP）、自适应多速率（Adaptive Multiple Rate，AMR）、GBR 等；SA：5QI、ARP、保证流量比特率（Guaranteed Flow Bit Rate，GFBR）、最大流量比特率（Maximum Flow Bit Rate，MFBR）等]，联合制定和统一 4G/5G 无线网资源保障方案，协同切片及 5QI 业务的无线关键参数配置要求，并组织实施。

对超出 4G/5G 共享网络容量能力、明确影响存量用户体验的新增业务（切片及 5QI），双方运维部门联合评估确认后，共同向 5G 共建共享工作组提交 4G/5G 共享网络覆盖补点或局部扩容需求，及时跟进相关建设进展，建维优一体，做好新增业务的无线网部署承接。

针对前端部门协同规划的业务，由共享方发起、承建方实施共享网络业务开通工作。4G/5G 共享网络业务开通流程如图 15-3 所示，双方运维部门联合完成无线方案实施及验证（共享方为主、承建方配合）等。

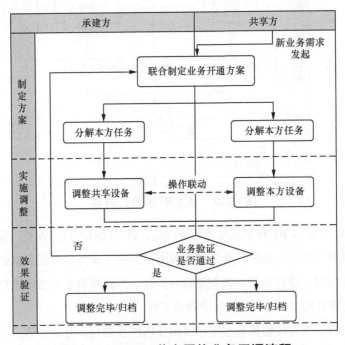

图15-3　4G/5G共享网络业务开通流程

17. 切片管理要求

承建方负责本方承建的 5G 无线网络切片子网管理功能（Network Slice Subnet Management Function，NSSMF）的建设和维护，能实现本方承建的 5G 无线网子切片的全生命周期管理，包括无线网子切片的创建、激活、修改、去激活、中止、删除等操作。原则上，承建方应为共享方分配 NSSMF 的相应账号权限，支持共享方对本方业务相应的子网切片实例进行查询、信息订阅（监控数据）等操作。

双方应将无线网子切片管理系统上与对方有关的子切片配置信息、告警信息、性能监控数据以及业务负荷数据等纳入数据共享范畴，通过电子化手段实现定期交互共享。

15.1.2　核心网维护要求

1. 核心网业务协同机制

核心网专业在联合运营中定期沟通，组织对共建共享相关的业务配置策略、规范、资源规划、参数等进行交换共享，双方定期互换数据内容、讨论数据变更需求、制定业务部署策略，避免业务冲突，保障用户感知一致、业务体验一致、网络质量一致、服务支撑一致。

2. 网络参数及策略的协同

为了确保在共享网络内用户业务感知的一致性，双方应保持在网络策略参数等方面的协同。根据各自业务部门的具体业务需求，双方运维部门评估网络参数的端到端配置需求，制定能够满足双方业务需求的各专业网络参数配置方案并下发执行。

在一方需要更新 QoS 参数策略或对共建共享质量有影响的参数时，应及时通知对方，并与对方保持相应策略的同步；保障 5G 共建共享场景下，双方语音业务感知一致，双方 VoLTE 业务的 QoS 保障要求协商一致。

3. 故障处理流程

核心网专业的故障处理仍遵从各自现有的内部流程，涉及专业间协同时，通过内部流程通知或转发至其他专业。如果需要协调对方电信运营商配合时，则按照同专业横向沟通的原则进行处理。

4. 投诉处理流程

核心网专业的投诉处理仍遵从各自现有的内部流程，涉及专业间协同时，通过内部流程通知或转发至其他专业。如果需要协调对方配合时，则按照同专业横向沟通的原则进行处理。

当承建方用户在承建方区域发生投诉时，核心网投诉处理流程完全遵从各自现有的内部流程。

当共享方用户在承建方区域发生投诉时，由共享方负责初步分析处理。如果共享方核心网专业在初步分析处理后，判断需要无线专业进一步处理，则通过内部流程转发至共享方无线专业；如果共享方无线专业判断为承建方网络问题，则可发起协作工单转交承建方无线专业处理；如果用户发生跨省漫游投诉，则按照各自核心网专业现有流程处理。

5. 网络调整流程

核心网专业的网络调整仍遵从各自现有的内部流程，涉及专业间协同时，通过内部流程通知或转发至其他专业。如果需要通知对方知晓或协调对方配合，则按照同专业横向沟通的原则处理。

15.1.3 承载网维护要求

1. 总体要求

承载网应根据纳入联合运营的 5G 基站和 4G 锚点站维护等级制定相应承载网日常维护、故障处理要求，原则上承载网承建方对承载网的维护要求应与共享的 5G 基站和 4G 锚点的维护质量保持一致。

共享方的基站业务地址由共享方规划，须保证与承建方无冲突。

切片对接策略经双方协商确定，双方须互相交换己方承载网所部署的切片带宽、VLAN 等相关数据。

承载网 QoS 策略须经双方协商确定，双方须互相交换己方承载网部署的队列、保障等级、己方不同流量在对承载网内的 QoS 等级需求等相关数据，经双方协商确定后，再组织实施。

承载网承建方应对网络的告警、性能、流量等运行数据进行日常监控，定期向承载网共享方提供共建共享相关数据。

双方应实时监控互联互通网络流量，双方可以根据网络流量增长及互联互通安全性要求，优化互联互通电路的承载方式。

为了确保网络及业务的承载安全，对接双方应制定并部署相关的安全策略，包括但不局限于以下策略：设备的自身安全防护、地址的合理规划和路由的合规性检查（按白名单接收路由）等。

2. 设备交维

承载网承建方应按照承载网设备入网规范，及时将设备纳入运营管理系统，应遵循基站、承载网设备同步交维原则，保证承载网络数据的准确性和规范性。

原则上，承载 5G 基站和 4G 共享锚点站的设备应成环。

3. 日常巡检

根据所在区域和工作量，结合 5G 基站和 4G 锚点基站日常巡检计划，承载网设备日常巡检分为现场巡检和网管巡检两种。原则上，按照谁建设、谁维护，组织日常巡检工作，承载网承建方负责设备的网管、日常巡检，现场巡检可结合实际建设区域机房归属情况自行协商。

对于发现的问题及隐患，承载网承建方负责进行整改，并定期通报整改进度及情况，共享方应予以配合。

4. 网络监控

维护人员通过网络监控及时了解网络运行情况，通过阶段性性能数据分析，及时发现并解决网络隐患，提高网络运行质量。通过网管定期对承载网核心层、汇聚层等重要设备接口流量、带宽利用率、链路丢包率等进行周期性测试。

5. 业务开通

5G 基站、4G 锚点站回传电路的开通、扩容、优化，本着谁建设承载网、谁提供回传电路的原则，由承载网承建方负责提供基站回传电路。

承载网承建方为承载网业务开通、数据管理的第一责任人，应严格按照双方约定的业务模型配置要求，在资源具备的情况下，3 个工作日内完成电路开通，对运行数据的准确性、规范性、完整性和实时性负责。

6. 故障处理

当承载网工作异常或产生告警时，承载网承建方应及时组织进行故障抢修，承载网共享方有权通过双方约定的申报渠道实时掌控故障抢修情况。

当承载网告警发生时，由承载网承建方开展故障的定界、定段分析，承载网承建方应按本方故障处理流程组织实施故障抢修。

当定位为对方网络故障时，应及时通过协作工单的方式告知对方，按照网间故障恢复流程实施抢修。

承载网设备的故障处理主要分故障定位、故障抢修以及故障恢复 3 个阶段。承载网故障处理流程如图 15-4 所示。

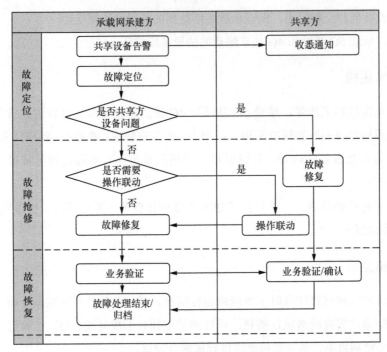

图15-4 承载网故障处理流程

当承载网发生双方协商确定的规模以上的故障，或双方网间互通设备发生影响基站正常运行的故障时，由"7×24"小时在线的监控人员上报承载网负责人，经过双方承载网负责人沟通和确认后，启动应急恢复预案，并根据故障级别及时上报。

当承载网故障修复后，承载网承建方应及时进行业务验证并将验证结果通过协作工单等方式通知承载网共享方确认，结束故障处理流程。

如果遇到因业主等原因引起的承载网故障，处理过程中，基站承建方和共享方应积极协调配合，充分利用双方资源协调处理。

承载网共享方发现承载网络隐性故障后，应通过协作工单等方式通知承载网承建方，并配合承载网承建方一起处理，处理完成后，承载网承建方通过协作工单等方式反馈给承载网共享方。

7．网络调整

承载网承建方进行网络割接（例如，设备入网、光缆管道割接等）、网络优化（例如，网络拓扑调整等）、版本升级、补丁更新时，如果影响到已经开通5G基站和4G锚点站的正常运行，则通过协作工单通知共享方，双方应紧密配合，协同完成调整工作。网络调整流程主要分为制定方案、实施调整以及效果验证3个阶段。

承载网中，承建方发起的网络调整流程如图15-5所示。

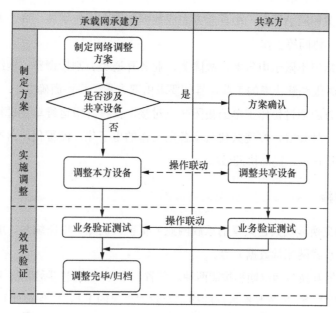

图15-5　承载网中，承建方发起的网络调整流程

对于影响 5G 基站和 4G 锚点站设备运行的网络调整，原则上应提前将调整方案发给对方确认，同时协作工单接收方应按照工单处理的时限要求进行处理。双方对调整方案有分歧时，遵循分歧处理制度进行处理。网络调整如果影响用户业务，则双方还应联合制定应急预案，协同做好用户通告等工作。

实施调整期间，双方应根据调整所涉及网元的产权归属，分工合作，同步实施操作联动。承建方负责网络共享设备的相关调整，共享方负责本方设备的调整。

实施调整后，双方应按照网络调整方案制定的要求，分工合作，进行业务验证，业务验证通过后，进行归档。

8. 操作联动要求

双方应根据网间故障恢复、网络割接、新功能开通等工作需要，联合建立故障紧急恢复、网络割接协调、业务开通测试等相关工作的操作联动机制，细化落实操作联动及衔接流程，制定网间故障紧急恢复预案，确定双方具体方案的实施接口人，一旦发生协作需求，通过协作工单开展操作联动。针对故障恢复预案，双方应定期开展一定范围的应急演练，原则上按照每半年一次的进度或按需举办。

承建方应建立针对本区域承载网的"7×24"小时监控体系，按需向共享方开放查询权限。当发生双方商定规模以上对共享方业务产生影响的故障时，由双方沟通和确认是否启动应急预案，如果需要启动应急预案，则指示监控或现场人员实施预案。

对涉及共享方的操作（例如，4G/5G 共享无线网的操作等），由发起方牵头、双方联合制定操作实施方案和应急预案，由承建方完成数据制作、操作实施，联合做好操作前后的步骤确认、配合、协同等工作。

协作工单包括但不限于申告类、故障类、业务开通类、割接调整、网络优化类等，对于需要明确响应时限和解决率的工单，具体要求由双方省公司协商确定。

原则上，双方应通过协作工单的集团一点对接，支撑各级运维单位进行共建共享协作单的派单、接单、处理等，实现共建共享各项工作的电子化、流程化，落实协作工单的闭环管控，统一质量管理，提高协同效率。

9. 数据交换

双方应定期交换涉及共建共享的承载网业务资料（例如，电路编号、IP地址等信息）、设备运行情况（承载网流量数据）等。

承载网的数据互换分为定期和按需两种。各省、市可以根据实际情况，确定本级数据互换的模式、范畴和渠道，规范互换数据的格式及数据采集的工具，确保彼此互换的数据可用。

定期互换应明确具体指标的互换周期、实时性、准确性、完整性、电子化渠道等要求。

10. 网管能力开放

承载网的网管能力开放应以承载网承建方和共享方互相提供5G基站和4G锚点站相应网管监测能力为目标，结合共享方的需求，承建方可开放涉及共享相关的告警、性能、流量等相应功能的查询权限。在暂不具备网管相互开放的分公司，应协商定期交换涉及5G基站和4G锚点站相关的承载网相关告警、性能、流量等信息。

承建方的5G基站、4G共享站（含共享锚点站）的承载网网管系统应具备账号权限的分权分域设置能力，原则上，要求通过省层面部署专线的方式将承载网承建方网管终端反拉至共享方，并通过有限授权账号的方式实现网管能力开放，账号数量由双方根据联合运营工作中的实际需要确定。共享方账号的管理范围仅限于纳入共享的5G基站、4G共享站（含共享锚点站）的承载网相关范围。

双方应加强承载网网管的安全管理，做好网管设备、接口、终端的安全域划分，明晰安全域边界，落实各边界接入要求及安全策略，定期开展系统漏洞、病毒防护等方面的安全加固工作。

15.1.4 共优管理

共优管理涉及的工作一般遵循"谁建设，谁优化"的原则开展。承建方需将共享方集团重点考核指标纳入日常优化管理范畴。在共享方考核时效要求的基础上，双方协商确定时效要求，并及时进行分析、定位、优化及效果验证。

1. 总体原则

网络优化调整，双方应遵循公平、公正、对等的原则，实现双方全量用户的覆盖、性能、业务感知最优。

2. 网络优化双方职责

原则上，承建方与共享方的职责分工如下：承建方对双方用户的 5G 业务体验负责，必须对共享站双方用户的网络质量进行监控、评估、分析，按月召开例会，讨论网络问题和工作计划，对网络质量及用户投诉问题实施优化，包括问题定界定位、优化方案制定、优化方案实施及效果验证。承建方实施共享站点的优化调整时，应提前将优化实施的方案和时间告知共享方，并跟踪优化实施后对共享方网络及用户的影响，如果对共享方网络及用户产生影响，则必须在双方约定的时间内予以解决。涉及网络重大调整的方案，需要双方提前确认。共享方对共享基站的 4G/5G 网络及业务质量进行监控、评估、分析，当发现质量问题或收到用户投诉时，通过电子协作单系统向承建方提出网络优化需求和建议方案，由承建方确认后，按规定时限完成优化实施；优化完成后，由共享方对优化实施效果进行验证确认。

3. 对等原则

（1）参数策略对等

双方制定统一的资源调度、接入控制、分配优先级等参数策略设置原则，必须保证双方资源调度、接入控制、分配优先级对等，各省承建方和共享方依据双方集团制定的参数策略进行配置。

（2）数据共享对等

双方共同协商定期交换数据的内容、交换周期。特别是常态化数据分析所必需的工程参数、MR、最小化路测（Minimization Drive Test，MDT）数据等，可适当提升数据交换的频率。双方需要对交换的数据格式协商和统一，确保彼此互换的数据均有效、可用。交换数据要做保密性管理及脱敏处理，由专人负责。双方应承诺并保证对方交换的数据不外泄，并定期对其销毁。

（3）天馈调整对等

天馈优化调整方案的制定应该遵循改善共享区域双方 5G 用户感知，实现双方用户的覆盖、性能、业务感知最优。

（4）工单响应对等

针对共享区域的网络及用户感知优化问题，承建方对共享方工单的响应与解决时限，应与承建方工单保持一致。

（5）网络评估与监控对等

由共享方、承建方共同制定统一的评估方案和考核标准。双方根据既定的评估周期、评估方案和考核标准，对网络性能和用户感知进行评估与监控，交换测试、评估以及监控数据，并针对单点问题和短板进行日常优化，保障双方用户感知一致。

（6）网优测试卡交换与管理对等

5G 网优测试卡遵循公平公正的原则，双方按照各自需求进行讨论协商，形成统一意见进行互换，测试卡应尽量保证数量、额度、业务功能一致。双方协商制定测试卡管理规范，并做好测试卡管理，确保网优测试卡仅用于网络测试功能，不得用于其他用途。

（7）分歧协商机制

针对承建方和共享方在数据共享、锚点资源、参数策略、天馈调整、工单响应等工作中的分歧，双方应协商解决。

4. 投诉处理流程

该流程处理的总体原则是用户服务、投诉界面不变，由归属电信运营商负责，双方通过协作工单的模式进行工作对接。双方根据不同的投诉级别及投诉类型，约定投诉处理的时限要求。

5. 工程优化

工程优化应同时达到双方统一的网络质量标准。工程优化验收测试需要使用双方的测试卡，测试双方的网络质量情况，网络验收报告需统一编制，包含双方指标，并向双方提交，经双方确认后入网。

6. 移动网质量要求

为了满足用户体验要求，双方应至少保证移动网质量满足双方约定的网络质量要求。具体指标包括但不限于 5G 无线质差小区比例、5G 信道质量优良率、5G 无线接入成功率、5G UE 上下文掉线率、VoNR 接通率和 VoNR 掉话率等。

7. 日常优化

日常性能监控由双方各自负责，承建方和共享方对双方确认的指标（性能 KPI、MR、感知数据）、TOP 小区进行监控，共享方监控发现网络存在的问题，向承建方提出优化需求和方案，由承建方实施优化。共享方与承建方共同对优化效果进行验证和确认。

日常测试评估由双方共同负责，根据实际需求和现场条件，双方共同确定测试范围、评估体系和测试分工，共享测试结果。

网络干扰排查和解决由承建方和共享方共同配合完成。

共享区域与非共享区域的边界优化由承建方负责，共享方配合。不同承建方的边界优化由双方共同完成。

双方开展语音感知日常优化，建立完善定期语音拉网机制，分阶段限期达成优化目标。

双方确立统一的 4G/5G 共享站参数配置标准范围，建立完善的参数核查机制，周期性开展参数核查工作，承建方向共享方交付参数核查结果。由承建方对不符合统一标准的参数进行修正。

8. 系统优化

原则上，各地市根据实际需求，双方共同商议开展时间和频次。双方联合进行网络评估，评估结果必须经过双方确认。双方根据评估的结果共同制定合理可行的优化目标。具体包括网络覆盖、网络资源分析与优化，这些工作主要由承建方负责完成，共享方按需配合。网络参数分析与优化的相关工作由双方共同完成，共用参数、影响对方参数的优化调整方案必须经过双方确认。双方配合完成问题定界，各自输出优化方案后讨论并形成最终方案，共享资源的优化由承建方负责，其他部分由双方各自优化。

9. 专项专题优化

根据需求来源的不同，专项专题优化可以由双方发起，优化需求需要提供翔实的数据分析，优化目标双方共同制定，必须合理可行，保证结果可量化评估。单方发起的专项专题优化方案制定以需求发起方为主，另一方配合，方案制定必须充分考虑现有的资源与技术手段，优化方案经过双方确认后，由承建方实施。专项专题优化效果评估由需求发起方牵头开展，确认是否达到制定的优化目标、满足业务的需求。如果未达到优化目标，则根据存在的具体问题，开展有针对性的优化工作。

10. 重大活动保障

在开展阶段性大型文体活动、高峰论坛、专项会展、科技活动、节假日、阶段性促销等活动时，根据活动的重要程度、工作场景和保障内容进行保障场景分类，确定保障等级，明确统一的覆盖及容量优化标准，可由双方联合优化团队共同制定。双方有共同保障需求的情况下（例如，重保、重点场景等），承建方和共享方合并优化资源。

（1）人力资源合并

承建方和共享方按照双方对等原则，共享三方优化人员、车辆、塔工等优化资源，由承建方主导共同开展摸底测试、评估和保障方案的制定。同时，逐步尝试在高铁、地铁等独立场景成立联合优化实体团队，共同开展测试、方案制定、优化调整，推进双方优化团队向全面融合的目标发展。

（2）频率资源合并

按照重大活动保障实际需要，双方协同对 4G/5G 网络频率资源进行评估和方案联合制定，4G/5G 频率资源在重大活动保障期间，按保障需求临时划分，用于站点开通及扩容并共享。

（3）基站资源合并

在重大活动保障期间，按照双方各自实际用户的占比和业务需求，协商基站资源动态调整，确保重大活动的保障效果最佳，双方用户感知最优。

承建方有义务协调网络资源。对于网络资源协调与配置方面发生的分歧，提交 5G 共建共享工作组协调处理。

11. 场景管理与优化

场景是指机场、高铁、高速、地铁、校园、高流量商务区、高密度住宅区等具有一定特征的场所。承建方与共享方应对场景的类型定义进行统一，在此基础上，进一步实现场景的规划建设、验收、扩容等标准的统一，双方制定统一的优化目标及达成期限，按计划推进。场景优化双方职责参照网络优化双方的具体职责执行。

12. 无线网扩容

按照先优化、再扩容、后建设的原则，针对达到统一扩容标准（包括但不限于频率、载扇、RRC License 等）的小区进行优化、扩容和新建。

13. 改造及资源调整

承建方网优汇总双方的改造需求和资源调整需求，组织方案讨论，并向建设单位提交网络改造需求和方案。网络改造和资源调整方案、改造和调整的日程计划都应经过双方协商，并在达成一致意见的条件下，由承建方负责落实执行。如果需要进行技术研究和验证，则相关研究和验证结果应完全共享。承建方执行的改造和调整情况应及时通知共享方。

14. 联合技术创新

无线网在演进过程中，存在新技术应用需求，双方应协商应用方案，达成一致后进行试点性能测试，并由双方共同确认效果，考虑是否付诸实施。

●●15.2 中国移动与中国广电共维共优管理

中国移动与中国广电 5G 共建共享网络运营模式对双方现有的运行维护体系提出了新

的要求，需要一套完善的共建共享维护优化体系来支撑，将维护工作融入网络工作体系中，做到统一标准、单独管理，保障质量可控、服务达标、成本最低、界限清晰。

为了加快促进 5G 发展，共同维护行业价值，中国移动集团与中国广电集团双方共同签署了《5G 网络维护合作协议》《2.6GHz 网络共享和语音业务保障建设合作协议》等一系列合作协议。

为了进一步完善中国移动与中国广电共建共享统筹协调、上下协同的工作机制，提升工作的制度化、体系化、规范化水平，以严谨完备的机制保障网络维护工作高效开展、不断提升工作效率，指导双方共同做好中国广电 5G 相关的网络运维，确保网络质量，为共建共享共赢提供坚实的网络保障，双方一起制定了共建共享网络协同维护的相关工作管理办法。

1. 双方责任分工

中国移动省分公司、中国广电省分公司在双方总部的指导下，担负生产职责负责实际维护工作，建立日常沟通对接机制，开展常态化沟通，定期进行网络质量与对接问题分析，同时按照总部制定的各项维护管理规定，做好共建共享网络日常维护及与中国广电的协同工作，保质保量落实总部安排的相关工作。

根据集团协议，现阶段中国移动省分公司与中国广电省分公司按照投资建设界面、政企合作协议等，负责做好各自系统及网络维护等工作。

2. 组织架构及分工

网络协同维护工作涉及网络部、网络优化中心、网管中心以及各分公司在运维管理、监控、维护、优化、IT 手段、投诉处理、通信保障等方面，各部门有明确的分工。

① 网络部牵头各中心、分公司开展共建共享网络协同维护工作，负责与对方公司运维部门总体对接沟通。

② 网络部（或网络优化中心）负责 4G/5G 基站共享割接、4G/5G 共享基站网络优化、故障处理、700MHz 干扰清频推进，以及 700MHz 协同规划等工作。

③ 网管中心代建核心网、行业短信、传输、互联网等与共建共享相关的设备运行维护，协同中国广电侧进行用户投诉的处理，协同中国广电完成重大通信保障，与中国广电间网络割接调整和故障情况的信息互通等工作。

3. 协同维护

现阶段，中国移动省分公司涉及中国广电省分公司共建共享主要包括无线网、专用核心网网元，各项合作主要涉及短信行业网关、互联网出口、互联网域名系统，以及相关配套的传输网、码流回传、OMC、网管支撑系统等，上述共用系统、专用系统的相关维护工作要求及维护标准遵循集团公司各类维护管理规定，以及省内维护管理实施细则，与中国移动侧既有系统保持一致，同时需要与中国广电做好沟通协同。双方明确并相互交换各专业网络故障、客户投诉、网络质量、通信保障等工作的责任部门、责任人清单。双方以每月例会的方式开展常态化沟通，各专业联系人随时通过邮件、电话等方式开展具体沟通。各专业积极响应中国广电的各项诉求，与中国广电协商制定各项工作的对接方式、处理时限、完成标准等要求，明确工作联系人，及时对相应问题进行闭环解决。

（1）故障处理管理要求

各专业按照中国移动省分公司故障监控要求开展网络故障监控，及时发现存在的网络故障；按照故障处理标准开展网络故障受理及处理，保障网络安全稳定运行。

① 协同流程：中国移动省分公司监控室牵头实时监控网络故障，按照派单规则进行故障工单派发至各专业，并由各专业进行督办处理，回单闭环。针对中国广电重点保障及关注区域，第一时间通过电话与中国广电进行故障信息同步。

② 服务标准：与无线网、核心网、传输网等中国移动自有网元保持一致。

③ 对接手段：现阶段主要通过电话方式进行故障信息同步。

④ 专人专班：双方建立组织架构，由监控室、核心网、无线接口负责的专人对接沟通。

（2）投诉处理管理要求

现阶段，投诉处理面向中国广电内部员工及外部客户使用共建共享 4G/5G 网络产生的无线信号，以及语音和上网使用问题等相关投诉。

协同流程：双方投诉系统未正式对接前，采用线下专人对接机制。中国广电受理其内 / 外部客户的投诉，先进行预处理，确认所属网络制式、问题类型、覆盖情况、需中国移动解决问题等相关内容，将其交由中国移动配合进行问题定位及处理。中国移动及时将进展和结果反馈给中国广电。

（3）通信保障管理要求

针对重大活动通信保障工作，双方共同确定重大活动通信保障方案，有效应对突发事件引发局部网络异常的紧急情况以及不可预见的突发灾害，确保通信网络安全和网络的稳定运行。

协同流程：针对重要通信活动保障，双方提前至少一周沟通保障的具体需求，根据保障需求协同制定保障方案，明确保障期间省市联系人清单和值班表，保障期间通过联系人和值班人沟通协调现场保障相关工作、交换数据信息，保障工作结束后，双方分别进行工作总结并交换共享。重要通信保障协同流程如图 15-6 所示。

4. 割接升级管理要求

割接升级涉及参数调整、系统割接、网络升级、设备倒换等可能影响中国广电业务相关操作，依据网络割接管理实施细则进行管理。

协同流程：按照集团公司割接管理办法和各家中国移动省分公司割接管理实施细则开展网络割接相关操作，对于可能影响中国广电业务的割接升级等，提前通报中国广电侧，并于实施当天协同进行业务验证。

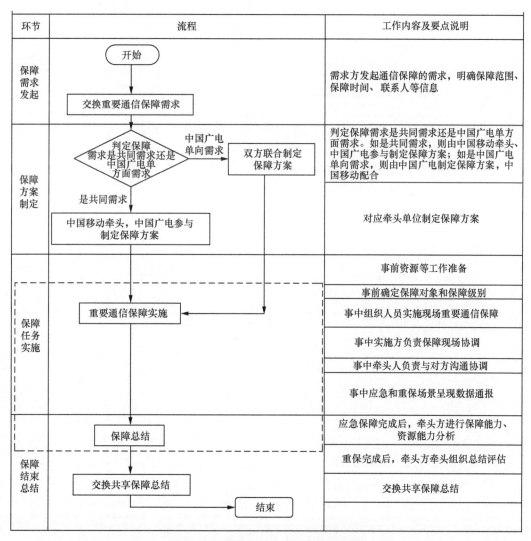

图15-6　重要通信保障协同流程

5. 无线优化管理要求

无线优化工作包括新入网站点工程优化，按需求开展共享网络 DT、呼叫质量拨打测试（Call Quality Test，CQT）（也称为点测）；中国广电反馈无线网络覆盖投诉问题、无线网络测试问题、无线网络质量问题等联合优化；700MHz 网络联合规划等相关工作，开展 4G/5G

网络共建共享及测试优化。按照新入网管理要求，确保入网基站业务及性能指标。

协同流程：双方省端无线专业牵头对接，建立省市联动机制。双方地市公司进行日常问题共享、处理及闭环；省端进行疑难问题及重点问题处理及督办，同时以月为粒度进行近期工作的汇总分析及经验分享，提升双方问题的处理能力。

共建共享未来发展

Chapter 16

第16章

●● 16.1　推进行业共享是持续深化 5G 共建共享的重要方向

在当前信息时代大背景下，各行业技术都在发展，各行业对 5G 业务的需求日益旺盛，而原有的窄带系统无法满足用户的需求，构建下一代宽带通信网络，5G 技术已成为多个行业的首选。而独立建设一套实现全国连续覆盖的 5G 网络，其建设投资成本、后期升级、维护运营成本等费用高昂。从全球其他国家的情况来看，多个国家的行业基础设施均是选择与电信运营商合作来共同建设的。例如，美国于 2012 年通过国会立法分配 700MHz 频段上"2×10"MHz 专用频率及 70 亿美元建设全国公共安全无线宽带网络，并由新成立的 FirstNet［成立于 2012 年，是由美国国会授权隶属于美国国家电信和信息管理局（National Telecommunications and Information Administration，NTIA）的一个独立实体］，负责全国范围宽带网络 FirstNet 发展、建设、运行、维护，确保公共安全无线宽带通信互联互通的权威机构，由 FirstNet 当局来规划、建设、运营和管理。2017 年，AT&T 与 FirstNet 签订有效期为 25 年的合同，负责网络建设、运行和维护。

在推进行业共享方面，电信运营商具有天然的优势。

首先，电信运营商在长期网络建设维护中积累了数十万网络优化和维护专业人才储备，可以为用户提供专业服务，提高网络建设和运维的专业化和集约化水平。国内 5G 共建共享的规模化部署，已提前从技术上扫清了网络共享的技术难题，并且积累了较丰富的共建共享经验。

然后，电信运营商在移动通信网络的运营和管理方面有着丰富的经验，电信运营商可以和行业合作伙伴在 5G 公网上通过共建共享等方式拓展垂直行业。电信运营商与行业伙伴合作组网示意如图 16-1 所示，这样更容易实现垂直行业网络的快速开通，并通过打造专业的运维、政企工程师队伍，更好地解决垂直行业需求碎片化及需求模糊化等问题，在满足双方业务需求的同时，提升双方频谱资源利用率，实现行业内合作共赢的新模式。

最后，电信运营商对产业生态环境的影响举足轻重，由电信运营商统一建设，多家共用，可以发挥电信运营商统筹资源、确保效率和价值最大化的优势，有助于降低网络建设成本。

当然，为了更好地推进行业间共建共享，电信运营商有必要结合行业专网需求，发挥自身优势，提前开展工作。开展行业频率调研，为跨行业共建共享提前布局。与行业伙伴提前沟通，了解其特点及特殊业务需求，探讨合作的可能性。推进设备、终端等国产化，以满足行业专网自主可控的需求。面向业务优先级保障、特殊业务需求保障等问题开展技术攻关，为行业间共建共享的推进提供技术保障。

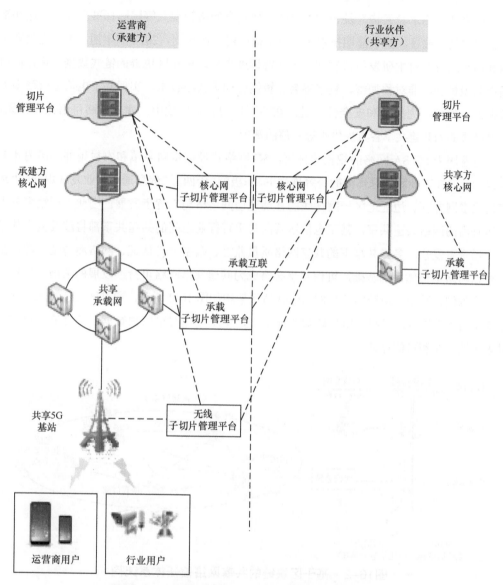

图16-1 电信运营商与行业伙伴合作组网示意

16.1.1 可信共享是共建共享网络可持续发展的关键要求

　　随着共建共享的逐步深化，共享电信运营商之间的用户体验不对等、数据共享不完善、网络调整不规范等一系列精细化管理运营问题愈加凸显。为了解决相关痛点问题，中国联通于 2020 年 9 月以频谱资源可信为切入点，在全球首次提出基于区块链的可信频谱共享方案，并对接现网在郑州开展试点应用，提供面向网络信任防篡改的频谱动态可信共享能力。同时，立足共建共享区块链可信方案，牵头 ITU "IMT-2020 及演进网络中基于区域块链的移动网络共享需求及架构"及 3GPP "5G 共建共享网络管理"等国际标准立项，为区块链网管提供技术储备。基于前期技术研究及示范应用工作基础，2022 年年初，中国电信和中国联通正式发布自主研发的共建共享区块链调度平台，依托区块链的链式数据结构，同时辅以共识机制、非对称加密、数字签名、智能合约等核心技术，实现共享电信运营商多方数据的一致性、完整性和安全性，进而在不可信的竞争环境中，建立网络可信共享体系，通过区块链为共建共享各方提供平等互信的基础。

随着国内 5G SA 网络的规模化部署，5G 网络建设逐步向乡镇和农村延伸，国内 4 家电信运营商在工业和信息化部的统筹推进下，积极朝"十四五"信息通信行业发展规划的"热点地区多网并存、边远地区一网托底的移动通信网络格局"逐步发展。因此，后续多家电信运营商的网络共建共享，甚至电信运营商与垂直行业之间的共建共享都将涉及更多共享方，场景更复杂，多方共享下的共享网络质量监控、数字身份认证、网络漫游结算等，都需要以网络信任体系为基础，可信共享必将成为共建共享网络可持续发展的关键。以接入网共享为例，基于区块链的共享网络信任体系架构如图 16-2 所示，通过区块链技术，在不影响双方 5G 共建共享网络用户感知的前提下，实现无线网络感知数据、关键流程等按需动态上链存储和可信存证。

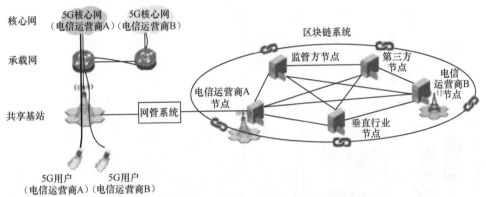

图16-2 基于区块链的共享网络信任体系架构

现阶段，基于区块链的可信网络体系架构还处于初期探索阶段，一方面，区块链与 5G 共建共享网络处于松耦合状态，区块链以"外挂"的方式为 5G 共建共享网络提供多方可信存证。另一方面，现阶段基于 5G 共建共享网络的区块链应用仍属于区块链网络规模化部署的雏形。随着区块链技术在电信领域应用的拓展，实现区块链网络规模化部署，还需要跨越至少两个阶段：一是通过跨链技术实现电信运营商区块链网络和垂直行业区块链网络之间的跨链互通，从而将区块链作为底层基础设施服务社会上很多行业；二是通过状态通道、链下计算等方式打通链上、链下连接，实现区块链网络与链下物理世界的泛在互联，进而实现网络泛在共享和网络信任。

16.1.2 网络共享是未来移动通信系统的基本特征

现阶段，国内的电信运营商网络均朝着"高速泛在、天地一体、云网融合、智能敏捷、绿色低碳、安全可控"的智能化综合性数字信息基础设施方向发展。从趋势来看，高频通信、"空-天-地"一体化组网等领域的发展将是未来移动通信网络演进的重要方向。需要说明的是，更高的工作频段将带来更大的路径损耗、更小的覆盖半径，以及更高昂的建网成本，而"空-天-地"一体化组网更是要以星座卫星（包括高、中、低轨）、高空网络（临近空间平台和航空互联网）、低空智联网和地面蜂窝网络共同形成多重覆盖，从而在未来市场引入更多的网络运营者。因此，从业务需求、成本效益等角度来看，网络共享都将成为未来移动通信网络建设的重要方式。

我们认为，未来移动通信网络的"共享"理念还将更深入。在共享范畴上，未来移动通信网络将不再局限于只共享站址和共享设备，还会涉及共享频谱、算力等资源。共享范畴的扩大，还将引入更多的待攻关技术问题，例如，资源的智能编排问题，以频谱资源为例，除了现有 2G/3G/4G/5G 网络使用的 6GHz 以下频谱，后续还会涉及毫米波、太赫兹等更多移动通信频段，而这些频谱具有离散、跨度大等特点，势必需要在频谱聚合的同时，实现资源的实时、灵活编排，进而保证网络能力对用户体验的精准匹配。另外，网络共享具有多方参与的特性，如何进一步提升保护数据隐私的多方安全智能网络服务能力也至关重要。

•• 16.2 网络共建共享的未来技术演进

16.2.1 毫米波

毫米波（mmWave）具有大带宽和低时延的特性，对当前和未来的 5G 网络发展都至关重要。从长远来看，毫米波的频段之所以与其他频段共存，是因为 5G 网络同时需要高频段和低频段。

随着 5G 的全球普及，毫米波频段可以作为 5G 网络主频段（中低频段）的补充。当使用高流量服务时，终端可以使用毫米波来卸载流量。NR 可采用向下兼容（Down Compatibility，DC）/CA 对同一供应商的设备实现更好的频率协调。在 5G 网络协同共享中，不同供应商的设备只使用 FR2 中的频率。基于优先级的载波调度和负载平衡，有助于最大限度地利用中频段和低频段。

16.2.2 边缘计算

为了实现超大规模计算和低时延，云服务器和边缘服务器应该部署在用户附近，在 5G 网络中运行对计算和时延要求严格的应用，从而通过"云—管道—终端"协调的方式确保工业应用的良好运行。

5G 网络中引入的 MEC 技术支持各种工业应用程序，它们对网络时延和数据安全提出了很高的要求。在共享网络中，主机电信运营商和参与电信运营商可以共享边缘服务器的计算能力，边缘服务器、云服务器和终端进行协调，灵活地调度和转移计算资源。这样就可以提高边缘计算应用的 QoS 和边缘计算的覆盖范围，从而吸引更多的第三方应用，最终为用户提供更好的体验。

16.2.3 6G 技术

随着 5G 网络建设的加速，垂直产业的各种应用蓬勃发展。随着新一代移动通信系统大约每 10 年出现一次的规律，预计 6G 将在 2030 年左右上市。

目前，许多国家已经发布了关于 6G 愿景的白皮书。对下一代网络的期望，特别是对关键技术的期望，都被纳入 6G 的愿景中。

6G 的愿景包括瞬时速度、无处不在的 3D 连接、集成传感和通信、内在智能、智能简单性、安全和信任、可持续性和共享，以及灵活性和开放性。

为了实现这些愿景，人们提出了各种网络虚拟化技术，例如，毫米波以太赫兹、高频多感官数据融合、智能语义通信、云网络收敛和计算电网、本能安全和智能节能等。

6G 网络的共建与共享仍处于研究阶段。随着关键 6G 技术的发展，以下两个方面有望成为未来发展的重点。

1. 智能的简单性

面对未来大规模的服务访问和动态的网络需求，网络设计应面向简单性和"去中心化"，在共建共享的过程中统一基本的接口协议和访问管理方式，多家电信运营商可以共享网络资源，从而提供无缝的网络接入。

2. 网络的兼容性

6G 网络应与传统网络兼容。在协作和共享中，在 PLMN 或 RAT 之间切换时，可以保证用户流畅的语音和数据服务。

目前，许多国家已经开始推广 6G 技术的研究，这也将推动移动通信行业达到新的高度。统一的国际通信标准是 6G 技术取得成功的关键。因此，电信运营商将坚定不移地参与标准的制定和更新，促进 6G 全球化，促进人类共同未来的发展。

●●16.3 小结

随着移动通信网络的发展，全球已经逐步进入 5G 时代，5G 网络的高投资压力及电信运营商增量不增收的局面必将带来全球电信运营商对于网络共建共享的进一步关注。国内电信运营商共建共享网络的规模部署不仅有效引导网络共享技术及产业链的发展，发挥网络共享技术的国际影响力，同时也为其他国家电信运营商的共享网络部署提供参考和借鉴。另外，随着国内电信运营商之间共建共享网络的不断深化，可信共享及持续推进行业共享必成为共建共享网络发展的重要方向，电信运营商有必要依托自身优势，持续开展技术攻关，从而保证 5G 共建共享网络，乃至未来 6G 共建共享网络的高质量、可持续发展。

缩略语

缩略语	英文全称	中文
3GPP	3rd Generation Partnership Project	第三代合作伙伴项目
5GC	5G Core	5G 核心网
5QI	5G QoS Identifier	5G 业务质量标识
AAU	Active Antenna Unit	有源天线单元
AGC	Automatic Gain Control	自动增益控制
AGV	Automated Guided Vehicle	自动导引车
AI	Artificial Intelligence	人工智能
AIA	Applications Industry Array	应用产业方阵
AII	Alliance of Industrial Internet	工业互联网产业联盟
AMF	Access and Mobility Management Function	接入和移动性管理功能
AMR	Adaptive Multiple Rate	自适应多速率
AP	Access Point	接入点
API	Application Programming Interface	应用编程接口
AR	Augmented Reality	增强现实
ARP	Address Resolution Protocol	地址解析协议
ARPU	Average Revenue Per User	每用户平均收入
AT&T	American Telephone and Telegraph	美国电话电报公司
BBU	Base Band Unit	基带处理单元
BG	Border Gateway	边界网关
BOSS	Business & Operation Support System	业务运营支撑系统
BSS	Base Station Subsystem	基站子系统
BWP	Band Width Part	部分带宽

缩略语	英文全称	中文
CA	Carrier Aggregation	载波聚合
CAPEX	CAPital EXpenditure	资本支出
CCA	Clear Channel Assessment	空闲信道评估
CDMA	Code Division Multiple Access	码分多路访问
CE	Customer Edge	用户边缘
CG	Charging Gateway	计费网关
CHF	CHarging Function	计费服务功能
CP	Cylic Prefix	循环前缀
CPE	Customer Premise Equipment	用户驻地设备
CPU	Central Processing Unit	中央处理器
CQT	Call Quality Test	呼叫质量拨打测试
CRAN	Centralized Radio Access Network	集中式无线接入网
CSFB	Circuit Switched FallBack	电路域回落
CT	Communication Technology	通信技术
CU	Centralized Unit	集中式单元
DAS	Distributed Antenna System	分布式天线系统
DCI	Downlink Control Information	下行控制信息
DL	Down Link	下行链路
DLP	Data Loss Prevention	数据丢失防护
DNN	Data Network Name	数据网络名称
DNS	Domain Name System	域名管理系统
DOU	Dataflow Of Usage	平均每户每月上网流量
DPD	Digital Pre-Distortion	数字预失真
DRA	Diameter Routing Agent	路由代理节点
DS	Digital Section	数字段

续表

缩略语	英文全称	中文
DT	Drive Test	路测
DU	Distributed Unit	分布式单元
EESS	Earth Exploration Satellite Service	地球勘测卫星服务
eMBB	enhanced Mobile BroadBand	增强型移动宽带
EPC	Evolved Packet Core	演进型分组核心网
EPS	Evolved Packet System	演进分组系统
EPSFB	Evolved Packet System FallBack	演进分组系统回退
ER	Edge Router	边缘路由器
ERP	Enterprise Resource Planning	企业资源计划
E-UTRAN	Evolved Universal Telecommunication Radio Access Network	增强型通用电信无线接入网
EVM	Error Vector Magnitude	误差矢量幅度
FCC	Federal Communications Commission	美国联邦通信委员会
FDD	Frequency Division Duplex	频分双工
FR	Frequency Range	频率范围
GBR	Guaranteed Bit Rate	保证比特速率
GFBR	Guaranteed Flow Bit Rate	保证流量比特率
GNSS	Global Navigation Satellite System	全球导航卫星系统
GRE	Generic Routing Encapsulation	通用路由封装
GSM	Global System for Mobile communications	全球移动通信系统
GSMA	Global System for Mobile communications Association	全球移动通信系统协会
GWCN	Gate Way Core Network	网关核心网
HA	Home Agent	归属代理服务器
HDR	High Data Rate	高数据速率
HSS	Home Subscriber Server	归属用户服务器

缩略语	英文全称	中文
ICT	Information and Communication Technology	信息与通信技术
IDC	Internet Data Center	互联网数据中心
IDE	Integrated Development Environment	集成开发环境
IEEE	Institute of Electrical and Electronics Engineers	电气电子工程师协会
IMS	IP Multimedia Subsystem	IP 多媒体子系统
IMT–2000	International Mobile Telecommunications–2000	国际移动电信 –2000
IMT–2020	International Mobile Telecommunications–2020	国际移动电信 –2020
IMT–A	International Mobile Telecommunications Advanced	国际移动通信增强技术
Inter–RAT	Inter–Radio Access Technology	不同无线接入技术之间的互操作性
IoT	Internet of Things	物联网
IP RAN	Internet Protocol Radio Access Network	无线接入网互联网协议
IPTV	Internet Protocol TeleVision	互联网电视
I–SMF	Intermediate Session Management Function	中间会话管理功能
ITU	International Telecommunications Union	国际电信联盟
ITU–R	International Telecommunications Union–Radio Communications Sector	国际电信联盟无线电通信部门
I–UPF	Intermediate UPF	中继用户面功能
KPI	Key Performance Index	关键绩效指标
LDPC	Low Density Parity Check	低密度奇偶校验
LTE	Long Term Evolution	长期演进技术
MAC	Media Access Control	媒体介入控制层
MCC	Mobile Country Code	移动国家代码
MDT	Minimization Drive Test	最小化路测
MEC	Mobile Edge Computing	移动边缘计算
MES	Manufacturing Execution System	制造执行系统

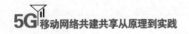

续表

缩略语	英文全称	中文
MFBR	Maximum Flow Bit Rate	最大流量比特率
MIMO	Multiple-Input Multiple-Output	多输入多输出
MME	Mobility Management Entity	移动性管理实体
mMTC	massive Machine Type Communications	海量机器类通信
MNC	Mobile Network Code	移动网络代码
MOCN	Multi-Operator Core Network	多运营商核心网
MORAN	Multi-Operator Radio Access Network	多运营商无线网
MR	Mixed Reality	混合现实
MWC	Mobile World Congress	世界移动通信大会
NB-IoT	Narrow Band Internet of Things	窄带物联网
NNI	Network to Node Interface	网络节点接口
NR	New Radio	新空口
NRF	Network Repository Function	网络存储功能
NSA	Non-Stand Alone	非独立组网
NWDAF	NetWork Data Analysis Function	网络数据分析功能
OFDM	Orthogonal Frequency Division Multiplexing	正交频分复用
OFDMA	Orthogonal Frequency Division Multiple Access	正交频分多址
OMC	Operating & Maintenance Centre	操作维护中心
OMC-R	Operations and Maintenance Centre-Radio	无线操作维护中心
OPEX	OPerating EXpense	运营成本
OTN	Optical Transport Network	光传送网
PCC	Policy and Charging Control	策略与计费控制
PCT	Patent Cooperation Treaty	专利合作条约
PDCCH	Physical Downlink Control CHannel	物理下行控制信道
PDSCH	Physical Downlink Shared CHannel	物理下行共享信道

缩略语	英文全称	中文
PHY	Physical	物理层
PLC	Programmable Logic Controller	可编程逻辑控制器
PLMN	Public Land Mobile Network	公共陆地移动网
PON	Passive Optical Network	无源光网络
PRB	Physical Resource Block	物理资源块
PRRU	Pico Remote Radio Unit	微型射频拉远单元
PSHO	Packet Switch Hand Over	分组切换
PTN	Packet Transport Network	分组传送网
PUE	Power Usage Effectiveness	电能利用效率
PWM	Pulse Width Modulation	脉冲宽度调制
QAM	Quadrature Amplitude Modulation	正交调幅
QoS	Quality of Service	服务质量
RACH	Random Access CHannel	随机接入信道
RAN	Radio Access Network	无线接入网
RB	Resource Block	资源块
RB	Radio Bear	无线承载
RedCap	Reduced Capability	降低能力
RF	Radio Frequency	无线电频率
RRC	Radio Resource Control	无线资源控制
RRU	Remote Radio Unit	射频拉远单元
RSRP	Reference Signal Received Power	参考信号接收功率
RU	Resource Unit	资源单位
SA	Stand Alone	独立组网
SCell	Secondary Cell	从小区
SDK	Software Development Kit	软件开发包

续表

缩略语	英文全称	中文
SG	Study Group	研究组
SGW	Signaling GateWay	服务网关
SINR	Signal to Interference plus Noise Ratio	信号与干扰噪声比
SLA	Service Level Agreement	服务等级协议
SMF	Session Management Function	会话管理功能
SPD	Surge Protective Device	电涌保护器
SPN	Slicing Packet Network	切片分组网络
SRS	Sounding Reference Signal	探测参考信号
STA	Station	工作站
SUL	Supplementary UpLink	辅助上行频段
TAC	Tracking Area Code	跟踪区域码
TAC	Terminal Access Controller	终端接入控制器
toB	to Business	面向企业
toC	to Customer	面向消费者
TCO	Total Cost of Ownership	总拥有成本
TDD	Time Division Duplex	时分双工
TRX	Transmitter & Receiver	发射机和接收机
UE	User Experience	用户体验
UL	Up Link	上行链路
ULCL	UpLink CLassifier	上行分类
UNI	User Network Interface	用户网络接口
UPF	User Port Function	用户端口功能
uRLLC	ultra-Reliable and Low Latency Communication	超高可靠和超低时延通信
VLAN	Virtual Local Area Network	虚拟局域网
VNFM	Virtualized Network Function Manager	虚拟化的网络功能模块管理器

缩略语	英文全称	中文
VoLTE	Voice over Long Term Evolution	长期演进语音承载
VoNR	Voice over New Radio	新空口承载语音
VPN	Virtual Private Network	虚拟专用网
VR	Virtual Reality	虚拟现实
WCDMA	Wideband Code Division Multiple Access	宽带码分多路访问
Wi-Fi	Wireless Fidelity	威发
WLAN	Wireless Local Area Network	无线局域网
WMS	Warehouse Management System	仓储物流管理系统
WPA3	Wi-Fi Protected Access 3	Wi-Fi 受保护的访问 3
WRC	World Radiocommunication Conference	世界无线电通信大会
XR	Extended Reality	扩展现实

参考文献

[1] 黄伟程，蒋勇．低业务区 4G 网络共建共享的探索 [J]．邮电设计技术，2022（5）：42-46．

[2] 李福昌，贺琳，周瑶，等．5G 共建共享网络发展总结及趋势分析 [J]．信息通信技术，2020（3）：51-56．

[3] 罗新军．基于中国广电 5G 的多电信运营商共建共享组网策略 [J]．通信技术，2021（8）：1942-1946．

[4] 吕江伟，卓毅．基于 NSA 与 SA 共存网络架构能力对 5G 平滑演进的必要性研究 [J]．通信电源技术，2020（8）：44-46．

[5] 张志荣，李志军，陈建刚，等．5G 网络共建共享技术研究 [J]．电子技术应用，2020（4）：1-5．

[6] 刘倩，项朝君，段俊娜，等．5G NSA 阶段中国联通中国电信共建共享对接方案 [J]．电子产品世界，2020（8）：15-18．

[7] 李晶，李志军，周阅天，等．5G 共建共享语音业务解决方案研究 [J]．电子技术应用，2020，46（4）：6-9．

[8] 胡煜华，汤滢琪，李贝．5G 网络共建共享模式 [J]．中国电信科学，2020（9）：148-153．

[9] 段树侠．中国电信中国联通 LTE 网络共建共享方案探讨 [J]．广东通信技术，2020（6）：29-33．

[10] 高谦，贺琳，李福昌，等．5G NSA 接入网共享技术演进方案研究 [J]．电子技术应用，2020，46（5）：9-13．

[11] 张建国，徐恩，肖清华．5G NR 频率配置方法 [J]．中国移动通信，2019，43（2）：33-37．

[12] 刘光毅，刘婧迪．全球 5G 频谱发展趋势分析 [J]．通信世界，2017（24）：13-15．

[13] 郑巍．电信运营商 5G toB 核心网部署探讨 [J]．通信电源技术，2020（21）：127-129．

[14] 李萌，钱雷，顾福祥．4G 网络共建共享的深度研究 [J]．江苏通信，2020，197（5）：83-87．

[15] 胡小兵，刘腾．700MHz 频段 5G 共建共享策略及方案研究 [J]．邮电设计技术，2021，04（14）：42-46．

[16] 张英辉，乔国繁，杨春亮，等．5G 小基站应用场景综述 [J]．通信技术，2021，54（8）：1815-1819．

[17] 杨旭，肖子玉，邵永平，等．5G 网络部署模式选择及演进策略 [J]．电信科学，2018，34（6）：138-146．

[18] 蓝俊锋，涂进，牛冲丽，等．5G 网络技术与规划设计基础 [M]．北京：人民邮电出版社，2021．

[19] 张强，于克衍．浅谈中国移动与中国广电 700M NR 共享方案 [J]．中国新通信，2020，22（20）：70-71．

[20] 陈金戈，王宏星，懂冰，等．800/900M 低频重耕策略研究 [J]．长江信息通信，2021，34（12）：173-175．

[21] 张建国，杨东来，徐恩，等．5G NR 物理层规划与设计 [M]．北京：人民邮电出版社，2020．

[22] 汪丁鼎，许光斌，丁巍，等．5G 无线网络技术与规划设计 [M]．北京：人民邮电出版社，2019．

[23] 汪伟，黄小光，张建国，等．面向 5G 的蜂窝物联网（CIoT）规划设计及应用 [M]．北京：人民邮电出版社，2019．

[24] 3GPPTR23.799，Study on Architecture for Next Generation System．

[25] 3GPPTS38.104，NR；Base Station（BS）Radio Transmission and Reception．

[26] 3GPPTS38.133，NR；Requirements for Support of Radio Resource Management．

[27] 3GPPTS38.202，NR；Services Provided by the Physical Layer.

[28] 3GPPTS38.211，NR；Physical Channels and Modulation.

[29] 3GPPTS38.212，NR；Multiplexing and Channel Coding.

[30] 3GPPTS38.300，NR；NR and NG-RAN Overall Description；Stage 2.

[31] 3GPPTR38.816，Study on CU-DU Lower Layer Split for NR.